国家出版基金项目
NATIONAL PUBLICATION FOUNDATION

"十四五"国家重点图书出版规划项目
核能与核技术出版工程

先进核反应堆技术丛书（第一期）

主编 于俊崇

托卡马克聚变堆研究进展

Progresses of Tokamak Fusion Reactor

李建刚　武松涛 等 编著

上海交通大学 出版社
SHANGHAI JIAO TONG UNIVERSITY PRESS

内容提要

本书为"先进核反应堆技术丛书"之一。本书通过讲述世界托卡马克实验装置、国际热核实验堆的发展和主要特性,以及人类终极能源聚变能发展的重要性和面临的巨大挑战,并结合物理与工程,使读者能比较全面地了解托卡马克聚变技术的原理和发展前景。主要内容包括托卡马克基本原理、物理基础、国内外托卡马克聚变进展、未来聚变工程示范堆重大的科学问题、建设工程示范堆的技术挑战、聚变堆材料及聚变能源发展前景展望等八个方面。本书可作为高等院校核科学与工程相关专业的本科生和研究生教材,也可供从事托卡马克聚变堆研究的科研人员和工程技术人员参考。

图书在版编目(CIP)数据

托卡马克聚变堆研究进展/ 李建刚等编著. —上海:
上海交通大学出版社,2023.1
　(先进核反应堆技术丛书)
　ISBN 978 - 7 - 313 - 27025 - 2

　Ⅰ. ①托… Ⅱ. ①李… Ⅲ. ①聚变堆-研究进展
Ⅳ. ①TL64

　中国版本图书馆 CIP 数据核字(2022)第 110784 号

托卡马克聚变堆研究进展
TUOKAMAKE JUBIANDUI YANJIU JINZHAN

编　著:李建刚　武松涛 等
出版发行:上海交通大学出版社　　　　地　　址:上海市番禺路 951 号
邮政编码:200030　　　　　　　　　　电　　话:021 - 64071208
印　制:苏州市越洋印刷有限公司　　　经　　销:全国新华书店
开　本:710mm×1000mm　1/ 16　　　印　　张:16
字　数:267 千字
版　次:2023 年 1 月第 1 版　　　　　印　　次:2023 年 1 月第 1 次印刷
书　号:ISBN 978 - 7 - 313 - 27025 - 2
定　价:138.00 元

先进核反应堆技术丛书

编 委 会

主 编

于俊崇（中国核动力研究设计院，研究员，中国工程院院士）

编 委（按姓氏笔画排序）

王丛林（中国核动力研究设计院，研究员级高级工程师）

刘　永（核工业西南物理研究院，研究员）

刘汉刚（中国工程物理研究院，研究员）

孙寿华（中国核动力研究设计院，研究员）

李　庆（中国核动力研究设计院，研究员级高级工程师）

李建刚（中国科学院等离子体物理研究所，研究员，中国工程院院士）

杨红义（中国原子能科学研究院，研究员级高级工程师）

余红星（中国核动力研究设计院，研究员级高级工程师）

张东辉（中国原子能科学研究院，研究员）

张作义（清华大学，教授）

陈　智（中国核动力研究设计院，研究员级高级工程师）

柯国土（中国原子能科学研究院，研究员）

姚维华（中国核动力研究设计院，研究员级高级工程师）

顾　龙（中国科学院近代物理研究所，研究员）

柴晓明（中国核动力研究设计院，研究员级高级工程师）

徐洪杰（中国科学院上海应用物理研究所，研究员）

黄彦平（中国核动力研究设计院，研究员）

本书编写成员

（按姓氏笔画排序）

丁　锐（中国科学院等离子体物理研究所,研究员）

王宇钢（北京大学,教授）

叶　扬（合肥综合性国家科学中心能源研究院,副研究员）

李建刚（中国科学院等离子体物理研究所,研究员,中国工程院院士）

陈佳乐（中国科学院等离子体物理研究所,副研究员）

武松涛（中国科学院等离子体物理研究所,研究员）

序

人类利用核能的历史始于 20 世纪 40 年代。实现核能利用的主要装置——核反应堆诞生于 1942 年。意大利著名物理学家恩里科·费米领导的研究小组在美国芝加哥大学体育场,用石墨和金属铀"堆"成了世界上第一座用于试验可实现可控链式反应的"堆砌体",史称"芝加哥一号堆",于 1942 年 12 月 2 日成功实现人类历史上第一个可控的铀核裂变链式反应。后人将可实现核裂变链式反应的装置称为核反应堆。

核反应堆的用途很广,主要分为两大类:一类是利用核能,另一类是利用裂变中子。核能利用又分军用与民用。军用核能主要用于原子武器和推进动力;民用核能主要用于发电,在居民供暖、海水淡化、石油开采、冶炼钢铁等方面也具有广阔的应用前景。通过核裂变中子参与核反应可生产钚-239、聚变材料氚以及广泛应用于工业、农业、医疗、卫生等诸多领域的各种放射性同位素。核反应堆产生的中子还可用于中子照相、活化分析以及材料改性、性能测试和中子治癌等方面。

人类发现核裂变反应能够释放巨大能量的现象以后,首先研究将其应用于军事领域。1945 年,美国成功研制原子弹,1952 年又成功研制核动力潜艇。由于原子弹和核动力潜艇的巨大威力,世界各国竞相开展相关研发,核军备竞赛持续至今。另外,由于核裂变能的能量密度极高且近零碳排放,这一天然优势使其成为人类解决能源问题与应对环境污染的重要手段,因而核能和平利用也同步展开。1954 年,苏联建成了世界上第一座向工业电网送电的核电站。随后,各国纷纷建立自己的核电站,装机容量不断提升,从开始的 5 000 千瓦到目前最大的 175 万千瓦。截至 2021 年底,全球在运行核电机组共计 436 台,总装机容量约为 3.96 亿千瓦。

核能在我国的研究与应用已有 60 多年的历史,取得了举世瞩目的成就。

1958年，我国第一座核反应堆建成，开启了我国核能利用的大门。随后我国于1964年、1967年与1971年分别研制成功原子弹、氢弹与核动力潜艇。1991年，我国大陆第一座自主研制的核电站——秦山核电站首次并网发电，被誉为"国之光荣"。进入21世纪，我国在研发先进核能系统方面不断取得突破性成果，如研发出具有完整自主知识产权的第三代压水堆核电品牌ACP1000、ACPR1000和ACP1400。其中，以ACP1000和ACPR1000技术融合而成的"华龙一号"全球首堆已于2020年11月27日首次并网成功，其先进性、经济性、成熟性、可靠性均已处于世界第三代核电技术水平，标志着我国已进入掌握先进核能技术的国家之列。截至2022年7月，我国大陆投入运行核电机组达53台，总装机容量达55 590兆瓦。在建机组有23台，装机容量达24 190兆瓦，位居世界第一。

2002年，第四代核能系统国际论坛(Generation IV International Forum, GIF)确立了6种待开发的经济性和安全性更高的第四代先进的核反应堆系统，分别为气冷快堆、铅合金液态金属冷却快堆、液态钠冷却快堆、熔盐反应堆、超高温气冷堆和超临界水冷堆。目前我国在第四代核能系统关键技术方面也取得了引领世界的进展：2021年12月，具有第四代核反应堆某些特征的全球首座球床模块式高温气冷堆核电站——华能石岛湾核电高温气冷堆示范工程送电成功。此外，在号称人类终极能源——聚变能方面，2021年12月，中国"人造太阳"——全超导托卡马克核聚变实验装置(Experimental and Advanced Superconducting Tokamak, EAST)实现了1 056秒的长脉冲高参数等离子体运行，再一次刷新了世界纪录。经过60多年的发展，我国已建立起完整的科研、设计、实(试)验、制造等核工业体系，专业涉及核工业各个领域。科研设施门类齐全，为试验研究先后建成了各种反应堆，如重水研究堆、小型压水堆、微型中子源堆、快中子反应堆、低温供热实验堆、高温气冷实验堆、高通量工程试验堆、铀-氢化锆脉冲堆、先进游泳池式轻水研究堆等。近年来，为了适应国民经济发展的需要，我国在多种新型核反应堆技术的科研攻关方面也取得了不俗的成绩，如各种小型反应堆技术、先进快中子堆技术、新型嬗变反应堆技术、热管反应堆技术、钍基熔盐反应堆技术、铅铋反应堆技术、数字反应堆技术以及聚变堆技术等。

在我国，核能技术已应用到多个领域，为国民经济的发展做出了并将进一步做出重要贡献。以核电为例，根据中国核能行业协会数据，2021年中国核能发电4 071.41亿千瓦时，相当于减少燃烧标准煤11 558.05万吨，减少排放二氧化碳 30 282.09 万吨、二氧化硫 98.24 万吨、氮氧化物 85.53 万吨,相当于造林 91.50 万公顷(9 150 平方千米)。在未来实现"碳达峰、碳中和"国家重大战略和国民经济高质量发展过程中,核能发电作为以清洁能源为基础的新型电力系统的稳定电源和节能减排的保障将起到不可替代的作用。也可以说,研发先进核反应堆为我国实现能源独立与保障能源安全、贯彻"碳达峰、碳中和"国家重大战略部署提供了重要保障。

随着核动力和核技术应用的不断扩展,我国积累了大量核领域的科研成果与实践经验,因此很有必要系统总结并出版,以更好地指导实践,促进技术进步与可持续发展。鉴于此,上海交通大学出版社与国内核动力领域相关专家多次沟通、研讨,拟定书目大纲,最终组织国内相关单位,如中国原子能科学研究院、中国核动力研究设计院、中国科学院上海应用物理研究所、中国科学院近代物理研究所、中国科学院等离子体物理研究所、清华大学、中国工程物理研究院、核工业西南物理研究院等,编写了这套"先进核反应堆技术丛书"。本丛书聚集了一批国内知名核动力和核技术应用专家的最新研究成果,可以说代表了我国核反应堆研制的先进水平。

本丛书规划以 6 种第四代核反应堆型及三个五年规划(2021—2035 年)中我国科技重大专项——小型反应堆为主要内容,同时也包含了相关先进核能技术(如气冷快堆、先进快中子反应堆、铅合金液态金属冷却快堆、液态钠冷却快堆、重水反应堆、熔盐反应堆、超临界水冷堆、超高温气冷堆、新型嬗变反应堆、科学研究用反应堆、数字反应堆)、各种小型堆(如低温供热堆、海上浮动核能动力装置等)技术及核聚变反应堆设计,并引进经典著作《热核反应堆氚工艺》等,内容较为全面。

本丛书系统总结了先进核反应堆技术及其应用成果,是我国核动力和核技术应用领域优秀专家的精心力作,可作为核能工作者的科研与设计参考,也可作为高校核专业的教辅材料,为促进核能和核技术应用的进一步发展及人才的培养提供支撑。本丛书必将为我国由核能大国向核能强国迈进、推动我国核科技事业的发展做出一定的贡献。

于俊崇

2022 年 7 月

前　　言

当前,能源短缺和实现碳中和是我国在全面建设小康社会过程中必须面对和解决的问题。核聚变能由于其资源丰富和无污染,是最有希望彻底解决能源和环境问题的根本出路之一。但是,由于在核聚变能的研发过程中需要解决和克服一系列科学技术和工程上的难题,各国科学家虽然经过了半个多世纪的努力,取得了很大的进展,但还不能满足社会和经济发展的迫切要求。

核能包括裂变能和聚变能。虽然从第一颗原子弹爆炸(不可控裂变)到建成第一个可控的裂变电站用了不到10年的时间,但可控磁约束聚变的研究从20世纪50年代末至今已经进行了60多年,人类依然没有实现利用聚变发电的梦想。长期以来公众对聚变持续关注,但很难理解这件事为什么这么困难。因此,于俊崇院士希望我们能够写一本书,全面、通俗易懂地介绍聚变的发展、存在的科学技术问题、目前的研究现状和未来的预期,回答公众关切的问题。

这是一个非常光荣而又艰巨的任务。实现核聚变发电的两大难点是如何实现上亿摄氏度点火和稳定长时间约束控制。上亿摄氏度等离子体长时间维持非常困难,这需要将上亿摄氏度等离子体与−269 ℃的超导磁体、高热负荷等离子体及壁材料相互作用、动态精密控制等多项极端条件同时做高度集成和有机结合,难度和挑战非常大。经过商量讨论,我们非常荣幸地邀请到长期从事磁约束聚变研究的十几位中青年学者来尝试完成这本书的撰写。

首先由曾长时间在国外多个国家聚变实验室工作过的丁锐研究员负责撰写绪论及各种聚变路线的基本原理,向读者介绍聚变的总体情况。第3章由一直从事托卡马克聚变堆物理研究的叶扬博士全面介绍托卡马克聚变堆的基本原理,这一章是托卡马克聚变堆研究最基本也是最经典的部分,希望不但给公众,也给未来有志于从事托卡马克聚变堆研究的青年学者打一个基础。我本人从事聚变研究40年,在编写组中最年长,负责托卡马克聚变堆国内外研究进展和未来发展这两章的撰写，主要介绍世界各国各个重要装置最重要的成果、未来各国的发展，特别是我国未来的发展。聚变堆的建设主要面对科学和工程技术两个方面的挑战。在科学挑战方面，由近10年一直从事我国聚变工程堆物理设计的青年骨干陈佳乐博士撰写；工程技术挑战方面，则由从事聚变工程近40年，目前在法国负责国际热核聚变实验堆（ITER）托卡马克工程技术的武松涛研究员主笔。至于聚变堆材料，这是未来能否经济、安全、可靠实现聚变发电的最重要的一个环节，由我国目前负责聚变堆材料路线图和规划的北京大学的王宇钢教授主笔，他又邀请聚变堆路线图小组的罗广南、常永勤、刘翔、彭述明、冯开明、陈长安一起参加撰写这一章，全面系统地描述了聚变材料的科学挑战、现状和未来发展的方向。

本书有个别图片引自国外文献，已取得原出版机构授权，按照中文版图书要求，图中的外文已由本书编者译为中文。

我本人虽然看过大量有关聚变的文献资料，但当看到编写组同仁精心撰写的文稿时，依然有很多不懂的问题，这对我也是个学习提高的过程。

感谢编写组同仁的努力，希望这本书可以作为高等院校核科学与工程相关专业、学科的研究生教材。本书也可供从事托卡马克聚变研究的科研人员、工程技术人员参考，也希望本书出版后，读者也能像我一样从阅读这本书中学到很多有用的知识。

限于编者水平及成书时间，本书存在的疏漏与不足之处，敬请读者朋友们批评指正。

李建刚

目　　录

第 1 章

绪　论

能源是人类社会赖以生存和发展的基础，人类的衣食住行都与能源密切相关。随着社会的发展，人类的能源消耗也越来越多，对能源也提出了更高的要求。当今世界能源消费仍以煤、石油、天然气等化石燃料为主，而化石燃料在地球上的储存量是有限的，越用越少。化石能源的大量使用会新增大量温室气体二氧化碳，并且可能产生一些会造成大气污染的气体和烟尘，威胁全球的环境和生态。其他清洁能源，如太阳能、风能、水能、潮汐能、地热能等由于成本高、自然条件限制、利用效率低等问题暂时无法完全替代化石能源。因而，开发取之不尽、用之不竭的清洁可再生能源是今后解决能源短缺和环境污染这两大社会经济发展问题的关键。

1.1　聚变反应

随着 1905 年爱因斯坦提出质能方程（$E = Mc^2$），人类开始注意到通过核反应产生的质量改变可以从原子核释放能量，也就是核能。基于质能方程，核裂变反应产生的核能是指通过将一个重原子核分裂成两个或多个中等质量的原子核从而释放结合能，爆炸威力巨大的原子弹就利用了核裂变反应的原理。1942 年美国芝加哥大学成功启动了世界上第一座核裂变反应堆，不久之后，苏联在 1954 年建成了世界上第一座商用核裂变电站，人类正式开始了核能的和平利用。相对于传统的化石能源，核裂变能源的产出更加高效，1 kg 铀-235 全部发生裂变释放出来的能量相当于 1 900 t 石油的能量。人类对核裂变能源的利用也在 20 世纪 70—80 年代快速增长，目前世界约 16% 的电能是由核裂变反应堆生产的。然而 1986 年苏联切尔诺贝利核事故以及 2011 年的日本福岛核事故，都为核裂变能源的安全性敲响了警钟。

获得核能的另一种途径是利用核聚变,即两个质量较小的原子核结合成质量较大的新核并释放能量。目前人类所用的能源基本上都是由太阳能直接或间接转化而来的,而太阳能则来源于其内部源源不断发生的核聚变反应。相比于核裂变,核聚变能源更加安全而且资源丰富。首先,实现核聚变的反应条件比核裂变更加苛刻。裂变电站在发生事故后可能仍然可以保持链式裂变反应,即使顺利停堆,其燃料棒仍然可以在较长时间内继续发生裂变反应,且燃料棒内材料长时间的衰变也具有很强的放射性。而由于产生聚变所需要的外在条件非常苛刻,一旦发生事故,堆芯无法自动维持在聚变所需的高温高约束条件下,聚变反应会马上终止,因此聚变反应堆具有固有的安全性。此外,核裂变会产生大量的高放射性产物,且有些裂变产物的半衰期很长,而聚变反应所用的都是轻核元素,并不会产生高放射性废料。其次,目前世界上大部分核裂变反应堆所用的裂变资源是铀-235,然而目前探明的自然界中的铀资源非常有限,而核聚变反应使用的氢的同位素氘,可以从水中提取,1 L水中约含有30 mg氘,通过聚变反应产生的能量相当于300 L汽油的热能。地球上仅海水中就含有45万亿吨氘,足够人类使用上百亿年。因此开发核聚变能源,是最有希望彻底解决人类能源问题的出路之一。

不受控制的核聚变已经可以实现,例如氢弹的爆炸,但是要想实现核聚变的能量被人类有效和平利用,必须能够合理地控制核聚变反应发生的速度和规模,实现持续、平稳的能量输出。目前值得作为能源研究的聚变核反应主要有6种,分别如下:

$$D + T \rightarrow {}^4He + n + 17.6 \text{ MeV} \tag{1-1}$$

$$D + D \rightarrow {}^3He + n + 3.27 \text{ MeV} \tag{1-2}$$

$$D + D \rightarrow T + H + 4.03 \text{ MeV} \tag{1-3}$$

$$D + {}^3He \rightarrow {}^4He + H + 18.3 \text{ MeV} \tag{1-4}$$

$$H + {}^{11}B \rightarrow 3\,{}^4He + 8.68 \text{ MeV} \tag{1-5}$$

$${}^3He + {}^3He \rightarrow {}^4He + 2H + 12.86 \text{ MeV} \tag{1-6}$$

上述反应主要是氢的同位素氕(H或质子p)、氘(D)、氚(T)以及氦(He)与硼(B)等轻原子核之间发生的核反应,n表示中子。这些反应中释放的能量都以反应产物的动能形式存在。根据反应过程中总动量守恒,反应产物的动能可以按其质量分配。例如氘氚反应释放的总能量为17.6 MeV,取中子的质量为1,氦的质量为 4，中子获得总能量中的 4/5，即 14.08 MeV，氦获得其中的 1/5，即 3.52 MeV。

　　由于原子核带正电，因此原子核在结合前会受到库仑斥力的阻碍，克服库仑势垒需要大量的能量。轻核所带的电荷少，因此它们聚变时需要克服的势垒也小。不同核聚变反应发生的难易程度也不同，一般用反应截面来描述发生反应的概率，图 1-1 给出了几种核聚变反应的反应截面随原子核动能的变化曲线。从图中可以看出，氘氚聚变反应截面最大，所需的粒子能量最低，是最容易实现的。但是由于氚的半衰期只有 12 年，所以自然界中几乎没有天然存在的氚，必须进行人工生产。氚一般可以通过中子与锂的核反应产生：

$$^{6}\text{Li} + \text{n} \rightarrow \text{T} + ^{4}\text{He} + 4.8\text{ MeV} \tag{1-7}$$

$$^{7}\text{Li} + \text{n} \rightarrow \text{T} + ^{4}\text{He} + \text{n} - 2.5\text{ MeV} \tag{1-8}$$

上面的反应中，第一个是放热反应，第二个是吸热反应，要求中子具有一定的能量。由于锂在地球上储量非常丰富，所以使用锂来生产氚是可以实现核聚变反应原料供给的。虽然其他几个聚变反应的原料更容易获得，甚至可以不产生中子，但是实现反应更加困难（见图 1-1），因而氘氚聚变反应是目前聚变能源追求的第一步目标。

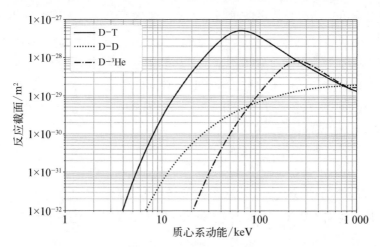

图 1-1　几种常见聚变反应的反应截面与参与反应
原子核质心系动能的关系

1.2　劳逊判据

　　要进行核聚变反应，必须提高反应物质的温度，使原子核和电子分开，处于这种状态的物质称为等离子体。当原子核以很高的速度无规则运动时,才有可能发生相互碰撞,当两个原子核非常接近时,强大的核力就会发挥作用,从而发生核聚变反应。虽然实现核聚变反应本身并不难,但是想要利用核聚变反应堆产生能源还必须要求聚变反应释放的能量大于用以产生和维持高温等离子体所需的能量。1957 年约翰·D. 劳逊(John D. Lawson)通过计算核聚变等离子体中的能量平衡提出了劳逊判据,给出了实现核聚变净能量增益的条件[1]。当核聚变反应的能量产出率大于能量损耗率,并且有足够的能量被系统捕获和利用时,则称之为点火成功。

1.2.1 劳逊判据原理

高温等离子体聚变反应释放能量的同时还发生各种能量损失。从等离子体中逃逸掉的粒子会带走能量,等离子体边界温度梯度会引起明显的热传导损失,还有等离子体中不可避免的各类辐射损失,包括轫致辐射、杂质辐射、复合辐射、回旋辐射等。聚变反应堆若要维持稳态运行,聚变等离子体需要有稳定的温度。因此系统要有能量输入,能量来源可以是聚变反应的产能,也可以是将部分聚变产能转化成电能重新输入。能量输入率应大于聚变等离子体的能量损耗率。

下面以氘氚核聚变反应为例来阐述劳逊判据的原理,其他反应形式与其类似。假定等离子体中不同粒子种类具有相同的温度 T,氘氚等比例混合,这样氘离子密度 n_D 与氚离子密度 n_T 之和与电子密度 n_e 相等,则等离子体单位体积的能量(即能量密度)为

$$W = 3nk_BT \qquad (1-9)$$

式中,n 为等离子体密度,k_B 为玻尔兹曼常数。等离子体的能量约束时间 τ_E 表征的是系统向其周围环境损耗能量的速率,可以定义为能量密度 W 与损耗功率 P_{loss} 的比值:

$$\tau_E = \frac{W}{P_{loss}} \qquad (1-10)$$

单位体积单位时间内发生的聚变反应次数为

$$f = n_D n_T \langle \sigma v \rangle = \frac{1}{4} n^2 \langle \sigma v \rangle \qquad (1-11)$$

式中，σ 为反应截面，v 为相对速度大小，$\langle\sigma v\rangle$ 表示 σv 对两种粒子速度分布的平均值。当两种粒子都处于相同温度的热平衡状态时，$\langle\sigma v\rangle$ 可以采用麦克斯韦速度分布进行计算。虽然氘氚聚变反应可产生 $17.6\,\text{MeV}$ 的能量，但是能留在等离子体中的粒子能量主要还是氦产物带来的 $E_{\text{He}}=3.52\,\text{MeV}$ 的能量，而中子带走的大部分能量并不能加热等离子体。劳逊判据要求聚变加热率大于能量损失率：

$$fE_{\text{He}} > P_{\text{loss}} \tag{1-12}$$

结合式(1-9)~式(1-12)可以得到

$$n\tau_E > \frac{12}{E_{\text{He}}}\frac{k_{\text{B}}T}{\langle\sigma v\rangle} \tag{1-13}$$

这就是劳逊判据的具体形式，式(1-13)右侧是温度 T 的函数，决定了 $n\tau_E$ 的最小值。图 1-2 给出了实现几种常见的聚变反应所需的 $n\tau_E$ 值与温度的关系。对于氘氚聚变反应来说，当温度约为 $30\,\text{keV}$[①]时，$n\tau_E$ 有最小值：

$$n\tau_E \geqslant 1.5\times10^{20}\,\text{s/m}^3 \tag{1-14}$$

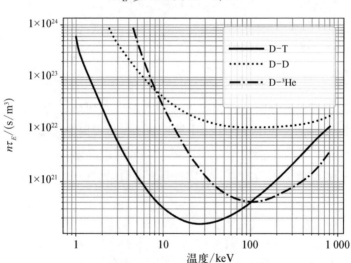

图 1-2　几种常见的聚变反应的 $n\tau_E$ 值与温度的关系

[①]　由于聚变等离子体的温度可达上亿摄氏度，为描述方便，习惯上常采取 eV 或 keV 作为描述等离子体温度的单位。$T=\frac{2}{3k_{\text{B}}}W$（$k_{\text{B}}$ 为玻尔兹曼常数，W 为等离子体平均动能），1 eV 的等离子体相当于温度为 11 600 K。

1.2.2　聚变三乘积

更有用的劳逊判据形式为密度、温度、能量约束时间的三乘积 $nT\tau_E$。虽然对于不同的聚变实施方案，等离子体密度和温度都能在较大的范围内改变，但能够达到的最高压强 p 是个常数，聚变功率密度正比于 $p^2\langle\sigma v\rangle/T^2$。根据式(1-13)我们可以得到

$$nT\tau_E > \frac{12}{E_{\mathrm{He}}}\frac{k_{\mathrm{B}}T^2}{\langle\sigma v\rangle} \tag{1-15}$$

式(1-15)右边依然是温度的函数，对于氘氚聚变反应，劳逊判据给出的最小三乘积如下：

$$nT\tau_E \geqslant 3\times10^{21}\ \mathrm{keV\cdot s/m^3} \tag{1-16}$$

目前，还没有任何聚变装置能达到这个数值，最高的聚变三乘积是来自日本 JT-60U 托卡马克装置上的 $1.5\times10^{21}\ \mathrm{keV\cdot s/m^3}$[2]。对于未来聚变反应堆来说，聚变增益因子 Q 是直接衡量其品质的参量，其定义为聚变反应产生的聚变功率 P_{fus} 与外部加热等离子体功率 P_{heat} 之比：

$$Q = \frac{P_{\mathrm{fus}}}{P_{\mathrm{heat}}} \tag{1-17}$$

当 $Q=1$ 时，聚变功率与外部加热等离子体功率达到收支平衡。一般来说，聚变反应释放的能量部分会留在等离子体中实现自我加热，但是大多数聚变反应都会释放一部分无法在等离子体中被捕获的能量。因此在 $Q=1$ 时，系统在没有外部加热的情况下会逐渐冷却。对于未来的聚变堆，Q 值必须更高才有可能在不需要外部加热的条件下实现自我维持，达到真正的点火条件。

参考文献

[1] Lawson J D. Some criteria for a power producing thermonuclear reactor[J]. Proceedings of the Physical Society Section B, 1957, 70(1): 6.

[2] Ishida S, Neyatani Y, Kamada Y, et al. High performance experiments in JT-60U high current divertor discharges[C]//16th International Atomic Energy Agency (IAEA) International Conference on Plasma Physics and Controlled Nuclear Fusion Research, Montreal (Canada), 1996. Vienna (Austria): IAEA, 1997.

第 2 章
磁约束聚变基本原理

　　为了达到聚变点火条件,需要将氘、氚燃料加热到上亿摄氏度,任何实物容器都无法承受如此高温的聚变等离子体,必须采用特殊的方法将其在较长时间和一定区域内约束住,使其发生聚变反应。太阳和其他恒星主要靠引力约束等离子体维持核聚变反应。而目前通过约束高温等离子体获取聚变能的两个主要方法分别是磁约束和惯性约束,其中惯性约束是一种利用功率密度极高的激光束或其他粒子束将含有氘氚等聚变材料的靶丸在极短的时间内压缩,加热至高温、高密度的等离子体,继而发生聚变反应并获得能量增益的可控核聚变方式,其主要是利用等离子体由于惯性还来不及飞散出去的这段时间内发生足够多的聚变反应而达到劳逊条件。由于惯性约束微型靶丸的聚爆过程与氢弹类似,目前可以从事激光惯性约束核聚变研究的只有中国、美国、俄罗斯、法国等核大国。而磁约束聚变是通过磁场将高温等离子体约束在一定区域内使其发生可控核聚变反应,磁约束聚变也是目前各国科学家研究受控聚变能源的重点方向。

2.1　磁约束概念

　　高温等离子体主要由带电的离子和电子组成,整体呈电中性,其运动主要受电磁力支配,并表现出显著的集体行为。在均匀的磁场中带电粒子一方面可以自由地沿磁力线运动,另一方面由于洛伦兹力的作用,在垂直于磁力线方向也会绕着磁力线做拉莫尔回旋运动(拉莫尔进动),因此带电粒子在磁场中的运动是螺旋式的,如图 2-1(a)所示。螺旋轨道的回旋半径称为拉莫尔回旋半径,它由磁感应强度大小 B、粒子的带电荷数 Z、粒子质量 m,以及垂直于磁场方向的速率 $v_\perp$ 共同决定:

$$\rho_{i, e} = \frac{m v_{\perp}}{eZB} \tag{2-1}$$

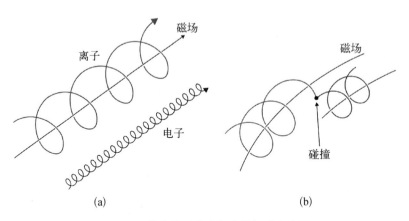

图 2-1 带电粒子在磁场中的运动示意图

(a) 电子和离子在磁场中的拉莫尔回旋运动;(b) 粒子之间的碰撞导致粒子改变轨道

式中,e 为基本电荷量。对于电子和离子,其在磁场中的拉莫尔回旋半径在数值上又可以表示为

$$\rho_e = \frac{1.07 \times 10^{-4} T_e^{1/2}}{B} \tag{2-2}$$

$$\rho_i = \frac{4.57 \times 10^{-3} (A^{1/2}/Z) T_i^{1/2}}{B} \tag{2-3}$$

式中,T_e 和 T_i 分别为电子和离子的温度,单位为 keV;A 为离子的质量数。因此对于氘等离子体,电子和离子温度相等时离子的拉莫尔回旋半径是电子拉莫尔回旋半径的 60 倍左右。在磁约束聚变中一般需要较强的磁场,使得被约束离子的拉莫尔回旋半径远小于聚变装置的尺寸。

作为离子和电子的混合体,高温等离子体有一个从内向外的压力,其压强是离子和电子的压强之和:

$$p = n_e k_B T_e + n_i k_B T_i \tag{2-4}$$

因此在磁约束等离子体中,等离子体向外的热膨胀力必须由磁场带来的向内的压力所抵消,达到平衡。磁场带来的压强大小为 $B^2/2\mu_0$(μ_0 为真空磁导率)。

在理想的磁约束系统中,被约束的电子和离子通过碰撞仍然可以产生垂直于磁力线方向的输运,如图 2-1(b)所示,粒子之间的碰撞可以使其逃离原本的约束路径而进入新的输运轨道。碰撞可能导致粒子沿任何方向的随机位移,但是如果磁场中的等离子体存在密度梯度的话,粒子之间的碰撞就会使等离子体向低密度区域扩散。粒子的扩散系数可以表示为 ρ^2/t_c,其中 ρ 为粒子的拉莫尔回旋半径,t_c 为粒子碰撞的特征时间。由于离子的拉莫尔回旋半径远大于电子的拉莫尔回旋半径,离子沿垂直于磁力线方向的扩散要快于电子。但是在等离子体中,为了维持准中性原则,在垂直于磁场方向会生成一个极化电场,该电场会降低离子的垂直输运,同时增强电子的垂直输运,从而使等离子体保持准中性。

然而极化电场的出现又会使带电粒子进一步产生既垂直于磁场又垂直于电场的电漂移运动:

$$\boldsymbol{v}_E = \frac{\boldsymbol{E} \times \boldsymbol{B}}{B^2} \tag{2-5}$$

式中,$\boldsymbol{v}_E$ 为带电粒子的电漂移速度,$\boldsymbol{B}$ 为磁感应强度矢量,$\boldsymbol{E}$ 为电场强度矢量,下标 E 为电场强度的大小。

同时,在非均匀磁场中,由于磁场的不均匀性,带电粒子在做拉莫尔回旋运动时也会产生梯度漂移。如图 2-2 所示,黑色为螺旋形磁力线的方向,虚线分别为离子和电子回旋运动中心的轨迹,在磁场强度较强的区域,带电粒子的拉莫尔回旋半径较小,而在磁场强度较弱的区域,带电粒子的拉莫尔回旋半径较大,这种拉莫尔回旋半径的变化会引发粒子沿垂直于磁力线和磁场梯度方向的漂移运动,磁场梯度漂移的速度可以表示为

$$\boldsymbol{v}_B = \frac{\mu}{qB^2} \boldsymbol{B} \times \nabla B \tag{2-6}$$

式中,μ 为粒子的磁矩,$\mu = \dfrac{mv_\perp^2}{2B}$。从式(2-6)可以看出,粒子的磁场梯度漂移与粒子所带电荷数有关,正负电的粒子将会沿相反的方向漂移,因此磁场梯度漂移也会引发极化电场的产生,进而产生复杂的磁漂移加电漂移运动。由于漂移运动的存在,简单的磁场无法有效约束住等离子体,故需要设计合理的磁场位形对聚变等离子体进行有效约束。

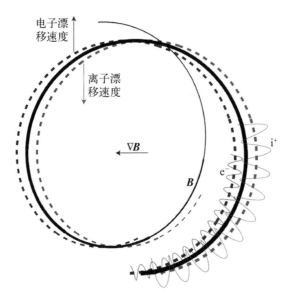

图 2-2　带电粒子在非均匀螺旋形磁场中的运动

2.1.1　线性磁约束

最简单的磁约束设计是通过磁场将等离子体约束在一个圆柱状的线性结构中。通过优化磁场设计,科学家先后提出了多种线性磁约束聚变装置设计概念,并对其可行性进行了深入研究。

如图 2-3(a)所示,第一种线性磁约束装置为线性箍缩(Z 箍缩)装置[1],在该装置中等离子体电流沿着装置两端电极之间的中心轴流动,等离子体电流产生的极向磁场会约束等离子体,使其不与装置的第一壁接触。20 世纪 60 年代各国科学家对线性箍缩进行了大量研究,但实验研究表明,该类装置约束的等离子体很容易产生各类不稳定的现象,进而导致等离子体破裂并轰击到装置的第一壁上,因此很多线性箍缩装置后来都逐渐发展为专门研究等离子体不稳定性的装置。

另一种箍缩装置为角向箍缩(q 箍缩)[2],如图 2-3(b)所示,该装置是通过给包裹在装置外的线圈通电使其产生快速上升的电流,进而生成约束等离子体的磁场,同时对等离子体进行加热。该类装置中被约束的等离子体通常会通过装置的两端流失,或者产生各类不稳定现象而流失,因此其约束时间非常短,一般在微秒量级。无论是 Z 箍缩还是 q 箍缩,其磁场对等离子体的约束都是脉冲式的,因此很难成为未来聚变电站的候选。

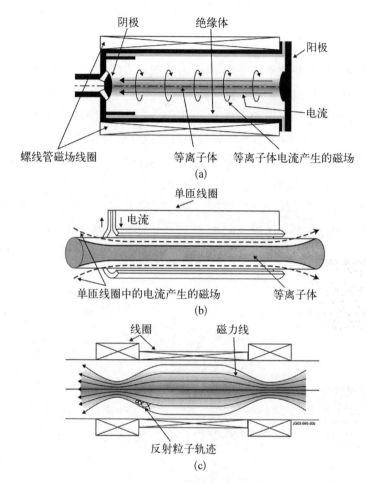

图 2-3　部分线性磁约束聚变装置示意图

（a）线性箍缩；（b）角向箍缩；（c）磁镜

磁镜装置[3]也曾在 20 世纪 80 年代以前被广泛研究过。如图 2-3(c)所示，磁镜是通过装置外围的螺线管线圈产生一个稳定的轴向磁场，而在装置两端的区域，通过增大电流使得两端区域的磁场强度较强，磁场较强的区域对带电粒子来说像一个反射镜，因此可以将等离子体约束在该线性装置的中心区域。但磁镜只对速度方向与磁力线夹角较大的粒子反射效果较好，而那些速度方向近乎平行于磁力线的粒子很容易逃离磁镜的约束。同时由于等离子体中粒子的碰撞，被约束的粒子也会通过碰撞改变运动方向从而不断地逃离磁镜的约束，因此该类线性磁约束装置难以有效约束等离子体并达到未来聚变装置的点火条件。

2.1.2 环形磁约束

一种最简单的防止等离子体沿磁力线逃逸的方法是采用环形磁约束位形,通过形成环形磁场的方式,将高温等离子体约束在环形装置内发生聚变反应。最早的环形磁约束聚变装置为20世纪40年代英国科学家发明的环形箍缩装置[4]。如图2-4所示,该装置力图通过较强的环向等离子体电流产生的极向磁场将等离子体约束在环形装置中,实验研究发现该类箍缩具有较强的不稳定性,但通过在装置外围加上一定量的环向场线圈产生较弱的环向场,即可有效地改善等离子体的约束性能。同时研究发现,若该环向场在等离子体边界处的方向与芯部环向场方向相反,等离子体的约束性能会进一步改善,该磁约束位形称为反场箍缩[5]。然而目前的环形箍缩装置还很难获得较好的能量约束。

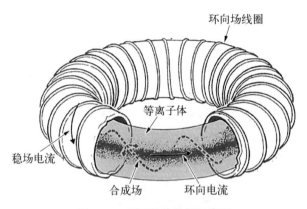

图 2-4 环形箍缩装置示意图

另一种从环向约束住等离子体的装置是仿星器[6],该设计方案最早是20世纪50年代由普林斯顿大学的科学家提出的。仿星器的原理是通过优化外围螺线管磁场线圈来实现螺旋状的磁场位形,从而将等离子体约束在环形腔室内。仿星器的极向磁场由螺旋环绕的磁体产生,并不需要等离子体中产生任何电流,因此相较于其他类型的装置,该装置约束的等离子体具有较好的稳定性。

目前最为成功的环形磁约束类型是托卡马克装置[7]。托卡马克是通过外加的环向场线圈、极向场线圈和中心螺管线圈,并结合等离子体的电流,共同产生约束等离子体的螺旋磁场环形箍缩装置。托卡马克装置中的环向磁场远大于极向磁场,对等离子体的约束能力也强于环形箍缩。

2.2　磁镜

当沿着磁力线做回旋运动的带电粒子从弱磁场区域进入强磁场区域时,将会被反射回来,类似于光线在镜子上的反射,因此称为磁镜效应。

2.2.1　磁镜原理

最简单的磁镜位形是由两个电流方向相同的线圈以中心轴重合的方式排列而成的一种磁场构形,线圈间距大于线圈的直径,使得磁场在每个线圈的中心处最强,而在两个线圈之间最弱。带电粒子在磁镜场中运动时,粒子的磁矩 $\mu = \dfrac{mv_\perp^2}{2B}$ 是一定的。因此在磁场强的地方,粒子垂直于磁场方向的速度分量 $v_\perp$ 变大。由于磁场不对粒子做功,粒子的总动能保持不变,因此平行于磁场方向的速度分量 $v_\parallel$ 会相应变小。动能足够小的粒子会完全失去平行方向的速度,这样就会被磁场反射,朝着相反的方向运动,当运动到另外一侧强磁场区域时,又会被再次反射回来。实际中不可能所有带电粒子遇到强磁场都能被反射回来,总有一部分平行方向速度较大的带电粒子会穿过强磁场区域而损失掉。

描述磁镜约束效果的参数为磁镜比,是最强磁感应强度 B_{max} 与最弱磁感应强度 B_{min} 的比值 B_{max}/B_{min}。 粒子能被磁镜约束的条件可以写成

$$\frac{v_{\perp,\,min}^2}{B_{min}} = \frac{v^2}{B_{max}} \tag{2-7}$$

式中, $v_{\perp,\,min}$ 是粒子在最弱磁感应强度 B_{min} 处垂直于磁场的速度分量, v 是粒子的总速率,粒子的运动速度方向与磁场的夹角 $\theta = \arcsin(v_\perp/v)$,式(2-7)可以变为

$$\sin^2\theta_m = \frac{v_{\perp,\,min}^2}{v^2} = \frac{B_{min}}{B_{max}} \tag{2-8}$$

因此,粒子被反射时对应的运动速度方向与磁场夹角的临界角 $\theta_m = \arcsin\sqrt{B_{min}/B_{max}}$。 在最弱磁感应强度 B_{min} 处, $\theta > \theta_m$ 的带电粒子运动到强磁

场区域会被反射回来；反之，$\theta < \theta_m$ 的带电粒子运动到强磁场区域则不会被反射，而是穿过强磁场区域损失掉。在等离子体的速度分布上会出现顶角为 $2\theta_m$ 的损失锥，凡是速度的方向落在损失锥内的带电粒子都会逃逸，锥外的粒子则会被束缚。因此带电粒子能否被反射并非取决于粒子的动能，而是取决于粒子的运动速度方向与磁场的夹角。磁镜比越大时，临界角越小，损失的带电粒子越少，因而磁镜的约束效果也越好。

2.2.2　磁镜装置的发展

　　磁镜装置由于其位形和工程简单，在磁约束聚变早期研究中被普遍采用。磁镜约束等离子体的概念是 20 世纪 50 年代中期由苏联莫斯科库尔恰托夫研究所的格什·布德科尔[8]和美国劳伦斯利弗莫尔国家实验室的理查德·波斯特[9]分别独立提出。早在 1951 年，波斯特就开始发展小型装置来验证磁镜位形，利用玻璃管作为真空室，真空室外是螺旋管产生的较弱磁场，真空室的两端绕有产生较强磁场的磁镜线圈。实验中反复测量了螺旋管两端加磁镜场和不加磁镜场两种情况下的等离子体约束性能，证明了利用外加的磁镜场可以有效地减少从螺旋管等离子体容器中逃逸出来的粒子，延长了等离子体的约束时间。在早期的磁镜实验中发现，如果等离子体中的电子温度远大于离子温度，那么可以延长粒子在磁镜装置中的约束时间，粒子约束时间相当于粒子在磁镜之间反射几千次甚至几百万次的时间。

　　从宏观磁流体不稳定性的角度来看，简单的磁镜位形在主要的等离子体区域磁力线都凸向外部，很容易产生交换不稳定性，使得等离子体很快碰到器壁而最终损失掉。因此在 1961 年莫斯科库尔恰托夫研究所的米哈伊尔·约飞(Mikhail Ioffe)提出了在两个平行的圆形磁镜线圈之间对称地安置纵向导体棒(又称约飞棒)，相邻导体棒中流过相反方向的电流，从而与磁镜场结合构成磁阱位形，又称为极小磁场位形。在临界半径以外，平均径向磁场梯度从负变正即磁场向外是增强的，具有明显的致稳效应，从而能够帮助克服交换不稳定性。在 20 世纪 60 年代后期，英国卡拉姆实验室设计了另一种能够产生磁阱的磁场位形，一种形状像垒球缝的单匝线圈，因而又称为垒球线圈[10]，后来波斯特等又设计出一种新颖的磁阱位形，称为阴阳线圈[11]。到 60 年代后期，研究人员基本上放弃了简单磁镜设计，而采用了磁阱位形，从而逐渐形成了一种标准的磁镜位形，并采用中性束粒子注入的方法来产生和维持等离子体。

磁阱虽然可以成功地抑制磁流体不稳定性,但无法抑制微观不稳定性。由于损失锥的存在,使得捕获离子的分布函数偏离麦克斯韦分布,同时双极势也会导致离子的非麦克斯韦分布,从而造成微观不稳定性。虽然这些不稳定性不会导致等离子体宏观不稳定运动,但是它会通过引起等离子体速度空间的扩散促使粒子进入损失锥而造成等离子体损失。磁镜中的主要微观不稳定性包括静电型不稳定性,如高密度静电模式、高频对流损失锥模式、漂移回旋损失锥模式,以及电磁型的阿尔芬离子回旋不稳定性的模式,这些不稳定性模式都会造成离子的快速损失。

美国和苏联的多个磁镜装置都观察到了相关不稳定性,并提出了一些稳定这些模式的方案。苏联的 PR-7 装置采用电子回旋共振加热的方法,通过改变等离子体双极势的空间分布,在中心平面附近产生了一个静电势阱,可以捕获离子,从而达到致稳的目的[12]。代表标准磁镜实验研究最高水平的美国 2XIIB 装置,在两端采用储有较高密度的气体箱,使从中心约束区沿磁力线损失的电子和离子直接与中性气体发生作用,从而产生低温高密度的等离子体[13]。采用这种简单的方法达到了稳定漂移回旋损失锥模式的效果,再通过强流中性束向中心约束区注入以提升等离子体的密度,最高可达到 2×10^{14} cm^{-3},比致稳前提高 1 个数量级。其离子温度最高达到 13 keV,电子温度较低为 140 eV,等离子体比压高达 2.0,但是其离子约束时间小于 1 ms。虽然等离子体比压很高,但是由于离子的约束时间太短,使得维持单位体积热离子等离子体所需的中性束功率很大,甚至会大于聚变输出功率,因此从聚变能的角度来说,标准磁镜的聚变增益因子 Q(简称 Q 值)很难大于 1。

为了提高 Q 值,必须增加离子的约束时间,因此人们提出了串级磁镜的概念,也就是在磁镜的两端加上两个小磁镜形成端塞。由于中心室中电子的损失比离子快得多,因此中心室中等离子体相对具有正电位。如果在中心室两端的小磁镜中通过中性注入的方法维持稠密的等离子体,产生很高的双极势,从中心室逃逸出来的离子就会受到这个双极势的强烈反射,从而延长离子约束时间。大部分电子可以在两个端塞之间穿过中心自由地来回运动,另一小部分电子被约束在端塞区域内。串级磁镜的主要缺点是端室和中心室之间电子热传导很大,要提高离子的约束时间,主要依靠提高端室中等离子体的密度,这既加大了技术难度,对提高整个装置的 Q 值也不利。

在 20 世纪 80 年代初,人们又提出了先进的热垒概念,主要作用是将端室中的电子与中心室内的电子采取热绝缘分开。通过对端室中电子的加热提高端室电子温度,可大幅度降低对加热功率和束流强度的要求。这种同时具有正电位差和"热垒"的串级磁镜称为新型的或第二代串级磁镜。1979年美国利弗莫国家实验室建造完成了串级磁镜 TMX,随后又升级改造为 TMX-U,装置长度达到 8 m,中心室具有 4 级场终端磁镜,并将端部连接到 4 级磁阱上。端塞等离子体用中性束注入来产生和维持,并采用电子回旋共振加热以提高电子温度,实验已经证实可以建立接近千伏级的热垒。另一个装置为日本筑波大学的 GAMMA-10,它是一个具有热垒的轴对称串级磁镜,装置长度为 6 m,也获得了类似的实验结果。其他有名的串级磁镜装置有美国麻省理工学院的 TARA、美国威斯康星大学的 Phaedrus以及苏联的 AMBAL 等。

美国原计划要建造世界上最大的串级磁镜 MFTF-B 装置,希望实现聚变点火,并设计了超导线圈及采用低温抽气技术,装置总长度为 64 m。但是由于托卡马克装置更加有前景,美国最终削减了相关研究经费,搁置了磁镜的研究计划。要想实现磁镜的聚变反应堆,还要在实验上对诸如径向输运、杂质辐射与控制、边缘物理、能量回收等很多问题开展大规模的实验研究,仍然需要大量的投资。国际上目前只有很少量的磁镜实验研究,仍处于基本原理的验证阶段。

2.3 仿星器

在早期磁约束聚变研究过程中发现,仅仅通过环状磁力线无法较好地约束住等离子体,需要螺旋状的磁力线才能防止因漂移导致的粒子损失。仿星器的基本原理则是通过磁力线的旋转变换使带电粒子在环形区域中的漂移轨道封闭而得到长期约束,同时在宏观上建立低比压稳定平衡位形。

2.3.1 仿星器概念

仿星器的概念最早由美国物理学家莱曼·斯皮策(Lyman Spitzer)教授于1951年提出,其思路是在这样的装置中产生像星球那样的高温等离子体。起初仿星器装置是作为机密项目开展的,直到 1958 年之后才对外公开[14]。斯皮策教授当时提出了两种对磁场进行旋转变换和扭曲的方法。一种是直接把环向磁场线圈扭曲成"8"字形的仿星器装置,使在两个弯曲段向上和向下的粒子漂移抵消,如图 2-5(a)所示。这种方案由于对粒子的约束较差,所以很快就被放弃了。另一种仿星器位形由环向场线圈和成对的螺旋线圈组成,且相邻螺旋线圈电流相反,称为标准仿星器位形,如图 2-5(b)所示。由于这种仿星器位形在线圈布置上互相套叠,安装拆卸困难,不太适用于反应堆,因此后来在此基础上迅速发展了其他仿星器位形。其中一种方法是用一组相同电流方向的螺旋线圈代替原来的环向场线圈和螺旋绕组,其数目是原来螺旋线圈的一半,而它们产生的垂直方向磁场用另一组水平方向的垂直场线圈进行补偿抵消,如图 2-5(c)所示,目前日本的大型仿星器装置 LHD 用的就是这种位形。为了使仿星器的工程简化,还有一种将环向场和螺旋线圈结合起来的设计。这种位形的螺旋绕组由电流方向相反的两饼线圈组成,通过调节环向线圈的个数使每一个线圈中的电流和螺旋线圈电流相同,经过精确的线圈形状和电流设计可使之产生环向磁场和螺旋磁场两项功能,称为模块化线圈位形,如图 2-5(d)所示。模块化线圈可达到与经典仿星器相同的效果。虽然这种模块化的线圈形状更复杂,但安装相对简单,德国大型仿星器装置 Wendelstein 7-X(简称 W7-X)使用的就是这种位形。

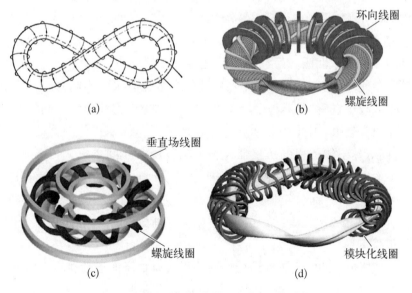

图 2-5　不同仿星器的线圈位形示意图

(a) 早期的"8"字形仿星器位形;(b) 由环向线圈和螺旋线圈组成的标准仿星器位形;
(c) 由螺旋线圈和垂直场补偿线圈组成的仿星器位形;(d) 模块化线圈位形

仿星器是直接通过外部线圈电流来产生螺旋环状磁场的,因此其具有复杂的三维不对称性结构。仿星器在环向也可能呈周期性结构特征,可用两个参数来表示,一个是它在小截面方向的极点数,表示为模数 l,另一个是它在环向的周期模数 m。目前大部分仿星器的 $l = 2$,而 m 的数值则不等。在仿星器中局域压强梯度由等离子体逆磁电流与约束磁场的作用力维持,粒子漂移由旋转变换补偿,也就是说等离子体的向外膨胀力由普菲什-施卢特(Pfisch-Schlüter)电流与等离子体表面的平均极向螺旋磁场的作用力平衡。

2.3.2 仿星器与托卡马克的比较

从实现磁约束聚变的原理来看,仿星器与目前最常见的托卡马克是非常类似的,因此也经常会相互比较,两者各有优缺点。由于托卡马克装置的等离子体电流通常很高,会造成强烈的磁流体不稳定性,从而容易导致等离子体破裂,较难实现稳态运行,且大等离子电流将消耗较高的能量。而仿星器由于直接利用外部线圈产生环形螺旋磁场,不需要产生等离子体电流,这使得装置不会受到等离子体电流导致的不稳定性的影响,容易实现稳态运行,且消耗较少的能量。但是,由于托卡马克在环向是对称的,在工程上建造起来相对容易,而且环向对称的磁场有较好的等离子体约束性能,而仿星器由于其三维不对称性,建造起来更复杂,其磁体的设计和加工要求达到非常高的精确度,否则可能影响整体性能。而且在高温低碰撞率情况下,等离子体约束性能相对较差。此外,托卡马克和仿星器的几何参数也有很大不同,托卡马克的环径比一般较小,而仿星器为了避免磁力线与结构对称性谐波之间的共振,其环径比通常较大,因此托卡马克的有效等离子体体积比仿星器的大。换言之,相同等离子体体积的仿星器比托卡马克所占空间更大。托卡马克与仿星器中的安全因子剖面和磁剪切也有所不同,托卡马克运行时整体等离子体一般呈正剪切,而仿星器一般为反剪切或零剪切。正因为仿星器在某些方面有着自己的优势,虽然国际上托卡马克的发展更快,但是仿星器的研究依然很受重视。

仿星器位形的空间三维结构特性使得带电粒子的运动轨道极为复杂,与托卡马克位形相比,磁场的不均匀性不仅来自环形效应,还来自螺旋波纹磁场。除了可以自由沿磁面运动的粒子即通行粒子外,还存在两类捕获粒子,即环形效应产生的类似于托卡马克中"香蕉"粒子的第一类捕获粒子和局部磁镜效应产生的局部捕获粒子。环形捕获粒子也受到螺旋磁场波纹的影响,其沿极向运动轨道的投影形如带毛刺的"香蕉"。与托卡马克相比,通行粒子和捕获粒子轨道与磁面的偏离都更大,尤其是局部磁镜所捕获的粒子,其轨道可能不闭合。这不仅影响粒子的约束,也使其输运性质与托卡马克有很大的差别。

2.3.3　仿星器研究进展

国际上正在运行的仿星器装置有很多,其中,德国的 W7 - X[15] 和日本的 LHD[16] 是目前世界上最大的两个仿星器装置。W7 - X 装置由德国马克斯·普朗克等离子体物理研究所于 2015 年 10 月建成,其前身是 W7 - AS。W7 - X 的基本参数为大半径 5.5 m、小半径 0.55 m、磁轴处环向场磁感应强度 2.5 T、等离子体体积 30 m³。W7 - X 预计将实现长约 30 min 的连续等离子体放电运行,该装置虽然不用于发电,但可用于评估仿星器作为未来聚变堆的可行性。图 2 - 6 展示了 W7 - X 在实验中观察到的磁力线结构。

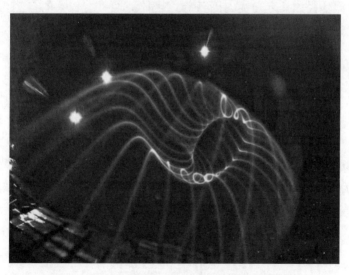

图 2 - 6　W7 - X 仿星器实验中观察到的磁力线结构[17]

目前世界上第二大的仿星器是位于日本土岐市的 LHD 装置,隶属于日本核融合科学研究所(NIFS),于 1998 年开始其第一次等离子体运行。LHD 的基本参数为大半径 3.7 m、小半径 0.63 m、磁轴处环向场磁感应强度 2.85 T、等离子体体积 29 m³。LHD 主要研究稳态聚变等离子体约束性能,从而找到解决螺旋等离子体聚变反应堆中物理和工程问题的可能方案。与常规托卡马克装置类似，LHD 装置也拥有中性束、离子回旋、电子回旋等加热手段。

目前在对仿星器研究的很多方面都取得了显著的进展，如无净电流的等离子体、能量约束时间及其经验定标律、高约束模等离子体、高密度等离子体、等离子体稳态运行、等离子体脱靶控制、粒子和热输运、三维物理等。仿星器上达到的等离子体总体参数并不逊色于同等规模的托卡马克，甚至在一些方面更好，最突出的就是等离子体密度，可以高达 2×10^{20} m^{-3}，但是在能量约束时间等方面仍然需要进一步提升。

2.4　球形环

球形环(spherical torus，ST)是轴对称环形位形的特殊情况，主要是指球形托卡马克。彭元凯(Y. K. Peng)等于 1986 年提出球形托卡马克的概念[18]。相对于传统托卡马克，球形托卡马克的环径比更小($A = R/a < 2$)，因此也称为低环径比托卡马克。因其等离子体截面具有较大的自然拉长比，从而外形接近球形，如图 2-7(a)所示。

2.4.1　球形环概念

球形环的磁场结构与常规托卡马克相同，均是环向场线圈产生环向磁场，等离子体电流产生极向磁场，等离子体的产生和平衡的维持也与常规托卡马克类似。但是当环向磁场强度相同时，在低环径比和大拉长比的球形环条件下，平衡状态时的等离子体电流更大，比压也更高。托卡马克等离子体的比压主要受理想磁流体气球模的限制，根据特鲁瓦永(Troyon)极限的一般规则，等离子体压强与磁压强之比 β 与规范化比压 β_N 成正比：

$$\beta = \frac{\beta_N I_p}{a B_t} = \frac{5\beta_N(1+k^2)}{2Aq} \tag{2-9}$$

式中，a 为小半径，B_t 为环向磁感应强度，I_p 为等离子体电流。β 主要由环径比 A、拉长比 k 和安全因子 q 决定，因此球形托卡马克的 β 明显更高。另外一个重要的关系即等离子体电流 I_p 与环向场线圈电流 I_{tf} 的关系：

$$\frac{I_p}{I_{tf}} = \frac{1+k^2}{2A^2 q} \tag{2-10}$$

　　显然,球形托卡马克可以支持更大的等离子体电流。

　　球形托卡马克中环向磁场在径向相对变化较大,且等离子体电流产生的极向磁场与外侧环向磁场大小可比拟。磁力线在外侧倾角大,又称为坏曲率区,环向旋转距离短;在内侧倾角较小,又称为好曲率区,环向旋转距离长,从而显著提高了安全因子,如图 2-7(b)所示;而且磁力线在好曲率区的长度远大于在坏曲率区的。这些磁力线拓扑结构上的变化有利于增强磁流体力学稳定性,使得等离子体具有更高的比压。

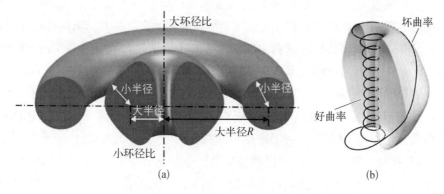

图 2-7　球形托卡马克示意图

(a) 球形托卡马克与常规托卡马克的比较;(b) 球形托卡马克中的磁力线结构

　　在低环径比和大拉长比时,等离子体极向比压 $\beta_p < 1$。这意味着等离子体呈顺磁效应,等离子体中极向电流产生的环向磁场和环向场线圈产生的磁场同向,等离子体中的环向磁场得到增强,进而提高磁流体力学稳定性。同时,等离子体芯部增强的环向场和外侧极向场共同作用,使得在外侧坏曲率区出现局部最小磁场的近层叠结构区。在这一区域,粒子漂移轨道与磁面一致,捕获粒子的比例降低,从而增加了电流驱动效率。同时由于近层叠结构出现在坏曲率区,这将抑制坏曲率区的磁流体力学不稳定性。

　　总体来说,在球形托卡马克中,由于其特殊的磁场拓扑结构,磁流体力学行为比较温和,整体不稳定性较传统托卡马克得到了很大程度的改善,但是也会出现新的不稳定性,如由于较低的阿尔芬速度,阿尔芬本征模和不同的高能粒子模式也很容易被激发,这些方面还需要进一步深入研究。

2.4.2　球形环研究进展

　　球形托卡马克是否能真正成为有竞争力的途径,还需要进一步在实验中研究两个关键问题。首先是非感应的等离子体启动和电流驱动,由于球形托卡马克装置结构的紧凑性,中心柱的面积太小,不可能利用中心螺线管提供很大的伏秒数,因此长脉冲运行主要依靠自举电流和非感应电流驱动。对于具有更高密度和更低磁场的球形等离子体,阿尔芬速度也更低,接近离子的热速度,而且等离子体的频率超过了电子回旋频率,因此电流驱动变得更加困难。另一个关键问题是等离子体输运,虽然球形托卡马克也能获得与传统托卡马克相当的约束水平,但是主要的输运过程似乎有些不同。球形托卡马克中的输运主要通过电子通道进行,而传统托卡马克的离子通道输运更加重要,其原因可能是强的 $E \times B$ 剪切作用稳定了离子尺度的湍流。在电子输运机制方面,除了漂移模式外,球形托卡马克中的微撕裂模式似乎起着更重要的作用。此外由于磁场强度更弱,球形托卡马克中的输运水平比常规托卡马克中的更高。

从 1991 年英国的 START 运行开始[19],球形托卡马克装置经过几十年的实验研究不仅验证了上述理论预言,同时还在某些方面获得了一些突出的实验结果。例如,START 创造了磁约束聚变装置中环向比压高达 40% 的最高纪录,是在传统托卡马克中获得的最高值的 3 倍多;START 等离子体中获得的 β_N 大大超过 Troyon 极限,β_N 达到 5.9;START 上获得的最高等离子体密度已经超过 Greenwald 密度极限,达到 1.5。由于安全因子高等原因,球形托卡马克中很少发生大破裂现象,取而代之的是较为温和的内部磁重联事件。发生内部磁重联时,等离子体在很短时间内损失的能量最高可达 30%,但会很快恢复平衡状态,不会导致等离子体的整体熄灭。

由于 START 取得的成功,国际上掀起了研究球形托卡马克聚变堆的热潮,目前世界上正在运行的球形环超过了 20 个。中小型的球形环装置主要有日本的 QUEST、TS-3/TS-4、LATE、UTST,美国的 PEGASUS、HIT-II、LTX,意大利的 Proto-Sphera,巴西的 ETE,韩国的 VEST,英国的 ST-40,俄罗斯的 Globus-M,中国的 SUNIST 和 XL-50。美国的 NSTX 和英国的 MAST 两个装置是世界上最大的两个球形托卡马克实验装置,两个装置的大半径都接近 1 m,都能获得 1 MA 以上的等离子体电流,环向磁场的磁感应强度为 0.5 T 左右。两个装置已经先后升级为 NSTX-U 和 MAST-U,磁场和电流都得到了明显的提升。MAST 装置在边界等离子体物理上的研究极具特色,图 2-8 所示是在 MAST 装置上边界局域模(ELM)爆发时观测到的精细结构[20]。新的 MAST-U 装置将其偏滤器升级为世界上第一个 Super-X 型偏滤器位形,有望在边界热流和杂质控制方面取得突破。

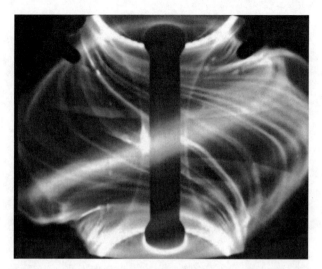

图 2 - 8　MAST 球形托卡马克实验装置上利用快速相机拍摄的 ELM 爆发时的场景[20]

2.5　紧凑环

紧凑环(compact torus，CT)是另一种磁约束途径，但是对其概念一直没有精确的定义。一般来说球马克(spheromak)和场反向位形(field reversed configuration，FRC)被认为是紧凑环装置，但有时球形托卡马克、反场箍缩(reversed field pinch，RFP)和一些线性装置也被归为紧凑环装置。实际上，真正的紧凑环应该是一种没有导体或壁材料穿过其中的环形磁约束装置，这里重点介绍场反向位形和球马克。

2.5.1　场反向位形

场反向位形是一种没有环向磁场的扁长紧凑环位形，如图 2 - 9 所示，其整体形状一般是圆柱形的，更像是磁镜的形状。它主要包含两个不同的区域：分离面内的封闭场环和分离面外的开放场区域。这个位形是早期在 q 箍缩的研究中偶然发现的，因此这种位形也称为场反向 q 箍缩。

场反向位形的等离子体电流是逆磁的，其比压值很高，接近 1。其磁拓扑结构还有一个显著的特点，即没有旋转变换和磁剪切的平均"坏曲率"，因此其对大部分理想磁流体动力学模式都是不稳定的，包括旋转流离心效应引起的不

图 2-9 场反向位形

稳定性和曲率差引起的倾斜不稳定性,但是实验中也发现了一些致稳的方式。

场反向位形可以通过不同的方法产生,第一种方法是利用 q 箍缩技术[21],在预电离之后,用外加一个大的电场来反转轴向磁场。伴随着径向压缩,末端的磁力线重新连接,形成闭合磁面,然后通过进一步轴向收缩建立了场反向位形的平衡。在这个过程中,离子温度通常很高,有几千电子伏,主要由快速内爆中的重联加热和激波加热形成。然而,由于 q 箍缩提供的极向磁通的限制,这种方式产生的位形只能维持相当短的时间。第二种方法是合并两个具有相反螺旋方向的球马克。由于磁重联将磁能转化为热能,随着场反向位形的形成可以获得高比压。但是合并过程是脉冲的,所以磁通也会受到限制。第三种方法是用旋转磁场驱动跨越磁场电流,旋转磁场可以帮助形成稳态的场反向位形,温度低于磁重联的方式。强的切向中性束也可以用来驱动磁镜中的跨越磁场电流,然后可以形成并维持长时间的场反向位形。

主要的场反向位形装置有美国的 TCSU、Colorado FRC、FRX、C2 等,主要研究方向包括高约束的维持、高密度脉冲运行、粒子控制以及等离子体稳定性等。

2.5.2 球马克

球马克是另一种类型的紧凑环装置,与场反向位形一样,球马克也具有终端闭合的极向磁场。不同的是中空的球马克等离子体还具有环向磁场,如图 2-10 所示。球马克与球形托卡马克很容易混淆,但是差别很大。球马克没有托卡马克的外部环向场线圈和中心的真空室部分,原则上它的环径比可以达到 1。尽管有着外部的磁体，但是由于没有环向场线圈，环向场完全由等离子体电流产生，所以在最外面没有环向磁场。也就是说，等离子电流在芯部是完全环向的，在表面是完全极向的。一般来说，其环向磁场与极向磁场的磁场强度相当。由于球马克中的磁场和电流方向几乎平行，这导致等离子体中没有了电磁力，$\nabla p = \boldsymbol{J} \times \boldsymbol{B} = 0$。这表明球马克等离子体已经弛豫到磁场螺旋度守恒下的最低能态，这就是

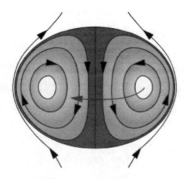

图 2 - 10　球马克位形

所谓的泰勒弛豫态，$\nabla \times \boldsymbol{B} = \lambda \boldsymbol{B}$。当 λ 是均匀的时候，泰勒弛豫态没有自由能，因此其磁流体动力学是稳定的；如果环向和径向场的不同衰减率导致了 λ 是不均匀的，则会激发电流驱动的扭曲模，释放自由能达到泰勒弛豫态。轴对称无外力的平衡会导致安全因子较小，因此抑制电流驱动的不稳定性还需要导体壁的响应。

　　实际中可以利用同轴枪产生球马克等离子体，同轴枪内外电极通以电流形成放电等离子体，同时等离子体中有了环向磁场，然后等离子体由放电电流和环向磁场产生的作用力而加速并离开同轴枪，在带有环向磁场的等离子体经过枪口时，位于枪口的径向磁场将环绕等离子体环，并重新连接为极向磁场。随后等离子体可以通过一个外部的轴向磁场被引导到所希望的平衡位置。另一种方法是通过准稳方法形成球马克位形等离子体，产生极向场和环向场的初级电流环和螺线管，都放在一个薄壁金属环导向管内，初始极向场由核内的电流环产生，由于上下放置了垂直场，因此在小半径里边该极向场被减弱。当环向螺线管通以电流时，螺线管内部产生一个环向场通量，在套筒型等离子体围绕的环上感应出一个极向电流，可以把等离子体朝极向场最弱的磁轴方向拉过去。当电流环里电流减少处于负值时，在等离子体中感应出逐渐增大的环电流，因此极向场的磁力线出现重新连接，随后等离子体保持一个独特的球马克位形，由初始的外场维持平衡。

　　由于没有环向场线圈，球马克中很难产生高的环向磁场。由于没有欧姆线圈，也很难获得长脉冲放电，好的约束和有效的电流驱动很难同时实现。事实上，球马克中的等离子体电流驱动需要打破磁面，这会导致很高的能量损失，这一关键问题仍然需要进一步研究。

　　球马克在实验室很容易搭建，所以国际上有很多的球马克装置，最大的是

美国的 SSPX[22]，其他的还有英国的 SPHEX[23]，美国的 SSX、HIT - SI 等装置。

虽然紧凑环在某些方面有自己的优势，如高的等离子体比压、工程技术简单，但是其在长时间维持高参数等离子体方面还有很多问题，也制约了其作为未来聚变堆的可能途径，还需要进一步开展相关研究。

2.6　托卡马克

托卡马克装置是目前最有希望的磁约束聚变装置。托卡马克(tokamak)最早由苏联库尔恰托夫研究所的科学家在 20 世纪 50 年代提出，在俄语中是由"环形(toroidal)""真空室(kamera)""磁(magnit)""线圈(kotushka)"几个词组成的。

2.6.1　托卡马克概念

托卡马克装置约束等离子体的基本原理如图 2 - 11 所示，其磁体主要由三部分组成：环向场线圈、中心螺管线圈和极向场线圈。其中环向场线圈产生一个沿着大环方向的磁场，中心螺管线圈中电流的变化会在环向产生一个环电压，进而将等离子体击穿并产生环电流，等离子体中的电流产生的极向场与环向磁场共同形成螺旋形的环向磁场分布，进而对等离子体进行约束。外部极向场线圈产生的磁场可以控制磁面的形状和位置，提高约束等离子体的稳定性。

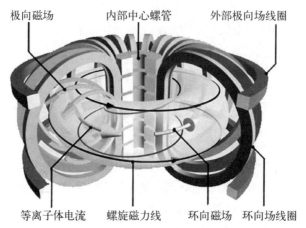

图 2 - 11　托卡马克装置原理图

为了使被约束的等离子体产生聚变反应,还需要将等离子体加热到足够高的温度。中心螺管线圈可以对等离子体进行欧姆加热,热功率 $P_{OH}=R_p I_p^2$,其中 R_p 为等离子体的电阻,I_p 为等离子体中的电流。若仅通过欧姆加热的方式使等离子体达到聚变反应所需的上亿摄氏度,等离子体中的电流将会非常大,然而当等离子体的电流较大时,很多不稳定的现象将会发生,等离子体很难被有效约束。另外,等离子体被加热的温度越高,等离子体中粒子之间的碰撞率就越小,等离子体中的电阻率也就越小,因此欧姆加热的效率随着等离子体温度的升高会逐步减小,这就导致仅凭欧姆加热很难满足对等离子体性能的需求。

为了进一步提高被约束等离子体的温度,人们开发了一系列辅助加热的手段。一种手段是中性束加热,即向等离子体中注入高能量的中性燃料粒子,中性粒子可以有效地穿透磁场进入芯部等离子体区域,进而通过碰撞对等离子体进行加热,注入等离子体的中性燃料粒子最终会被电离,成为被约束等离子体的一部分。另一种常用的加热手段是向等离子体中发射电磁波进行加热,由于洛伦兹力的作用,注入的电磁波会引发等离子体的振荡,并最终通过与其他粒子的碰撞将这种相干振荡的能量注入等离子体中。在高温等离子体中,粒子之间的碰撞率较小,为了提高电磁波的加热效率,注入的电磁波频率一般会选择特定的离子或电子回旋频率,进而引发离子或电子的共振来提高对电磁波能量的吸收,该类加热手段称为电子回旋加热和离子回旋加热。这些辅助加热的手段被证明可以有效地提升等离子体的温度。

2.6.2 托卡马克研究进展与挑战

在最早期的托卡马克设计中,其腔室的截面为圆形。20 世纪 70 年代普林斯顿大学的科学家对托卡马克装置的磁体布局进行了研究,研究发现环向场线圈均匀布置时,靠近装置芯部一侧的环向场线圈之间的张力明显高于装置外侧线圈之间的张力,因为在装置内侧空间更小,各线圈之间的距离更近。如果将环向场线圈由圆形改为"D"形,那么线圈内部的张力就会更加均衡[24]。此外,在圆形截面的托卡马克装置中,由于几何不对称性,靠近装置芯部区域的安全因子一般要小于其他位置的,这也会引起等离子体一定的不稳定性。如果等离子体约束在半个腔室,如形成"D"形截面的等离子体,等离子体的约束性能将大大改善,因此托卡马克环向截面的设计逐渐由圆形改为"D"形。欧盟的 JET 装置[25]是最早使用"D"形截面的装置,之后美国的 DⅢ-D 装置[26]和日本的 JT-60 装置[27]也采用了这种设计,"D"形截面逐渐成为国际主流。

被约束的高温等离子体与托卡马克装置的面向等离子体材料直接接触将导致面向等离子体材料的大量腐蚀。一方面,壁材料的腐蚀直接影响装置的使用寿命;另一方面,腐蚀的壁材料输运进入芯部等离子体也会对等离子体的性能产生不利影响。为了避免高温等离子体直接轰击到装置第一壁上,一种解决方案是在第一壁环向或极向位置安装能承受较高热负荷的限制器突出部件,如图2-12(a)所示,在等离子体与第一壁接触之前会先接触到限制器,通过限制器承接等离子体能流的方式保护大面积的第一壁材料。

为了进一步保护第一壁材料,同时排出等离子体中的杂质粒子,可以通过外加偏滤器线圈的方式形成一种偏滤器位形,如图2-12(b)所示。在偏滤器位形下,穿过最外闭合磁面的高能等离子体会沿着磁力线轰击到偏滤器靶板上,由于偏滤器远离芯部等离子体,偏滤器腐蚀的粒子较限制器更难进入芯部等离子体。同时通过在偏滤器区域抽气的方式,可以有效地排出氦灰和杂质粒子,保持等离子体中燃料粒子的纯度。

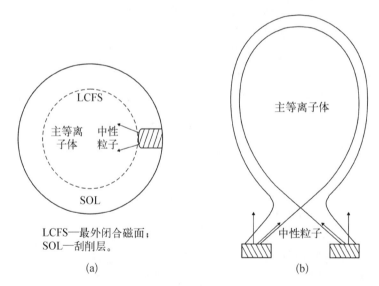

LCFS—最外闭合磁面;
SOL—刮削层。

(a)　　　　　　　　　　　　　(b)

图 2 - 12　托卡马克装置两种位形示意图

(a) 限制器;(b) 偏滤器

在探索增加辅助加热功率以及优化磁约束位形的过程中,1982年在德国的ASDEX托卡马克装置中发现,当运行在偏滤器位形下,其辅助加热功率超过一定阈值条件时,等离子体的约束性能会显著增强,进入高约束运行状态(H模)[28]。这种高约束运行模式的发现对磁约束聚变研究是一个非常大的鼓舞,同时该运行模式也成为包括仿星器在内的未来聚变装置首选的运行状态。

　　虽然近些年来国际上对托卡马克装置的研究取得了长足进展,尤其是发现 H 模以来,逐步发现了更多先进的约束模式,如双输运壁垒的运行模式、无边界局域模的高约束运行模式等,但托卡马克装置仍然面临着很多方面的挑战。在等离子体约束方面,撕裂模、磁场误差、杂质辐射、垂直位移事件等各类不稳定因素仍然可以导致等离子体的破裂,威胁装置的安全[29];在芯部与边界等离子体兼容方面,我们希望同时获得高温高约束的芯部等离子体和脱靶状态的偏滤器等离子体,但实验研究表明,当偏滤器运行在脱靶状态时,一般芯部的等离子体约束性能也会降低,目前仍然较难同时满足芯部和边界的要求;在等离子体与壁材料相互作用方面,高原子序数元素作为壁材料可以有效降低装置的氚滞留,但带来的高原子序数杂质在芯部等离子体中通过辐射又可以轻易损耗掉大量的能量,从而影响等离子体的整个运行状态。

　　下一章我们将详细介绍更多关于托卡马克装置运行的原理,以及所面临的挑战。

参考文献

[1]　Haines M G. A review of the dense Z-pinch[J]. Plasma Physics and Controlled Fusion, 2011, 53(9): 93001.

[2]　Haas F A, Wesson J A. Stability of the theta-pinch. II [J]. The Physics of Fluids, 1967, 10(10): 2245 – 2252.

[3]　Post R F. The magnetic mirror approach to fusion[J]. Nuclear Fusion, 1987, 27 (10): 1579 – 1739.

[4]　Shafranov V D. Equilibrium of a toroidal pinch in a magnetic field[J]. Soviet Atomic Energy, 1963, 13(6): 1149 – 1158.

[5]　Bodin H A B. The reversed field pinch[J]. Nuclear Fusion, 1990, 30(9): 1717 – 1737.

[6]　Spitzer L. The stellarator concept[J]. Physics of Fluids, 1958, 1(4): 253.

[7]　Artsimovich L A. Tokamak devices[J]. Nuclear Fusion, 1972, 12(2): 215 – 252.

[8]　Budker G I. Small in comparison with the electromagnetic forces, and so we shall neglect them[J]. Plasma Physics and the Problem of Controlled Thermonuclear Reactions, 1959, 3: 1 – 33.

[9]　Post R F. Summary of UCRL pyrotron (mirror machine) program[C]//Proceedings of the 2nd United Nations International Conference on the Peaceful Uses of Atomic Energy, United Nations, Geneva. 1958. Geneva: Controlled Fusion Devices, 1958.

[10]　Damm C C, Foote J H, Futch H, et al. Dependence of ion cyclotron instabilities on

particle distribution functions in the Alice experiment[C]//Third International Conference on Plasma Physics and Controlled Nuclear Fusion Research, Novosibirsk, 1969. Vienna (Austria): IAEA, 1969.

[11] Moir R W, Post R F. Yin-yang minimum-|B| magnetic-field coil[J]. Nuclear Fusion, 1969, 9(3): 243 - 251.

[12] Kanaev B I. Stabilization of drift loss-cone instability (DCI) by addition of cold ions [J]. Nuclear Fusion, 1979, 19(3): 347 - 359.

[13] Logan B G, Clauser J F, Coensgen F H, et al. High-β, gas-stabilized, mirror-confined plasma[J]. Physical Review Letters, 1976, 37(22): 1468 - 1471.

[14] Spitzer L. The stellarator concept[J]. Physics of Fluids, 1958, 1(4): 253 - 264.

[15] Beidler C, Grieger G, Herrnegger F, et al. Physics and engineering design for Wendelstein VII-X[J]. Fusion Technology, 1990, 17(1): 148 - 168.

[16] Iiyoshi A, Fujiwara M, Motojima O, et al. Design study for the large helical device [J]. Fusion Technology, 1990, 17(1): 169 - 187.

[17] Pedersen T S, Otte M, Lazerson S, et al. Confirmation of the topology of the Wendelstein 7-X magnetic field to better than 1 : 100,000 [J]. Nature Communications, 2016, 7: 13493.

[18] Peng Y K, Strickler D J. Features of spherical torus plasmas[J]. Nuclear Fusion, 1986, 26(6): 769 - 777.

[19] Sykes A, Del B E, Colchin R, et al. First results from the START experiment[J]. Nuclear Fusion, 1992, 32(4): 694 - 699.

[20] Kirk A, Harrison J, Liu Y, et al. Observation of lobes near the X point in resonant magnetic perturbation experiments on MAST[J]. Physical Review Letters, 2012, 108(25): 255003.

[21] Slough J T, Hoffman A L. Experimental study of the formation of field-reversed configurations employing high-order multipole fields[J]. Physics of Fluids B: Plasma Physics, 1990, 2(4): 797 - 808.

[22] Hudson B, Wood R D, McLean H S, et al. Energy confinement and magnetic field generation in the SSPX spheromak[J]. Physics of Plasmas, 2008, 15(5): 56112.

[23] Rusbridge M G, Gee S J, Browning P K, et al. The design and operation of the SPHEX spheromak[J]. Plasma Physics and Controlled Fusion, 1997, 39(5): 683 - 714.

[24] Gray W H, Stoddart W C T, Akin J E. Bending free toroidal shells for tokamak fusion reactors[R]. Tennessee (USA), Tennessee University, Knoxville (USA): Oak Ridge National Laboratory, 1977.

[25] Team J E. Fusion energy production from a deuterium-tritium plasma in the JET tokamak[J]. Nuclear Fusion, 1992, 32(2): 187 - 203.

[26] Luxon J L. A design retrospective of the DIII-D tokamak[J]. Nuclear Fusion, 2002, 42(5): 614 - 633.

[27] Kishimoto H, Ishida S, Kikuchi M, et al. Advanced tokamak research on JT-60[J].

Nuclear Fusion，2005，45(8)：986 - 1023.

[28]　Wagner F，Becker G，Behringer K，et al. Regime of improved confinement and high beta in neutral-beam-heated divertor discharges of the ASDEX tokamak[J]. Physical Review Letters，1982，49(19)：1408 - 1412.

[29]　Wesson J，Campbell D J. Tokamaks[M]. 4th ed. Oxford：Oxford University Press，2011.

第 3 章

托卡马克原理

托卡马克是一种轴对称环形位形装置,其利用磁场和产生的洛伦兹力使等离子体中的带电粒子绕着磁力线做拉莫尔回旋运动从而约束高温等离子体。因为其稳定的等离子体约束性能以及相对适中的工程建造难度,托卡马克成为国际上第一代聚变反应堆的首选方案。目前,关于托卡马克位形下的聚变实验研究如火如荼,国际及国内很多大型托卡马克实验装置正在运行或积极建造中,为相关的工程及物理实验研究提供了广阔的天地。

3.1 托卡马克组成

为了理解托卡马克主机的主要组成部件,这里从约束和控制托卡马克等离子体的核心要素磁场出发做介绍。单纯的环形电流与其自身产生的极向磁场相互作用会导致扭曲模等危害极大的磁流体力学不稳定性,这种不稳定性可使等离子体在微秒量级的时间尺度内损失。所幸的是,磁流体理论指出,在环电流方向加上较强的磁场(环向磁场)可以稳定大多数的磁流体。基于此,典型的托卡马克磁场位形首先包括等离子体环向电流产生的极向磁场,以及外加的远大于极向磁场的环向磁场,它们叠加将形成螺旋变换的磁场分布。螺旋变换的磁场位形对环形磁约束等离子体具有重要意义,它的一个重要作用就是中和了单纯环向磁场所导致的等离子体电荷分离效应,从而避免了感应电场产生的不稳定性,改善了磁场对带电粒子的约束。当然,除了这两个主要的磁场外,在托卡马克中为了维持环形等离子体位置的平衡以及控制等离子体截面的形状,还需要引入额外的极向场线圈组,其产生的磁场与等离子体电流相互作用来达到控制等离子体的位置和形状的目的。在这一节中,我们将概述托卡马克中最为关键的组成系统,并以国内自主研发的首台全超导托卡马克 EAST 为例进行简要介绍。

3.1.1 常规托卡马克主要组成

托卡马克主机系统的装置在图 2-11 中已经展示,其主要组成部件围绕磁场这一核心因素可以简单概括为以下几部分。

1) 用于等离子体运行的环形真空室

托卡马克是聚变等离子体实验装置,真空室最基本的作用就是隔绝地球大气的复杂气体环境,为聚变等离子体及其工作气体提供独立纯净的真空电磁腔室。

2) 用于产生初始等离子体和驱动初始等离子体电流的部件

这个部件在托卡马克中称为内部中心螺管,它相当于电力传输中变压器的初级线圈。当中心螺管中的电流变化导致磁通变化时,将在环形真空室中感应出环电压,可击穿加入真空室中的工作气体产生初始等离子体。而初始等离子体一旦产生就因为其良好的导电特性变成了类似变压器次级线圈的导流载体,从而产生环向电流。这种单纯用通电螺线管驱动的等离子体也称为欧姆放电等离子体,而中心螺管线圈也称为欧姆线圈。如果没有其他外加的等离子体电流驱动方式,且中心螺管线圈不是交流运行,这时环向的等离子体电流的大小以及持续时间将受到欧姆线圈允许的最大磁通限制。

3) 用于产生环向磁场的环向场线圈组

托卡马克的环向磁场是近似轴对称的磁场,由多个在环向均匀分布的环向场线圈产生。虽然环向场线圈从开始的圆形截面发展到现在的"D"形截面,但是环向场线圈的拓扑没有改变。从空间排布来看,中心螺线管外面就是环向场线圈,而前面提到的真空室则整体被套在环向场线圈内部。如果以中心螺线管的中心对称轴为参考建立柱坐标系,那么,由于分离的环向场线圈,环向磁场在环向呈现出具有纹波形特征的不均匀性,又由于环向场线圈靠近中心螺管的内侧电流密度高,环向磁场在真空室内会呈现出与大半径成反比的不均匀性。

4) 用于维持等离子体位置平衡以及控制其截面形状的外部极向场线圈组

为了让等离子体稳定悬浮在真空室内部,以及根据实验需要主动改变等离子体极向截面形状及位置,这就需要托卡马克的另一重要磁体系统,即外部极向场线圈组。外部极向场线圈呈圆环形通以环向电流,线圈中的电流可以与等离子体环向电流同向或反向从而产生相互吸引或排斥的作用力。外部极向场线圈中的电流强度和方向需要根据实验需求动态反馈调节。在空间分布上,外部极向场线圈组通常布置在环向场线圈外面。当然,为了满足特定的控制需要,可以在真空室与环向场线圈之间布置极向场线圈,此时的极向场线圈与等离子体电流距离更近,其间的相互作用响应时间可以更快。

以上便是托卡马克主机的最主要部件,而其中由各种线圈构成的磁体系统则是主要部件中的核心部件。早期的托卡马克磁体系统使用的都是常规导体(如铜线圈),因为这种磁体在大电流运行时会过热,不适合装置长脉冲运行,但是常规导体的托卡马克在磁约束聚变等离子体实验研究中验证了聚变输出功率可以与波加热的注入功率相当,即能量收支平衡,从而证明磁约束受控核聚变作为人类理想能源的科学可行性。与此对应的具有里程碑意义的常规导体托卡马克分别是美国的 TFTR、欧盟的 JET 以及日本的 JT‐60U。

3.1.2　超导托卡马克主要组成

为了提高托卡马克在聚变能开发中的经济性以及满足聚变等离子体长时间稳态运行的需求,一个重要的举措就是用超导材料研制托卡马克所需要的磁体系统。超导磁体在恒定电流运行条件下没有发热带来的热负荷问题,具有天然的强磁场稳态运行特性。当前典型的超导磁体托卡马克装置(超导托卡马克)有中国的 EAST、韩国的 KSTAR、日本的 JT‐60SA 以及国际热核聚变实验堆(ITER),它们在几何尺寸上不同,但主机的主要部件的功能和空间分布具有相似性。不过,与常规导体托卡马克相比,当前的超导磁体都运行在液氦的低温环境,需要特定的隔热措施。下面以 EAST 主机为例简单介绍超导托卡马克的主要部件。

EAST 的英文全称是 Experimental Advanced Superconducting Tokamak,是我国自行研制的大型全超导非圆截面、先进偏滤器托卡马克核聚变实验装置,于 2006 年投入运行。全超导指的是中心螺管线圈、极向场线圈和环向场线圈均是超导部件。EAST 是一个环向场线圈为“D”字形非圆截面的全超导托卡马克装置,更有利于科学探索等离子体稳态先进运行模式。它主要由超导中

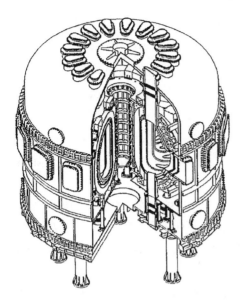

图 3-1　EAST 主机总体结构示意图

心螺管线圈、超导极向场和环向场磁体系统、超高真空室、冷屏、外真空杜瓦等部件组成。EAST 主机总体结构如图 3-1 所示。

直接影响装置能否成功运行的三大关键系统包括超导磁体系统、超高真空室系统以及冷屏和外真空杜瓦系统。下面将分别简要介绍。

1) 超导磁体系统

EAST 磁体线圈采用的超导材料运行在液氦温区,通过超临界 4.5 K 氦迫流冷却。环向场线圈绕组组装在线圈盒内。线圈盒具备独立的冷却回路,可以对线圈起到隔热作用,并为超导线圈运行在复杂的电磁环境中提供支撑。磁体作为托卡马克主机核心部件需要优化设计,其中极向场线圈和中心螺管的电流都是环向的,可以集成设计。如图 3-2 所示,EAST 的中心螺管与三对镜像对称的极向场线圈一起构成极向场磁体系统,可以实现等离子体欧姆加热、成形以及维持平衡的一体化运行控制。空间布局上,中心螺管在里面,外面由 16 个"D"形环向场线圈沿环向均匀分布,而三对极向场线圈则安装在环向场线圈盒外。具体的分布设计

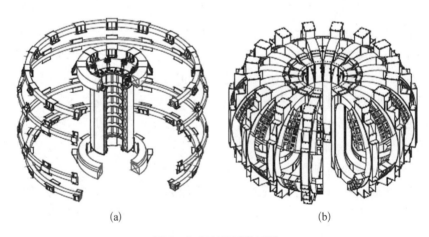

(a)　　　　　　　　　　　　　　　(b)

图 3-2　EAST 磁体系统

(a) 极向场线圈与中心螺线管线圈;(b) 环向场线圈

不仅需要考虑磁体与等离子体的相互作用,还需要统筹其他因素,比如考虑磁体间的受力,以及为实验所需的窗口和支撑系统预留空间。

2) 超高真空室系统

真空室位于环向场线圈内部,它提供等离子体直接运行的场所,是装置的关键部件之一。如图 3-3 所示,真实的真空室为了满足实验要求,需要在不同位置开设窗口,以便为外围的抽气系统、等离子体加料与加热系统、等离子体诊断监测系统等提供接口。

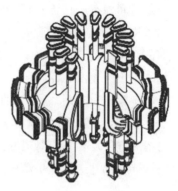

图 3-3　EAST 超高真空室

3) 冷屏和外真空杜瓦系统

冷屏和外真空杜瓦是超导装置为了超导磁体正常运行所必需的关键部件。超导装置从内到外有巨大的温度差异,其中真空室内部是高温等离子体,真空室外是需要在液氦温区运行的超导磁体,而装置外面则是室温大气。为了有效降低超导磁体热负荷,需要有保护超导磁体的隔热设施。首先使用外真空杜瓦把主机与室温大气绝热隔离,从而减少大气环境对超导磁体的影响。其次,在超导磁体与外真空杜瓦之间以及在超导磁体与内真空室之间设置运行在液氮温区(约 75 K)的冷屏,从而保证超导磁体的热负荷满足可靠运行的要求。理论上可以在液氦与液氮温区之间设置更多的温差冷屏,但是考虑到空间限制以及经济性,超导托卡马克装置并未采用多冷屏温差保护。图 3-4 所示为 EAST 采用的冷屏及外真空杜瓦系统。

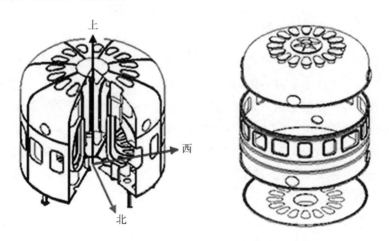

图 3-4　EAST 冷屏(左)与外真空杜瓦(右)系统

以上两节便是常规以及超导托卡马克主机的重要组成部件简介。实际上真实的托卡马克装置是一个复杂的工程系统,为了实现聚变等离子体的高参数长时间稳态运行,还需要很多其他的功能性部件。比如,为了承载从高温等离子体向真空室内壁输运的热流,以及保护真空室内壁不受等离子体侵害,当前的实验装置会在真空室内安装偏滤器部件,而对应的极向场磁体系统还要加入用于产生偏滤器磁场位形的线圈;为了使等离子体电流长时间运行不受中心螺管磁通限制,需要辅助的电流驱动系统;为了使等离子体参数达到聚变点火条件,需要辅助的等离子体加热系统。当等离子体进入聚变燃烧状态,这时的装置还需要有应对聚变产物中子辐照的功能性部件。对于托卡马克装置的功能性部件这里只是简单列举,后面章节会根据具体情况介绍。

3.2 托卡马克装置等离子体平衡

为了实现受控热核聚变,托卡马克装置需要通过磁场将一定密度的高温等离子体约束足够长的时间,并使等离子体处于平衡状态,保持宏观稳定。磁场中的带电粒子围绕磁力线做回旋运动,如果没有碰撞或漂移是不会离开磁力线的。但是,由大量带电粒子组成的等离子体具有流体动力学特性,需要利用磁力才能达到受力平衡状态。等离子体平衡描述了等离子体内部动力压强在任何一点达到磁力平衡的条件以及平衡位形的性质。等离子体平衡是托卡马克装置极向磁场系统设计、调试和运行的一项重要基础工作,对许多等离子体诊断方法和实验数据分析具有指导作用。

3.2.1 托卡马克磁场位形

在介绍托卡马克装置等离子体平衡之前,有必要先介绍一下托卡马克的磁场位形。如 3.1 节所述,托卡马克磁场位形主要由环向磁场、极向磁场与垂直场组成。环向磁场是由一系列"D"形线圈产生的,极向磁场主要是由等离子体电流产生的。同时,托卡马克外部布设的极向场线圈的主要作用在于提供平衡等离子体的垂直场。托卡马克磁场位形的重要特点之一就是环向磁场比极向磁场强。因此,合成后的磁场具有螺旋变换的性质,使得其中的磁力线在沿大环方向绕主轴旋转的同时在极向截面上也发生旋转。从某个极向截面上一点出发的磁力线在沿大环方向转动一周后往往不会回到始发点,而是与该极向截面交于另一点,如此继续沿大环方向转动,于是在该极向截面上依次留下一系列交点,如图 3-5 所示。这些交点的集合就构成了该条磁力线的磁面。而那种沿大环方向旋转一周即闭合的磁力线称为磁轴。托卡马克中等离子体磁面结构是一系列相互嵌套着的拓扑环面。在托卡马克位形下,等离子体的极向截面通常是非圆形的,一般展现出"D"形截面,这时可以引入数学上描述椭圆度的纵横比(长半径/短半径)概念来进一步帮助研究。现行的主流托卡马克的纵横比主要在 3～5 范围内。在研究托卡马克磁场位形时,为了使研究简化,我们引入了磁面坐标系(ψ, θ, ϕ),其中 θ 和 ϕ 代表的是极向和环向方向,如图 3-5 所示,而 ψ 代表的是磁面的标度。利用该坐标系,磁场可以改写为 $\boldsymbol{B} = q(\psi)\,\boldsymbol{\nabla}\psi \times \boldsymbol{\nabla}\theta + \boldsymbol{\nabla}\phi \times \boldsymbol{\nabla}\psi$,其中 $q(\psi)$ 是描述磁场旋转变换相关的因子,也用来表征装置安全性的安全因子(safety factor)。安全因子在等离子体平衡和稳定性中扮演了非常重要的角色,通常,安全因子越高稳定性越好,它也是等离子体新经典输运中的一个重要参数。安全因子定义为沿磁力线极向截面旋转一周后在大环方向旋转的圈数。当安全因子为无理数时,即磁力线不管绕环向多少圈都无法回到原始的位置,这些磁力线绕无数圈后就形成了一个致密的环面,也称无理面(irrational surface)。当安全因子为低阶有理数时,磁力线经几次环绕后就会回到原始的出发点,这样的磁面称为共振面,也称为有理面(rational surface),并用模数来表征。封闭磁力线绕极向的次数称为极向模数(m),而绕环向的次数称为环向模数(n),在共振面上满足安全因子 $q = m/n$。

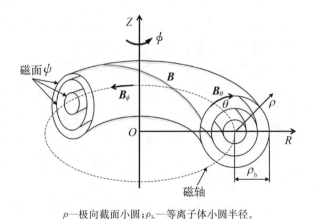

ρ—极向截面小圆;ρ_b—等离子体小圆半径。

图 3-5　托卡马克等离子体磁面结构示意图

此外,由于不同磁面之间的磁场旋转变换是不一样的,而这种差异会对等离子体的约束产生本质的改变,因此需要引入一个概念来量化这个差异,磁剪切的概念也就由此而生,它的表达式为 $s = rq'(r)/q$,其中,"$'$"表示对 r 的微商。在托卡马克的通常运行中,电流分布是单调下降的,这样对应的安全因子 q 是随着 r 单调上升的,此时 $s > 0$,这也就是一般的正磁剪切位形。但是在某些特定的实验中,例如局域的加热或者电流驱动实验,可能会导致中空的电流分布,q 也不再是单调增加,这样会直接导致在某些区域出现 $s < 0$ 的情况,这个区域称为负剪切区域。在该区域,基本的等离子体不稳定性由于驱动的改变将会发生显著的变化,从而对整体的等离子体行为产生非常大的影响。另外需要指出的是,即使是在同一个磁面上,因为不同位置处的安全因子不同,相应的磁剪切 s 也可以不同。这种同一磁面上的磁剪切的差异会在圆形或环形装置中格外凸显,对于这些装置而言,内外侧的环向磁场相差很大,在同一个磁面上的安全因子与磁剪切变化也会很大。

对于常规托卡马克的非圆截面等离子体而言,通过精心设计平衡磁场位形可以得到所需截面形状的等离子体,但是所有的平衡都有垂直不稳定性,这个问题在较大拉长比的条件下尤为突出。对于实际的托卡马克装置而言,由于磁力线总是弯曲的,在等离子体区外加平衡垂直磁场时就会产生水平磁场分量,驱动等离子体在垂直方向上的运动,而且拉长比越大,外加平衡磁场的水平分量也越大,等离子体垂直运动速度就越快,这就容易导致等离子体垂直不稳定性。在非圆截面等离子体中,通过在等离子体周围布置无源导体,利用无源导体上感应的涡旋电流产生一个水平磁场可以使等离子体在垂直方向上的运动慢下来。这些无源导体可以是真空室壁或者是有意放置的被动导体,合理地设计和配置无源导体以及有源反馈控制线圈系统,就可以使等离子体的运动变慢并控制住垂直不稳定性。值得指出的是,控制等离子体垂直不稳定性的发生,除了从上述的工程设计考虑以外,也可以从等离子体自身调控上加以抑制,例如优化装置器壁与等离子体之间的距离,优化等离体内感(等离子体电流剖面分布的峰化程度)以及极向比压等。

3.2.2 托卡马克等离子体平衡

托卡马克通过磁场产生的洛伦兹力来达到约束等离子体的目的,而要想约束这一团高温的等离子体,首先必须保证等离子体的热压力与磁场产生的洛伦兹力之间达到热力学平衡。为了描述这一平衡状态,我们通常可以利用磁流体理论进行研究。为了简化起见,考虑单流体平衡方程:

$$\boldsymbol{j} \times \boldsymbol{B} = \mathbf{\nabla} p \qquad (3-1)$$

式中，$\boldsymbol{j}$、$\boldsymbol{B}$ 和 p 分别表示等离子体电流密度、总磁感应强度和压强。由于沿着磁力线的平行输运比垂直输运大好几个数量级，可以认为磁面上各处的电子温度和电子密度相等。由式(3-1)可知 $\boldsymbol{B} \cdot \mathbf{\nabla} p = 0$，沿着磁力线没有压强梯度，磁面是等压强的曲面。由式(3-1)还可知 $\boldsymbol{j} \cdot \mathbf{\nabla} p = 0$，电流曲面也没有压强梯度，也在等压强的曲面上。因此，电流和磁场都在等压强的曲面即磁面上。

在研究托卡马克等离子体平衡时，常常引入极向磁通函数：

$$\boldsymbol{\Psi} = \oint_S \boldsymbol{B} \cdot \mathrm{d}\boldsymbol{S} = \int_{R_0}^R B_Z 2\pi R \, \mathrm{d}R \qquad (3-2)$$

式中，曲面 S 是一个沿大环一周的环带，一侧为磁轴，另一侧在磁面上。简单来说，$\boldsymbol{\Psi}$ 就是每一个磁面包含的极向磁通，因此也是磁面函数。实际上，在处理很多物理问题时，磁通量可任意加减一个常量而不改变物理问题的性质。为运算方便，通常使用约化磁通 $\psi = \boldsymbol{\Psi}/2\pi$ 来代替极向磁通 $\boldsymbol{\Psi}$。由式(3-2)结合 $\boldsymbol{B} \cdot \mathbf{\nabla} \psi = 0$ 可得

$$B_R = -\frac{1}{R} \frac{\partial \psi}{\partial Z}$$

$$B_Z = \frac{1}{R} \frac{\partial \psi}{\partial R} \qquad (3-3)$$

因此，极向磁场为

$$\boldsymbol{B}_p = \boldsymbol{B}_R + \boldsymbol{B}_Z = \frac{1}{R}(\nabla \psi \times \boldsymbol{e}_\phi) \qquad (3-4)$$

由于电流和磁场具有相似性，定义电流通量函数 $F = \dfrac{1}{2\pi} \displaystyle\int_S \boldsymbol{j} \cdot \mathrm{d}\boldsymbol{S}$，同理可得

$$j_R = -\frac{1}{R} \frac{\partial F}{\partial Z}$$

$$j_Z = \frac{1}{R} \frac{\partial F}{\partial R} \qquad (3-5)$$

极向电流为

$$j_P = \frac{1}{R}(\nabla F \times \boldsymbol{e}_\phi) \tag{3-6}$$

结合安培定律 $\nabla \times \boldsymbol{B} = \mu_0 \boldsymbol{j}$，可得

$$F = \frac{RB_\phi}{\mu_0} \tag{3-7}$$

格拉德-沙弗拉诺夫(Grad - Shafranov)方程用来描述任意截面的轴对称环形磁场位形中的等离子体平衡。在大柱坐标系(R, ϕ, Z)中，可将式(3-1)改写为三个分量的形式：

$$\frac{\partial p}{\partial R} = j_\phi B_Z - j_Z B_\phi$$
$$0 = j_Z B_R - j_R B_Z \tag{3-8}$$
$$\frac{\partial p}{\partial Z} = j_R B_\phi - j_\phi B_R$$

由式(3-8)中的第二个分量可得到$j_Z/j_R = B_Z/B_R$，即电流与磁场的投影同向或者反向，也就是说电流所在的面与磁场所在的面重合。但在同一个磁面上，它们之间有一个夹角，并且满足平衡方程式(3-1)。由$\mu_0 \boldsymbol{j} = \nabla \times \boldsymbol{B}$可得

$$\mu_0 j_\phi = \frac{\partial B_R}{\partial Z} - \frac{\partial B_Z}{\partial R} \tag{3-9}$$

代入式(3-3)可得

$$\mu_0 j_\phi = -\frac{1}{R}\frac{\partial^2 \psi}{\partial Z^2} - \frac{\partial}{\partial R}\left(\frac{1}{R}\frac{\partial \psi}{\partial R}\right) \tag{3-10}$$

利用等离子体压强的全微分，其坐标的全微商用平衡方程式(3-8)代入，并结合式(3-3)和式(3-5)可得

$$\mathrm{d}p = \frac{\partial p}{\partial R}\mathrm{d}R + \frac{\partial p}{\partial Z}\mathrm{d}Z$$
$$= j_\phi B_Z\mathrm{d}R - j_Z B_\phi\mathrm{d}R + j_R B_\phi\mathrm{d}Z - j_\phi B_R\mathrm{d}Z$$
$$= j_\phi \frac{1}{R}\frac{\partial \psi}{\partial R}\mathrm{d}R - \frac{1}{R}\frac{\partial F}{\partial R}B_\phi\mathrm{d}R - \frac{1}{R}\frac{\partial F}{\partial Z}B_\phi\mathrm{d}Z + j_\phi \frac{1}{R}\frac{\partial \psi}{\partial Z}\mathrm{d}Z$$

$$= \left(j_\phi \frac{\partial \psi}{\partial R} \mathrm{d}R + j_\phi \frac{\partial \psi}{\partial Z} \mathrm{d}Z - B_\phi \frac{\partial F}{\partial R} \mathrm{d}R - B_\phi \frac{\partial F}{\partial Z} \mathrm{d}Z \right) \Big/ R$$

$$= (j_\phi \mathrm{d}\psi - B_\phi \mathrm{d}F)/R \qquad (3-11)$$

式(3-11)可改写为

$$j_\phi = R \frac{\mathrm{d}p}{\mathrm{d}\psi} + B_\phi \frac{\mathrm{d}F}{\mathrm{d}\psi}$$

$$= R p'(\psi) + \frac{\mu_0}{R} F F'(\psi) \qquad (3-12)$$

将式(3-10)代入式(3-12)可得

$$R \frac{\partial}{\partial R} \left(\frac{1}{R} \frac{\partial \psi}{\partial R} \right) + \frac{1}{R} \frac{\partial^2 \psi}{\partial Z^2} = -\mu_0 R^2 p'(\psi) - \mu_0^2 F F'(\psi) \qquad (3-13)$$

式(3-13)就是描述轴对称系统的格拉德-沙弗拉诺夫平衡方程。大多数等离子体的平衡问题需要求格拉德-沙弗拉诺夫方程的数值解,并细分为固定边界问题和自由边界问题。对于固定边界问题,给定了等离子体边界条件,可以利用边界条件直接求数值解。而对于自由边界问题,没有给定边界条件,需要在等离子体区域和真空区域分别求解。

目前常用的等离子体平衡计算程序(如 EFIT)都是利用格林函数法编写而成的。平衡程序有两种计算模式:第一种是平衡设计模式,用于装置磁场位形的设计,即给定外部线圈的电流,设计等离子体平衡位形;第二种是平衡反演模式,利用等离子体诊断数据反演磁面位形,它可以获得等离子体截面形状、位置、压强分布、内感、安全因子等宏观参数信息。在平衡设计模式中,可以假设源项或者电流分布,直到迭代误差小于设定值为止。在平衡反演模式中,可将源项 $p(\psi)$ 和 $F(\psi)$ 两项展开为磁面函数的多项式,其中各项系数作为待定量,利用最小二乘法反复迭代测量数据,不断修正这些线性拟合系数,直到拟合误差小于设定值为止。常用的诊断数据除了磁线圈信号和通量环信号,还需要包括与压强分布有关的信息,以及芯部的电流分布信息(其中电流信息可以通过如偏振仪和动态斯塔克效应诊断的磁场螺旋角分布获得)。

等离子体控制是托卡马克放电中另一项重要的基础性工作。为了在物理实验中获得高参数等离子体,需要精确可靠地控制等离子体的截面形状及分布参数,主要包括等离子体电流及其波形的控制、等离子体位置的控制、等离子体截面形状的控制、等离子体密度的控制和电流密度分布的控制。托卡马克等离子体控制系统是一个多输入多输出,并由实时网络联系起来的分布式计算机控制系统。用给定的等离子体模型和算法计算出反馈控制要求的反馈输入量,再将此反馈输入量与给定值比较,用一定的控制算法给出执行机构的操作量。

从等离子体平衡分析可以看出,被约束在真空室内指定位置上的等离子体是由不同位置极向场线圈对等离子体施加的磁场,等离子体自身的极向比压、内感、温度、密度,以及外部的反馈控制技术等诸多因素共同决定的。在设计装置平衡磁场位形时,必须确定各线圈的位置和匝数以及尺寸。此外,在装置的调试和运行时,需要准确地知道等离子体的边界、位置和形状等。这些都需要研究等离子体平衡及其重建问题,它们是托卡马克装置设计和运行的重要基础性工作,也是等离子体控制的理论基础。

3.3 约束与输运

磁约束等离子体是一种动态平衡状态下的多自由度体系,其中的粒子和能量都与外界不断地发生着交换,等离子体自身的各种参数也随着时间而不断演化。等离子体与约束等离子体的磁场位形之间存在着强烈的相互作用关系,从而构成了一个复杂的电、磁与粒子的共生系统。而要想获得经济高效的核聚变能源,必须将托卡马克中的等离子体约束足够长的时间,即将跨越磁面的粒子与能量的输运控制到足够低的水平。对处于宏观平衡状态的等离子体来讲,其跨越磁力线方向的输运主要有经典输运、新经典输运及反常输运三种。最初,人们认为托卡马克中等离子体的能量损失主要来自粒子之间库仑碰撞引起的输运过程,也叫经典输运过程。而在托卡马克的环形几何位形下,磁场分布是不均匀的,等离子体沿着磁力线运动时会经历磁场较高的内侧和磁场较低的外侧,形成简单的磁镜场,进而导致一部分平行速度较低的粒子被捕获住,无法完成环绕整个托卡马克环的运动。考虑了"捕获"粒子等环效应修正后的经典碰撞输运理论称为新经典输运。按照碰撞率的不同,新经典输运又可以分为低碰撞"香蕉区"、高碰撞 PS(Pfirsch - Schlüter)区[1]以及连接这

---

[1] 在碰撞率较低的状态下,被"捕获"的粒子绕着磁力线做回旋运动,整个粒子的运动轨迹在极向平面上的投影类似"香蕉"形状,因此称为"香蕉区"。而之后 Pfirsch - Schlüter 等人的研究工作进一步拓展到了高碰撞率区间,在此区间,由于粒子碰撞加剧,部分粒子将会偏离磁力线运动,"香蕉"形状不再明显,故重新定义为高碰撞 PS 区。

两个区的平台区输运。但在实际的托卡马克物理实验中却普遍观察到远超经典或者新经典理论所预测水平的输运,称之为反常输运。

过去几十年的研究表明,不同于经典或者新经典输运的粒子碰撞,反常输运是一种集体行为,主要由各种微观不稳定性发展到非线性阶段后出现的等离子体湍流所主导。等离子体中有着丰富的微观不稳定性,大体上可以分为两类:一类来自空间不均匀性,如温度、密度、磁场梯度等引起的漂移波不稳定性;另一类则是速度空间的不均匀性,如速度、温度各向异性所带来的一些不稳定性。湍流对应于由不均匀性导致的等离子体微观不稳定性发展到非线性阶段,不稳定性空间上或者不同不稳定性之间相互作用,而后出现的一种无轨化的湍动输运状态。经历半个多世纪的理论、模拟及实验研究,目前对托卡马克中低频等离子体湍流所造成的跨越磁力线的粒子及能量输运已经获得了较为深刻的理解。实验上,可以广泛观测到边界湍流输运被抑制时的"高约束模式"以及芯部湍流输运被抑制时的"内部输运垒",也广泛讨论了有关径向电场剪切、带状流等在湍流抑制过程中的作用。模拟上,基于回旋动理学模拟的大型线性(如 FULL、HD7 等)或者非线性(如 GYRO、GTC、GS2、GENE、GKV、NLT 等)数值模拟程序也广泛应用于湍流输运理论研究,并逐渐成为解释实验结果的常规手段。

3.3.1　低、高约束模式

早期的托卡马克研究主要利用等离子体电流本身的欧姆加热效应来加热等离子体。但欧姆加热的效率会随着电子温度的升高而迅速下降,很难获得高参数的等离子体。20 世纪 70 年代,中性束注入、离子回旋共振等辅助加热设备的投入使得托卡马克获得的等离子体温度得到大幅度的提升。但同时却发现当总加热功率大幅超过欧姆加热功率时,能量约束反而变坏,这种约束状态称为低约束模式(low confinement mode,L 模)。戈德斯顿(Goldston)的研究[1]表明,低约束模式下等离子体的能量约束时间与总加热功率的 1/2 次幂成反比。进一步的多装置实验结果定标关系如下[2]:

$$\tau_{\mathrm{E}}^{\mathrm{ITER89-P}} = 0.048 I_{\mathrm{p}}^{0.85} B^{0.2} n_{\mathrm{e}}^{0.1} P^{-0.5} R^{1.2} a^{0.3} \kappa^{0.5} M^{0.5} \qquad (3-14)$$

式中,$\tau_{\mathrm{E}}^{\mathrm{ITER89-P}}$ 表示 1989 年 ITER 根据多装置实验结果发布的联合经验定标律,P 为加热功率。依照低约束模式下的实验定标结果外推,氘氚聚变堆实现自持燃烧所需的工程造价根本无法接受。这对于托卡马克聚变研究来说不啻严重的打击。而科学研究常常是"山重水复疑无路,柳暗花明又一村"。1982 年,德国 ASDEX 托卡马克装置在应用偏滤器位形后首次观察到当辅助加热功率达到或超过一定阈值时,等离子体约束性能突然增加,其能量约束时间与 L 模约束定标相比可增加约 1 倍[3],聚变三乘积 $nT\tau_E$ 也可以提高 1 个数量级。这就是所谓的高约束模式(high confinement mode,H 模)。高约束模式的发现对当时陷入低潮的聚变研究是一个巨大的鼓舞。实际上,后续的研究发现,这种状态的获得并不依赖于等离子体具体的辅助加热方式或者放电位形。无论偏滤器还是限制器位形,无论辅助加热方式是以离子还是电子加热为主,只要净输入加热功率超过一定阈值,各大装置几乎都可以实现从低约束模式到高约束模式的转换。这个转换的阈值功率 P_{thr} 称为 L - H 转换功率阈值。我国的 HL - 2A 和 EAST 也在 2009 年和 2010 年相继实现了高约束模式运行。基于各大装置上高约束模式的实验和理论研究成果为 ITER 的设计奠定了物理基础。

托卡马克进入高约束模式的一个典型特征是等离子体边界温度、密度分布相对低约束模式变陡峭,形成一个所谓的"边界输运垒",又称为台基区,如图 3 - 6(a)中灰色区域所示。在台基区,湍流造成的向外跨越磁力线的输运被径向电场剪切等有效抑制,粒子和能量向外的径向输运大幅降低,温度、密度分布不断抬升,形成垒状的边界台基结构。在托卡马克中,由于等离子体芯部到边界的过渡区域里温度刚性的存在,等离子体边界温度的抬升可以类似基座一样整体地抬升等离子体芯部的温度,这也是台基区名称的由来。

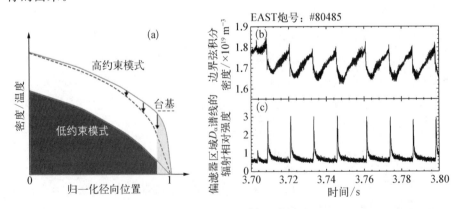

图 3 - 6　托卡马克中边界局域模爆发期间边界台基结构改变及边界诊断信号图

(a) 等离子体高、低约束模式下温度、密度示意图;(b) 边界弦积分密度;(c) 偏滤器 D_α 辐射扰动

值得一提的是,台基区虽然可以大幅提高托卡马克等离子体的整体约束性能,但同时也带来了巨大的挑战——台基结构的周期性崩塌。托卡马克进入高约束模式后,随着台基结构的形成及不断升高,等离子体的压强及电流梯度也在不断增大。当台基结构达到磁流体力学不稳定性阈值后,崩塌便会开始。而当台基梯度下降到一定程度后,崩塌也会随即停止,这类似于不断堆砌的沙堆总会在某一特定高度时突然开始坍塌,但也会在坍塌到一定水平后停止塌缩。紧接其后,台基结构便开始逐渐恢复,边界输运垒有可能会再次崩塌,形成周期性的建立—崩塌过程。值得指出的是,崩塌后的等离子体分布将如同图 3-6(a)中虚线所示,这些损失的巨大的粒子和热将由等离子体芯部区域沿着磁力线快速传递到边界区域。这种在高约束模式下导致边界输运垒周期性崩塌的不稳定性模式称为边界局域模(edge localized mode,ELM)。托卡马克装置上典型的伴随 ELM 的高约束放电如图 3-6(b)与(c)所示。对于托卡马克的高约束运行来讲,ELM 是一把"双刃剑"。它一方面有利于托卡马克中杂质粒子和聚变反应产生的氦灰的排出,但另一方面,大幅度 ELM 带来的高强度热流和粒子流脉冲却可能严重损害托卡马克聚变堆上壁材料的使用寿命。大幅度 ELM 的控制以及自然小幅度或者无 ELM 运行是目前托卡马克台基物理研究重点关注的方向之一。

3.3.2　内部输运垒

与边界输运垒相对应,在托卡马克芯部的狭窄区域内,当跨越磁力线的输运被有效抑制时,等离子体的温度或者密度分布也会出现类似的垒状结构,称为内部输运垒(internal transport barrier,ITB)。按照输运垒出现的位置及剖面形状,内部输运垒可以分为不同的类型。如图 3-7 所示,当内部输运垒的归一化特征长度 R/L_T 较大,剖面分布陡峭变化时的内部输运垒常称为"强 ITB",相对应的"弱 ITB"的 R/L_T 则较小。当内部输运垒出现的位置的小半径相对较大,出现在相对靠外的位置时,称为"大 ITB",与此相反的则称为"小 ITB"。当内部输运垒的宽度相对较宽,也就是输运垒顶部与底部的距离相对较大时,称为"宽 ITB",与此相反的则称为"窄 ITB"。同时具备边界与内部输运垒的等离子体又称为"双垒"等离子体。

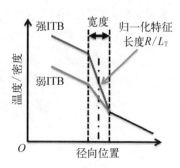

图 3-7　托卡马克内部输运垒(ITB)示意图

对内部输运垒出现的原因，目前尚无统一的认知。国际上已广泛讨论了径向电场剪切与弱磁或者负磁剪切在内部输运垒形成过程中的作用；径向电场剪切有助于抑制湍流引起的反常输运，反常输运的降低带来等离子体芯部温度、压强梯度的增加，进而通过径向力平衡引起径向电场的进一步增加。这种正反馈机制对内部输运垒的形成可能具有重要贡献。TFTR[4]、JET[5]、DIII-D[6]、JT-60U[7]等装置的实验结果都证实了径向电场剪切在内部输运垒形成过程中的作用。弱磁或者负磁剪切有利于环向漂移波湍流的稳定，特别是离子温度梯度模等。以 JET 装置为例，JET 装置通过电流爬升阶段的强加热可以获得伴有弱磁剪切的内部输运垒[8]，也可以利用低杂波的芯部电流驱动形成负磁剪切的内部输运垒[9]。JET 装置在氘氚放电等离子体中利用"优化剪切"的弱磁剪切方案成功获得离子热输运降低至新经典水平的内部输运垒，并获得 8.2 MW 的聚变功率[10]。此外，研究者也仔细研究了内部输运垒底部处在低阶有理面、最小安全因子为整数、带状流抑制湍流、功率阈值等其他物理因素在内部输运垒形成过程中的作用[11]。内部输运垒的形成不仅有利于提高等离子体芯部的约束性能，同时也有利于自举电流份额的增加，有利于托卡马克聚变堆的稳态运行，但过"强"的内部输运垒则会带来杂质累积、磁流体力学不稳定性等挑战。

3.3.3 杂质输运

等离子体中除了氘氚燃料粒子外，不可避免地存在其他杂质粒子。等离子体中的杂质可以分为固有杂质和外加杂质。杂质来源主要有三类：第一类是由等离子体与偏滤器靶板及第一壁材料发生一系列相互作用产生的，第二类是在壁处理、弹丸注入、辐射偏滤器等过程中从外部主动注入杂质，第三类是未来反应堆中聚变反应产生的氦灰。杂质粒子会对等离子体约束水平、边界局域模、台基结构、湍流等行为产生重要影响。杂质还会增加等离子体碰撞率，增大环电压，不利于长脉冲运行。杂质也有积极的一面，如基于外部杂质注入的辐射偏滤器技术是近些年来发展的有效控制稳态热负荷的解决方案之一，将应用于 ITER 装置。

等离子体中杂质粒子的输运方程可以表示为

$$\frac{\partial n_z}{\partial t} + \nabla \Gamma_z = S_z \qquad (3-15)$$

式中，下标 z 代表有效电荷数，n_z 为杂质密度，Γ_z 为杂质粒子通量，S_z 为杂质的源。杂质粒子通量 Γ_z 可以由扩散系数 D_z 和对流速度 V_z 表示：

$$\Gamma_z = -D_z \nabla n_z + V_z n_z \tag{3-16}$$

式中 D_z 为新经典输运与反常输运对应的扩散系数之和：$D_z = D_z^{\text{neo}} + D_z^{\text{turb}}$；$V_z$ 为新经典输运与反常输运对应的对流速度之和：$V_z = V_z^{\text{neo}} + V_z^{\text{turb}}$。其中 D_z 恒为正值，而对流速度 V_z 可正也可负，这也导致 Γ_z 可正可负，Γ_z 为正表示杂质粒子通量方向向外，Γ_z 为负则表示杂质粒子通量方向向内。对于高有效电荷数杂质，其电荷数较大，碰撞率较高，因而高有效电荷数杂质粒子一般在碰撞区，碰撞区粒子的新经典输运通量为[12]

$$\Gamma_z^{\text{neo}} = \frac{q^2 Z D_c n_z}{R}\left[K\left(\frac{1}{Z}\frac{R}{L_{n_z}} - \frac{R}{L_{n_i}}\right) - H\frac{R}{L_{T_i}} \right] \tag{3-17}$$

式中，$\dfrac{R}{L_{n_z}} = -\dfrac{R\nabla_r n_z}{n_z}$ 为杂质密度梯度，$\dfrac{R}{L_{n_i}} = -\dfrac{R\nabla_r n_i}{n_i}$ 为主离子密度梯度，$\dfrac{R}{L_{T_i}} = -\dfrac{R\nabla_r T_i}{T_i}$ 为温度梯度。$D_c = \rho_D^2 V_{DD}$ 为经典扩散系数，其与拉莫尔回旋半径 ρ_D 和碰撞速率 V_{DD} 有关。通常情况下杂质聚芯主要由新经典输运向内的对流项 V_z^{neo} 引起，而 V_z^{neo} 与 $\dfrac{R}{L_{n_i}}$ 和 $\dfrac{R}{L_{T_i}}$ 有关。当主离子密度芯部峰化即 $\dfrac{R}{L_{n_i}} > 0$ 时，向内的粒子通量将导致杂质聚芯；当离子温度梯度较大时，会驱动向外的杂质粒子通量，有助于缓解杂质聚芯，称为温度屏蔽效应。杂质输运的另一重要部分是湍流引起的反常输运，主要的湍流模式是捕获电子模(TEM)和离子温度梯度模(ITG)。对于钨等高有效电荷数杂质，新经典输运在特定条件下占主导，如等离子体芯部以及在输运垒存在的区域。实验上，可以通过辅助加热系统如离子回旋加热(ICRF)对等离子体芯部加热以增加离子温度梯度(温度屏蔽效应)，或通过电子回旋加热(ECRH)降低等离子体芯部密度梯度进而减弱新经典对流项，或者通过触发湍流、增加 ELM 频率、共振磁扰动线圈等增加杂质的排出以抑制由新经典对流项导致的杂质聚芯。

3.4　磁流体不稳定性

磁约束聚变实验能否成功非常关键的一点是能否达到足够的能量约束时

间。通常对于等离子体而言,达到热平衡态所需的时间比力学平衡要长得多,大多数等离子状态处于非热力学平衡态,这就意味着等离子体内部蕴藏着大量的自由能。而这些较高的自由能势必会产生从较高能量状态向较低能量状态的宏观或者微观的转移。这种转移过程可以是准静态的输运行为,也可以表现为爆发式的扰动过程。如果这种偏离力学平衡态的扰动能够回到平衡态或者维持在平衡态附近的小幅度振荡,那么该系统是稳定的,如图 3 - 8(a)所示。若该扰动导致系统进一步偏离平衡态,如图 3 - 8(b)与(c)所示,并且发展成为大范围、长时间、能量超过热噪声水平的大幅度集体运动,这种性质称为磁流体不稳定性。等离子体偏离热力学平衡态通常有两种方式:一种是等离子体宏观参数如密度、温度、压强或其他热力学参数的空间局域性和不均匀性,这种不稳定性通常以整体形式在空间改变形状,表现为等离子的宏观行为,称为宏观不稳定性。另一种是等离子体的速度空间分布函数偏离麦克斯韦(Maxwell)分布,这种不稳定性涉及速度空间分布的改变,所研究的对象是微观的粒子速度分布,所以称为微观不稳定性。

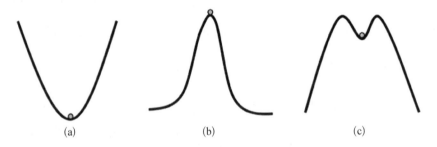

图 3 - 8　稳定和不稳定的几种不同平衡位形

(a) 稳定;(b) 线性不稳定;(c) 非线性不稳定

　　对于托卡马克装置运行而言,磁流体不稳定性对等离子体极限行为起到非常重要的限制作用,如等离子体电流极限、压强及压强梯度极限、密度极限等,这些极限直接限制了托卡马克的基本运行参数区间。其中的等离子体压强及密度极限更是直接牵连到聚变三因子中的两者(并且最后一项的能量约束时间也与磁流体不稳定性有着非常密切的关系)。此外,不稳定性除了影响等离子体约束外,更严重的是它们还可能导致等离子体的破裂,使放电突然中止。同时破裂时产生的巨大能量喷射也会对装置本身的安全产生严重威胁。因此,磁流体不稳定性的研究,尤其是结合聚变装置中等离子体实际位形的研究,成为磁约束聚变理论及实验研究的重要组成部分。

3.4.1　研究方法

在详细介绍托卡马克磁流体不稳定性之前有必要对常用的不稳定性分析方法进行简单介绍,目前通常采用直观法、简正模法与能量原理三种方法。

1) 直观法

直观法指直接研究系统自身扰动,观察系统状态的演化趋势,定性地给出系统稳定与否(见图 3 - 8)。例如,对于一段通电圆形等离子体柱而言,如果圆柱体内部没有外加磁场,那么在平衡状态下,外部磁压与内部等离子体压力之间保持平衡。而此时,如果在某一位置突然将等离子体柱半径缩减,由于磁场反比于半径 r,这样便会导致柱体外侧的磁场增强,磁压也相应增加,内部压力平衡被打破,等离子体被进一步压缩,形成了一个正反馈环,圆柱体等离子体变成“腊肠”型,直至发生断裂,这就是最为经典的“腊肠”型不稳定性现象。这种分析方法的优点是物理图像直观、清晰,可以作为进一步定量讨论的起点,不过缺点也很明显,其只适用于较为简单的情况,一般不能给出不稳定性的判据,也无法得到不稳定性的增长率。

2) 简正模法

简正模法是讨论线性不稳定性最为常用的方法,主要是通过在平衡态上叠加一个随时间演化的小扰动,直接对磁流体方程组进行线性化,略去二阶小量,对时间进行拉氏变化,并对空间进行傅氏变换,随后求解本征方程,即可得到色散方程。讨论色散方程所有可能的解,如果所有情况的增长率都小于零,则该扰动是稳定的,如果有增长率大于零的情况,即为不稳定。这种方法不仅可以判断扰动的不稳定性,还可以给出不稳定性的线性增长率以及特征频率。但这种方法一般也是只适用于简单的具有对称性的几何形态,如平板位形、圆柱形态等,对于复杂的磁场位形和各种参数非均匀分布的情况,线性方程无法严格求解,因此也无法给出具体色散关系。

3) 能量原理

能量原理通过研究偏离平衡的小位移所引起的系统势能变化来判断平衡位形是否稳定。根据力学的普适原理,如果对于所有可能的位移,系统势能改变都是正的,那么这个系统是稳定的。只要存在一种可能的导致势能为负的位移存在,那么这个平衡系统就是不稳定的。该方法的优点是不必求解色散方程,原则上可以处理较为复杂的几何形态,对大多数实际的磁约束聚变等离子体位形都适用,但在数学上并不简单,一般也不能得到不稳定性的增长率。不过这种方法对于实验分析有更好的适应性,更重要的是,由于宏观的磁流体力学不稳定性一旦发生,其通常在很短的特征时间尺度下完成激发及增长,我们更为关注的是稳定平衡后的不稳定性运行参数区,而不是各种模的确切增长率。故而,能量原理的方法可用来作为线性理想磁流体力学不稳定性分析的主要方法。

关于上述三种方法详细的公式推导以及理论与实验的结合可参考文献[13],这里不再赘述。

3.4.2 托卡马克中重要的磁流体不稳定性

托卡马克中磁流体不稳定性的分类可以按照理想和非理想两种情况进行简要讨论。在理想磁流体近似下,任意流体元中所携带的磁通在运动过程中保持不变,这一现象称为磁力线冻结效应。在磁力线冻结情况下,磁通守恒效应要求相邻的等离子体流体元必须保持连续,任何偏离平衡的等离子体扰动不允许跨越磁力线运动。虽然等离子体形状会发生畸变,但其内部和外部的磁通都保持不变,也就是说,等离子体的磁面形状可以发生改变,但不会打破磁场线的拓扑结构,磁力线不会发生重联,这对有可能出现的各类不稳定性的增长起到非常强的制约作用。基于这种考虑下的磁流体不稳定性称为理想磁流体不稳定性。不过当考虑电阻耗散效应后,等离子体就可以跨越磁力线运动,磁力线可以断开或重联,形成若干个小磁岛结构,热和粒子可以沿着磁通管快速输运,形成新的输运通道,进一步限制等离子体的比压。基于这些考虑下的不稳定性称为非理想磁流体不稳定性。这种不稳定性的激发阈值较理想的磁流体力学不稳定性的更低,在托卡马克实验中极易出现,因此也是限制等离子体运行的关键因素之一。

托卡马克中比较重要的理想的磁流体力学不稳定性主要包括低环向模数的外扭曲模、低极向模数($m=1$)的内扭曲模、高环向模数的定域交换模和气球模。理想的磁流体力学不稳定性的增长率发生得非常之快,通常在阿尔芬时间尺度上,其一旦激发会对等离子体约束产生巨大的影响,因此,它直接决定了托卡马克稳定运行的基本参数区间。

1) 外扭曲模

外扭曲模由等离子体柱扭曲产生,激发源主要由电流密度梯度和压力梯度共同驱使导致。在等离子体柱受到扰动扭曲后,扭曲的内侧磁力将大于外侧磁力。此时,在磁压力差的驱使下,扭曲幅度将进一步增加,从而导致不稳定的爆发。因此,外扭曲模通常会表现出朝向装置器壁的横向撞壁,是托卡马克运行中一种非常危险的理想磁流体不稳定性。外扭曲模一般会表现出低模数特征,这是因为低模数对应的扰动波长较长,其产生的磁力线弯曲较小,容易被激发。不过在外扭曲模往器壁移动的过程中,由于器壁上会激发出涡流,根据楞次定律,该涡流会阻碍等离子体的进一步移动,因此对其产生致稳作用。然而,托卡马克装置一般不能使用高导电率的良导体作为壁材料,这样涡流实际上是在具有一定电阻的电阻壁上流动的,此时外扭曲模会得到一定的削弱,但不会被完全抑制,从而成为电阻壁模。

2) 内模

内模主要发生在等离子体的内部安全因子较小的区域。这种不稳定性不会产生边界扰动,也不会导致等离子体撞壁,但它会产生等离子体径向向外的输运,从而降低等离子体的能量约束水平。托卡马克中的内模主要包括低极向模数(m)的非定域内扭曲模和高环向模数(n)的定域交换模以及局域于环外侧的高 n 气球模。通常对于高环向模数的不稳定性,由于垂直波长非常短,可以被磁力线弯曲效应致稳,不过当模式处在有理面处时,该效应将消失。因此,高 n 的模都是局域在有理面附近的,这也是称其为定域交换模的原因。根据苏达姆(Suydam)判据[14],定域交换模由压力梯度所驱动,而磁剪切是其致稳项。当芯部的安全因子大于 1 时,所带来的平均磁阱效应将会有效地稳定理想的定域交换模。不过当压力梯度过大时,那些局域在坏曲率处(环外侧)的不稳定性可能得以激发,形成所谓的气球模不稳定性。在对气球模稳定性参数区的研究中发现存在一块完全偏离基本稳定参数条件的第二稳定区,在该稳定区,等离子体的磁剪切较弱而压力梯度较大(这与上述的致稳条件完全相反)。研究表明,较大的压力梯度可能会导致磁面结构向外移动,从而导致坏曲率区域(也就是气球模所处区域)的局域磁剪切增强,从而致稳了气球模(这也从侧面说明了剪切抑制模式的主要作用是局域的而不是全局平均的)。如何从气球模的第一稳定区完美地过渡到第二稳定区对于探索更高约束状态的等离子体运行起到非常重要的作用,相关方向的研究也一直备受聚变研究人员的关注。

3) 非理想磁流体力学不稳定性

如上所述,当考虑电阻效应后,磁冻结效应将不再成立,在有理面附近会出现所谓的"电阻耗散层",磁力线将发生重联,形成相对孤立的磁岛结构,此时热和粒子可以沿着磁岛结构快速地跨越磁力线形成输运,这样会降低等离子体的约束性能。托卡马克实验中最主要的非理想磁流体不稳定性是一种称为电阻撕裂模的不稳定性。此外,当种子磁岛形成后,会导致当地的密度梯度和温度梯度被这种封闭的磁拓扑结构迅速拉平而呈现均匀分布。芯部等离子体为了保持力学平衡,压力梯度整体下降,如图3-9所示。由压力梯度驱动的靴带电流也会随之降低,相当于形成了一个扰动电流,如果该扰动电流进一步被放大,则会形成所谓的新经典撕裂模。新经典撕裂模的发生给托卡马克运行强加了一个比理想的磁流体力学不稳定性更为严格的限制,因此成为托卡马克中最重要的并且也是危害最大的磁流体力学不稳定性之一。目前常见的对于新经典撕裂模控制的策略包括如下几种:

（1）通过控制锯齿的发生来消除或者降低新经典撕裂模的种子磁岛（锯齿将会在后面介绍）。

（2）外加共振磁扰动线圈来形成共振层抑制新经典撕裂模增长。

（3）采用电子回旋加热（ECRH）辅助加热手段补偿由新经典撕裂模激发所导致的自举电流缺失的部分。

不过,尽管目前手段多种多样,但是还没有一种方法可以非常确信能完全有效地抑制或者避免新经典撕裂模的出现。因此,对于未来聚变实验装置而言,新经典撕裂模相关研究依然是一个非常重要的课题。

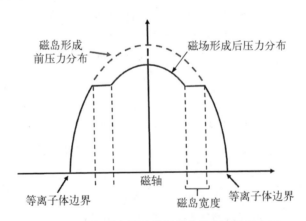

图3-9　种子磁岛导致芯部压力梯度下降示意图

上面简要地介绍了托卡马克中常见的几种理想和非理想磁流体不稳定性。下面简要介绍这些不稳定性所引起的威胁等离子体运行的一些宏观行为。典型的包括锯齿振荡、垂直位移不稳定性以及破裂等。

（1）锯齿振荡:锯齿振荡由内扭曲模不稳定性所驱动,展现出大尺度结构,其环向模数 $n=1$,主导的极向模数 $m=1$。其表现为芯部等离子体温度、密度和杂质等的周期性振荡,通常发生在安全因子为整数或整数以内的区域,

是托卡马克运行中一种非常常见并且
非常重要的宏观磁流体不稳定性。通
常锯齿行为包括锯齿爬升、扰动以及锯
齿崩塌三个阶段，如图 3-10 所示。锯
齿行为的存在有利于抑制芯部杂质聚
芯，不过过强的芯部输运也会直接影响
等离子体的约束，更严重的甚至会激发
起新经典撕裂模所需的种子磁岛(这也
是上述控制新经典撕裂模的方法之

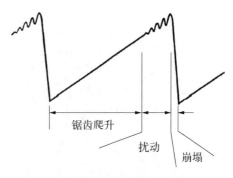

图 3-10　典型锯齿示意图

一)，或者与边界局域模或外部扭曲模耦合导致破裂的发生。此外，在聚变燃
烧等离子体中，如果锯齿振荡周期短于聚变 α 粒子的慢化时间尺度的话，那么
这些 α 粒子可能将能量通过碰撞传递给锯齿振荡，并进一步通过锯齿崩塌行
为将能量损失掉，这是极其不利的。因此，必须有效地控制锯齿。锯齿的控制
主要包括拉长锯齿周期或降低单个锯齿幅度两种控制方法。具体的方法主要
是通过改变 $q=1$ 磁面附近的磁剪切来实现锯齿的控制，例如通过局域的辅助
加热或者电流驱动手段来改变等离子体电阻率及电流分布从而控制锯齿。

　　(2) 垂直位移不稳定性：在大多数托卡马克装置上，为了应对闭合磁面以
外大量的杂质和热负荷的排出问题，需要设计偏滤器结构位形，这就使得等离
子体位形是非圆截面形状。这样做的另一个好处在于增加了等离子体的体
积，从而对整体等离子体的总能量提高也是有利的，并且拉长的等离子体位形
还可以抑制一些微观不稳定性，对等离子体能够实现的比压有所裨益。不过
要想产生这种椭圆截面等离子体需要外加极向场来拉伸等离子体，由于在拉
长方向极向磁场的减弱，可能会产生沿着该方向的位移不稳定性，即等离子体
在拉长方向发生一定的位移时，这种位移会导致在拉长方向力的非对称分布，
而如果剩余力的方向与位移方向恰好一致时，则会进一步地驱动等离子体沿
拉长方向的位移，最终使得等离子体推向真空室的器壁，导致等离子体的快速
熄灭。如果此时拉长方向是垂直方向，则称为垂直位移不稳定性，图 3-11 显
示的是典型的向下垂直位移不稳定性发生时磁面结构的演化特征[磁面结构
在不稳定发生期间由(a)状态不断挤压直到(c)状态]。

　　目前，实验研究中对于该种不稳定性的反馈控制已经发展得较为完善，等
离子体放电也可以在很长时间尺度下维持稳定，不过对于未来聚变实验装置
的稳态运行要求而言，这种不稳定性的控制仍然不能掉以轻心。

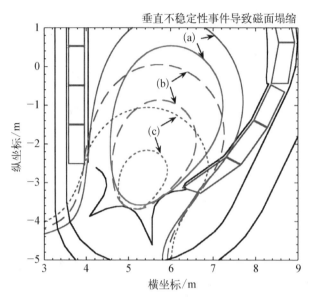

图 3-11 典型的垂直不稳定性发生期间等离子体最外闭合磁面移动[15]

（3）破裂：破裂是托卡马克实验中一种最为致命的非线性不稳定性，通常会引起在很短的时间内等离子体电流的猝灭，放电被迫终止。发生破裂的原因主要是撕裂模的迅速发展，其所形成的磁岛结构导致边界的等离子体与器壁发生热接触，或由于等离子体平衡失控（位移不稳定性）使等离子体整体撞壁，造成强烈的等离子体与器壁之间的相互作用，并引起大量的高有效电荷数杂质进入主等离子体内部，冷却芯部等离子体，并且阻塞电流通道。最后，导致等离子体中所储存的巨大热能和周围导体中的磁能在很短的时间内（毫秒量级）释放出来，造成大量的热量瞬间沉积在器壁材料上使其受到严重侵蚀。此外破裂的产生还会感应出很大的环向电场，使周围导体材料及其绝缘结构损坏。目前对于破裂控制的发展也取得了长足的进步，主要的手段有注入大量气体，从而降低晕电流份额，并且通过辐射耗散掉大量的热和磁能，从而降低损伤。通过神经网络进行破裂预测也对破裂的防护起了关键的作用。

对于未来磁约束聚变实验研究而言，我们并不需要将一切的不稳定性都抑制下去（有些不稳定性甚至还会给等离子体的稳定维持带来益处），我们需要规避那些最危险的不稳定性，允许一些危害不太大的不稳定性存在，同时有效地利用那些友善的不稳定性。

3.5　加热与驱动

氘氚聚变点火的条件是满足劳逊判据 $n_e T \tau_E \geqslant 1 \times 10^{21}$ keV·s/m³，这要求等离子体温度达到 $10 \sim 20$ keV 量级。传统托卡马克利用变压器进行欧姆加热，但这种方式不足以使等离子体达到点火条件。欧姆加热的原理非常简单，即通过电流的焦耳热首先来加热电子，然后通过电子和离子的碰撞加热离子。但由于等离子体电阻率与电子温度有关系 $\eta \propto T_e^{-3/2}$，所以加热功率随电子温度的升高而迅速降低。在大中型装置中，仅靠欧姆加热只能将等离子体加热到中心电子温度最高达约 3 keV，因此必须考虑辅助加热。欧姆加热的另一个缺点是脉冲运行，因为变压器的伏秒数是有限的。而核聚变研究的最终目标是建立满足劳逊判据的等离子体并最好可以实现连续运行的聚变堆。因此，需要其他非感应的电流驱动手段实现连续的环向等离子体电流。一般来说，辅助加热技术也可以用于电流驱动，主要包括中性束注入和射频波加热。

3.5.1　中性束注入加热及电流驱动

因为托卡马克中有很强的磁场，高能离子一进入磁场就会因围绕磁力线转动而停留在很浅的表面区域。因此需要将事先加速到很高能量的离子束变成高能中性粒子束，然后再注入等离子体中。高能中性粒子通过与背景等离子体碰撞变成高能离子而被捕获，再经过库仑碰撞而热化，同时将能量传递给电子和离子，从而达到给等离子体整体加热的目的，这个过程称为中性束注入（NBI）加热。刚注入等离子体中的中性原子不受磁场影响，沿直线向中心区域渗透，在前进过程中，与等离子体中的粒子发生碰撞成为离子而被捕获，其运动轨道与这些粒子的能量、注入角度以及被捕获的位置有关。在实验中，人们希望有尽可能多的粒子捕获在等离子体中心区域，从而形成最有利的加热效果。中性粒子束主要通过三种原子过程而被电离吸收：电荷交换、离子碰撞电离和电子碰撞电离。中性粒子进入等离子体中，一旦被电离，便通过库仑碰撞将能量交给等离子体中的粒子，从而达到加热等离子体的目的。如果束能量远高于临界值 E_c，则主要加热电子；相反，如果束能量较低，则主要加热离子，其中 E_c 可以表达为

$$E_c = 14.8 \frac{A_b}{A_i^{1.5}} T_e \qquad (3-18)$$

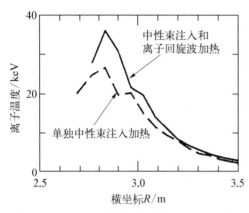

中性束注入和离子回旋波加热

单独中性束注入加热

图 3 - 12　TFTR 装置上利用 23.5 MW 的 NBI 和 5.5 MW 的 ICRF 加热获得的离子温度分布

A_b 和 $A_i^{1.5}$ 分别为束原子和等离子体中离子的相对原子质量。中性束注入是一种成熟且加热效率非常高的加热手段。如图 3 - 12 所示,在 TFTR 装置上单独利用 23.5 MW 的 NBI 加热实现了芯部离子温度高达 26 keV 的等离子体[16]。

目前中性束注入加热技术面临最大的挑战是大功率负离子源的研制。在聚变堆情况下由于装置尺寸大、密度高,注入中性粒子束的能量大于 300 keV 时才能达到很好的穿透效果,如 ITER 装置需要的能量则高达 1 MeV。但是正离子源的中性化效率随粒子能量的增加而急剧下降,所以,未来聚变堆 NBI 系统需要利用负离子源来驱动。

当中性束切向注入时,除了加热以外,还可以产生环向等离子体电流。其原理是束通过碰撞和电荷交换产生了快离子,这部分快离子形成了定向电流。NBI 驱动电流效率随束能量和电子温度的增加而增加。JT - 60U 利用负离子源实现了大于 1×10^{19} A/(W·m²) 的驱动效率,验证了负离子源 NBI 的电流驱动能力[17]。理论预测在 ITER 1 MeV NBI 注入情况下,电流驱动效率是很可观的,如图 3 - 13 所示。在该图中横坐标为芯部电子温度,纵坐标为 NBI 的电流驱动效率。不同图形代表的是不同装置上的实验数据以及理论预测曲线,同时该图还根据多装置的经验定标律预测了未来 ITER 参数条件下中性束的电流驱动效率。

3.5.2　射频加热及电流驱动

当射频波注入等离子体中时,如果注入波的频率或者经过模式转换后的波的频率与等离子体中某个固有频率相同,便会产生与射频波的共振吸收。所以波在传播过程中其能量会被等离子体吸收从而产生加热效应。射频加热主要包括以下三种:电子回旋共振加热(ECRH)、离子回旋共振加热(ICRH)和低杂波电流驱动(LHCD)。如图 3 - 14 所示,这三种加热方式所对应的波源频率有非常大的差异。电子回旋和离子回旋加热分别需要射频波的工作频率

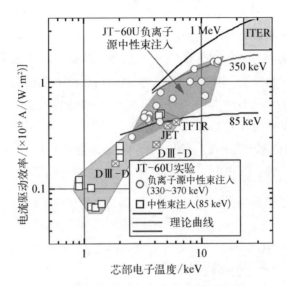

图 3-13　NBI 驱动效率对温度和束能量的依赖关系

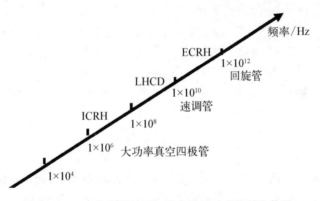

图 3-14　三种典型射频加热方式所对应的频率范围

在电子和离子的回旋频率处,一般为 $10\sim300$ GHz 和小于 100 MHz。这两种频率的射频波分别由回旋管(亚毫米波)和高功率真空电子管产生。低杂波对应于一个中间频率,其典型值为 $1\sim10$ GHz,由速调管产生。射频加热系统包括射频源、传输线、发射天线三个部分。

　　对于波在等离子体中的传播过程,不能像对待简单电介质或者磁介质那样,用 ε 或者 μ 来描述,因为等离子体的行为非常复杂。造成这种复杂性的原因如下:① 等离子体参数如密度 n_e、温度 $t_{e,i}$ 随径向变化;② 等离子体处在复杂的环几何位形下;③ 磁场导致等离子体高度各向异性。不过我们可以假设等离子体中的粒子沉浸在真空中,带电粒子对波传播的影响可以通过合适的等离子体模型精确计算电流密度和电荷密度来确定。这样等离子体行为的结果可以方便地用导出的介电张量来描述,限于篇幅这里不做详细讨论。

波在等离子体中的共振吸收机理主要包括回旋阻尼和朗道阻尼。虽然离子回旋波加热的模式有很多种,如两倍(多倍)谐频加热、少数离子基频加热、快波模式转换加热以及直接的离子波恩斯坦(IBW)加热。但不管哪一种加热模式,其加热的机制都是回旋阻尼。电子回旋波加热机制也是回旋阻尼。如图 3-15 所示,当离子(或电子)的回旋频率(考虑多普勒平移)与波的频率(或者谐频)相当时,即

$$\omega = k_{//}v_{//} + l\Omega_{\mathrm{i,e}} \qquad (3-19)$$

式中,l 为谐振次数,$k_{//}$ 和 $v_{//}$ 分别为平行磁场方向的波矢和离子(电子)速度分量,$\Omega_{\mathrm{i,e}}$ 为离子和电子的回旋频率。

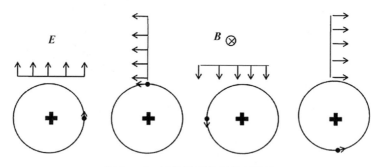

图 3-15　回旋阻尼机制物理图像

当波的电场偏振方向与离子(电子)回旋方向相同时,离子(电子)与波就会发生共振,即离子(电子)获得能量被加速。而低杂波的吸收对应朗道阻尼。如图 3-16 所示,图(a)显示的是共振电子附近分布函数示意图,图(b)显示的则是慢电子加速和电子减速共同作用后使得 $v_{//} \sim \omega/k_{//}$ 附近的分布函数变平的情况。从图 3-16 中可见,具有速度 $v_{//} \sim \omega/k_{//}$ 的共振电子在随波移动的坐标系中看来,运动得非常缓慢,因此波的电场好像是一个直流场。特别地,比波相速度稍慢的电子将在很长时间被加速,从而导致电子能量增加。反过来,比波相速度稍快的电子将会在很长时间被减速,从而导致电子能量减少。如果慢电子比快电子多,则总体上电子能量是增加的,相反波被阻尼。等离子体中电子服从麦克斯韦分布,慢电子数目多于快电子数目,因此朗道阻尼过程的净能量是共振电子吸收波能量。

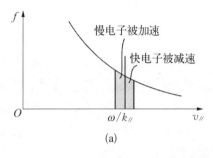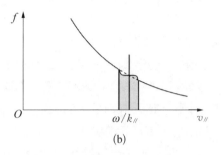

图 3‑16　朗道阻尼机制作用前后速度分布函数

（a）作用前；（b）作用后

ECRH 是加热电子的一种极为有效的手段。JT‑60U 曾利用 2.9 MW 的芯部电子回旋加热获得了高达 24 keV 的电子温度（见图 3‑17），图中横坐标代表归一化极向磁通坐标，纵坐标代表的是由电子回旋辐射（ECE）以及汤姆孙（Thomson）诊断系统测量的电子温度[18]。电子回旋波加热最大的优点是不存在耦合问题，且沉积位置容易控制，但技术难点是高频长脉冲回旋管的研制。除了加热，ECRH 还可以用来驱动电流，其机理是当电子回旋波斜入射进入等离子体时（垂直入射只有

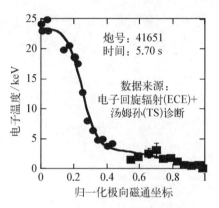

图 3‑17　JT‑60U 利用 2.9 MW ECRH 加热获得高电子温度等离子体

加热作用），由于多普勒效应，顺着波传播方向运动的电子由于接收到的波频率比波源频率小，导致共振位置外移，所以比逆着波传播方向运动的电子（共振位置内移）吸收更多的波能，因此产生不对称性，驱动起一个与波入射方向相反的净电流。ECCD 是在垂直方向通过回旋共振机制将波能传递给电子。获得波能的电子因能量加大而减慢了与本底离子的库仑碰撞，从而间接驱动平行电流。其最大的优点是具有在聚变堆级密度条件下驱动近磁轴电流的潜能，且驱动电流的分布具有很好的局域性，因此也常用来控制特定磁面上的磁流体不稳定性，但缺点是驱动效率较低。

LHCD 通过朗道阻尼机制在平行方向将波的能量和动量传递给共振电子。由于这些共振电子（或快电子）与本底等离子体的碰撞频率很低且很难被捕获，所以 LHCD 的驱动效率非常高，这也是 LHCD 最大的优点。在 JT‑

60U 上的实验表明,低杂波驱动效率可以高达 3.5×10^{19} A/(W·m²),这是其他几种电流驱动方式(如 ECRH、ICRH 与 NBI)的数倍还不止。因此 LHCD 是当前托卡马克长脉冲实验运行的主要手段,比如法国 Tore‐Supra 装置、我国的 EAST 装置。但 LHCD 最大的缺点是存在"密度极限"问题,即当密度大于某个临界值时驱动效率随密度的下降趋势比理论预言的要快很多,甚至看不到驱动效果。目前为止"密度极限"产生的机理仍未明确,这也是低杂波电流驱动研究领域亟待解决的难题。最后介绍一下最近在 FTU 和 Alcator C‐Mod 装置上取得的令人鼓舞的结果,两个装置分别利用锂化壁处理与等离子体电流抬升的方法来抑制边界参量衰变效应,在密度大于 1.0×10^{20} m^{-3} 的情况下看到电流驱动效果,这也是到目前为止在实验中能看到低杂波驱动效果的最高密度值,如图 3‐18 所示。

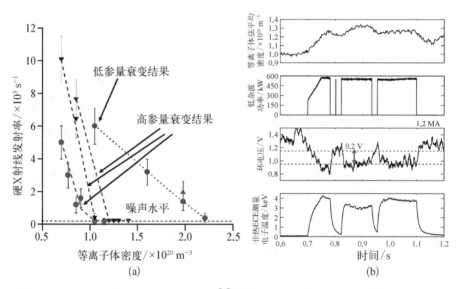

图 3‐18　FTU(a)和 Alcator C‐Mod(b)[1]装置上在极高密度下观察到的 LHCD 效果

3.6　诊断

实现核聚变能的关键在于控制高温等离子体的能力。而想要了解等离子体的约束状态或与材料之间的相互作用过程,就必须要发展一整套完善的等离子体监测手段,即等离子诊断。经过多年的工程技术及理论的发展,等离子体诊断学已经得到了长足的发展,它涉及从电磁学到核物理学的几乎所有物理领域的知识,以及工程和技术的最新进展(材料学、电子学、数据处理的数学方法)。相对于测量的概念,等离子体诊断的意义更为广泛,包括对等离子体集体运动模式的探测及数据的分析和判断。

3.6.1　诊断的发展

历史上,受控聚变的工作始于脉冲系统,因此首先开发等离子体参数测量的方法用于短时和高密度的等离子体。随着磁约束高温等离子体的发展,特殊的诊断实验技术相应开发出来。另外,等离子体是一个具有多自由度的复杂系统,芯部、边界和偏滤器等离子体参数跨度非常大,有时使用单一的方法不能满足测量需求。因此,为了测量某些特定的关键参数并且保证其可靠性,通常需要采用多种诊断测量相互校验。

诊断系统是等离子体装置中科学含量最高的部分。在多年的研究工作中,诊断是解决等离子体物理问题的基础,而新的问题又不断促进诊断技术的发展。诊断系统是核聚变装置中非常灵活的部分,通常需要针对某一或某些科学任务进行特定诊断系统的设计。设计诊断的基本目标如下:

(1) 主机设备保护和基本控制的措施;

(2) 先进控制的测量;

(3) 性能评估和物理测量。

设计诊断系统是一个复杂的过程,主要包括几个阶段:

(1) 确定目标等离子体参数以及测量需求,包括时间空间分辨率、测量精度、动态范围、空间覆盖度等;

(2) 选择最适合的诊断方法;

(3) 装置内部和周围配置诊断设备,即诊断集成;

(4) 按照诊断原理进行设计和建造;

(5) 测试及校正;

(6) 安装和调试;

(7) 诊断进一步发展和改造。

诊断的首要功能是为装置的控制和安全运行提供保障,为聚变实验堆监测和控制各种等离子体与材料壁面的相互作用过程,例如物理溅射、化学刻蚀以及固体壁面的粒子捕获等,同时也为开展深入的物理研究提供必不可少的实验数据支持。未来在燃烧等离子体条件下,对于诊断的要求将更为苛刻。首先,对于实时性的需求将会增加,目前大多数诊断都是后期观测诊断,即在实验结束后需要经过一定时间的程序处理计算才可以得出实验数据。其次，为了应对实时的状态改变监测及等离子体实时控制，诊断的时效性问题被提上了日程，这不仅需要诊断自身原理满足实时监测的需求，也需要数据采集系统、计算程序以及反馈控制系统的协同响应足够快速以应对一切可能发生的意外，例如目前正在多方开展的等离子体破裂缓解系统便是一个典型的结合快速诊断响应的实时预警系统。另外，对于诊断自身系统的防护等级也有了更高的需求。目前在大多数实验装置上，诊断生存的环境还是比较适宜的，诊断学对于仪器防护的问题还没有到刻不容缓的地步。而在未来，由于真空室内部环境将会变得异常恶劣（如高强度的中子和伽马通量、中子加热以及高能粒子轰击等），这将严重损坏诊断仪器或直接导致诊断原理不满足而不可用。因此从诊断系统的选择到设计以及新诊断的开发都需要提前充分考虑。最后，未来装置需要满足一定的辐射安全防护要求，这将极大地缩减诊断的窗口尺寸以及相应的数量。因此，如何最大效率地集成尽可能多的诊断系统以及最优化的结构设计也成为未来诊断系统发展的重点之一。

3.6.2 诊断的方法

在过去的几十年里，在核聚变研究领域已经发展了上百种诊断方法。它们都有自己的特性，可以按照多种方法进行分类，如测量参数类别、测量参数范围、主动或者被动测量等。目前主要采用的有探针法、激光法、光谱法、微波法以及粒子束方法。图 3-19 简要描述了各类诊断的频率、波长和能量测量范围，下面对常用诊断进行简要介绍。当然，关于诊断的方法远不止下面介绍的几类，这里仅仅是让读者初步了解。有关诊断原理介绍的内容完全可以写成一本专著，更多的诊断相关内容在诸多专著中都有详细的介绍[19]。

1) 磁探针

磁探针主要由经多匝绕制的线圈组成，匝数为 N；当通过的磁通 Φ 发生变化时，就在线圈内产生电动势 V，根据法拉第电磁感应定律并假定磁线圈面积 A 足够小，则可以得到磁线圈所处位置的磁场大小：

$$\boldsymbol{B} \cdot \boldsymbol{n} = \frac{\Phi}{NA}, \quad \Phi = -\int_{t_0}^{t} V(t')\mathrm{d}t' \quad (3-20)$$

2) 静电探针

静电探针或朗缪尔（Langmuir）探针因结构简单且廉价而广泛应用于低温

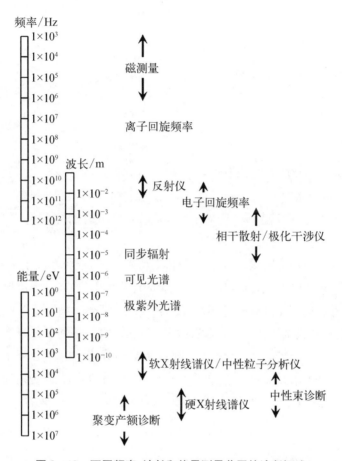

图 3 - 19　不同频率、波长和能量测量范围的诊断概述

等离子体诊断,也经常用于高温等离子体的边界或者偏滤器区域,它的理论基础是等离子体鞘层理论。以单探针为例,探针一端接偏置电压,另一端与等离子体接触。通过扫描偏置电压,测量通过探针的电流,可得探针的伏安特性曲线。通过理论模型简化,可从特性曲线得到等离子体参数。模型必须满足以下条件:① 粒子速度为麦克斯韦分布;② 不存在强磁场;③ 电子离子平均自由程远大于探针尺寸;④ 探针头部的尺寸远大于等离子体鞘层厚度;⑤ 探针表面无二次电子发射。其中③决定了探针测量的密度上限,④决定了密度的下限,因此探针一般用于托卡马克边界和偏滤器等离子体诊断。

　　在前面的条件下,单探针的伏安特性曲线有以下关系:

电子饱和区：
$$I_{e0} = \frac{1}{4} e n_e S \sqrt{\frac{8 k_b T_e}{\pi m_e}}$$

过渡区：
$$I = I_{e0} \exp\left(\frac{e V_P}{k_b T_e}\right) - I_{i0} \qquad (3-21)$$

离子饱和区：
$$I_{i0} = \frac{1}{2} e n_e S \sqrt{\frac{k_B (T_i + Z T_e)}{m_i}}$$

式中，I_{e0} 和 I_{i0} 分别为电子饱和电流和离子饱和电流，n_e 和 T_e 分别为鞘层外电子密度和电子温度，T_i 为离子温度，S 为探针的有效收集面积，k_B 为玻尔兹曼常数，m_e 为电子质量，m_i 为离子质量，V_P 为等离子体空间电位。

3）光谱诊断

光谱诊断一般分为被动光谱诊断和主动光谱诊断，经常用于杂质的成分、密度、流速、有效电荷数，以及主等离子体的电子和离子的温度和密度、旋转速度等的诊断。被动光谱诊断一般利用等离子体自身发射的光谱，由连续谱和线性谱组成，覆盖红外到 X 射线的波段。被动接收的等离子体发射光谱虽然携带了大量等离子体信息，但是最大缺点是空间分辨和时间分辨不足。主动光谱诊断主要采用激光束或者原子束注入等离子体，主动激发某种谱线从而获得等离子体信息。以电荷交换复合光谱为例，其反应式一般为

$$D^0_{\text{注入元素}} + X^{s+}_{\text{等离子体}} \rightarrow D^+_{\text{注入元素}} + X^{s-1}_{\text{等离子体}} \qquad (3-22)$$

束原子与等离子体离子进行电荷交换产生的原子或低电离态离子所发射谱线强度与原来的离子密度成正比，并从谱线位置和轮廓可以计算离子温度和旋转速度。

4）微波诊断

微波诊断一般都是利用波与等离子体相互作用的基本原理，涉及电磁波在等离子体中的折射或者反射。利用电磁波在等离子体中的折射率随等离子体电子密度的变化可制成干涉仪，是测量电子密度的主要手段。而反射仪一般采用与磁场垂直方向入射的电磁波，在临界密度处因等离子体对波截止而被反射，由此得到等离子体密度。以双光束微波干涉仪为例，波源一般采用毫米波段的速调管、波导传输。从波源输出的微波束被分成两束，一束作为测量束穿过等离子体，另一束作为参考束通过可变衰减器和移相器后与测量束汇合，经检波器获得两束微波的相差。振幅相同、相差为 $\Delta\Phi$ 的两束微波相叠后满足下式：

$$I\cos(\omega t + \Delta\Phi) + I\cos(\omega t) = 2I\cos\frac{\Delta\Phi}{2}\cos\left(\omega t + \frac{\Delta\Phi}{2}\right) \quad (3-23)$$

通过可变衰减器调节两束微波的振幅相同,所输出信号的振幅就与相差有固定的关系,通过求解相差便可反推出等离子体中的电子密度。

5) 中性粒子能谱仪

中性粒子能谱仪是通过分析从等离子体逃逸出来的电荷交换中性粒子的能量分布获得等离子体的离子温度。等离子体热离子和外部进入的原子进行电荷交换,新产生的中性原子携带原来离子的动能,逃逸等离子体,其能谱反应等离子体内部的离子能量分布。中性粒子能谱仪有静电偏转和磁偏转两种类型。从等离子体出射的中性粒子先在剥离室被电离,然后通过偏压室被电场偏转分开不同能量,最终被通道型电子倍增器接收。中性粒子能谱仪适合 $1\sim10\,\mathrm{keV}$ 的粒子能量探测。但是值得指出的是,对不同能段的中性粒子而言,其用来反演离子温度的物理模型往往差别很大,近似条件也有所不同,这使得这一方法实施起来较为复杂。

3.7 偏滤器

偏滤器概念早在 20 世纪 50 年代由斯必泽(Spitzer)提出,已成为先进磁约束核聚变装置中至关重要的组成部分。偏滤器等离子体在一定程度上起到隔绝内部高温等离子体与装置器壁材料的作用:一面是温度高达天文数字(几亿摄氏度)的中心等离子体,另一面是通常的固体材料。如图 3-20 所示,现代先进托卡马克通常采用环向对称的极向偏滤器结构。极向偏滤器位形的产生是通过在一个附加的环形导体中施加与等离子体电流相同方向的电流,在边界产生极向磁场为零的点,称为"X"点。通过 X 点的磁力线所形成的磁流面称为磁流分界面,又称为最外闭合磁面(last closed flux surface,LCFS)。中心等离子体是由最外闭合磁面,即分界面所包围的等离子体。分界面之外的等离子体包括偏滤器和边界等离子体。分界面与偏滤器表面直

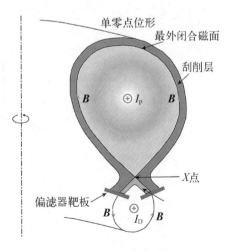

图 3 - 20 托卡马克偏滤器磁位形示意图

接相接处称为打击点(strike point)。打击点附近与等离子体直接接触的偏滤器部件称为偏滤器靶板。

经过磁约束聚变近几十年的发展和实验验证,具有偏滤器位形的托卡马克已被国际上认证为最有可能实现聚变能。偏滤器结构位形对于托卡马克装置发展具有重要意义,能量粒子约束水平更好的高约束运行模式(H-mode)就是在德国 ASDEX 装置封闭偏滤器位形下首次发现的;此外,还发现了偏滤器区等离子体脱靶现象,大大地降低了靶板热负荷。因此,偏滤器位形的设置对于提升托卡马克装置的约束性能,实现稳态长时间运行具有重要作用。通常偏滤器结构位形的作用主要有以下几个方面:

(1)避免主等离子体区与第一壁材料直接接触,将等离子体与壁相互作用区域远离芯部等离子体,分散从主等离子体区跨越出来的热流和粒子流,排出主等离子体能量;

(2)减少和排除杂质,更多的杂质局域在偏滤器区,内置的抽气泵可以有效地将杂质排出,提高等离子体约束性能;

(3)屏蔽等离子体与壁相互作用产生的杂质,防止靶板产生的杂质回流入主等离子体,减少进入等离子体的中性粒子,以减少逸出的电荷交换高速中性粒子;

(4)有效排出聚变反应产物氦灰,维持聚变反应的持续性,避免反应堆燃料污染。

由于偏滤器具有诸多方面的优点,目前偏滤器结构已经成为现代先进磁约束聚变装置的关键组成部分,国内外的大多数托卡马克装置以及未来的 ITER 实验聚变堆均采用偏滤器位形。如图 3-21 所示,偏滤器基本可以划分

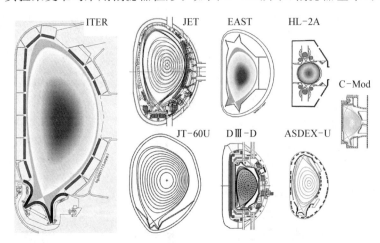

图 3-21 当前世界上主要托卡马克装置以及 ITER 的偏滤器位形

为上单零、下单零和双零三种偏滤器位形。

偏滤器物理是一个与等离子体物理、原子分子物理以及表面物理等密切相关的交叉学科。偏滤器等离子体行为将直接影响未来聚变堆的排灰、排热和杂质控制。因此,偏滤器与等离子体强烈的相互作用是当前聚变研究面临的最为严峻的挑战,下面将从几个方面介绍一下当前国内外偏滤器相关研究的进展。

3.7.1　偏滤器等离子体粒子与热流行为及其控制

根据碰撞率的不同,偏滤器等离子体呈现三种不同的运行模式:鞘层限制状态、热导限制(高再循环)状态、脱靶状态。对于未来磁约束聚变研究装置,诸如 ITER、CFETR 等,其在长脉冲稳态运行条件下,来自主等离子体的大量热流和粒子流跨越最外封闭磁流面进入边界层,然后沿磁力线直接进入偏滤器,或者跨越磁场到达真空室壁,靶板的高热负荷以及与等离子体强烈的相互作用是当前磁约束聚变装置及未来聚变堆长脉冲稳定运行面临的最为严峻的挑战之一。为了实现长脉冲、高参数运行,大部分自中心进入边界层的等离子体能量必须在到达偏滤器靶板之前通过杂质辐射、复合、电离、电荷交换等原子分子物理过程而损失。这就要求偏滤器等离子体必须运行于部分脱靶状态。实现偏滤器脱靶是一个十分复杂的过程,依赖于众多等离子体放电参数,并相互影响,如等离子体密度、注入杂质类别、加热功率、环向磁场方向、第一壁材料和偏滤器几何形状等。因此,了解偏滤器脱靶放电期间潜在的辐射物理过程,对于实现偏滤器脱靶反馈控制,探索最大限度地降低偏滤器热负荷和靶板侵蚀,并提高等离子体约束性能的稳定控制方法是十分重要的。

多个托卡马克装置的实验证明,在偏滤器附近注入具有强烈辐射能力的杂质,如氖(Ne)、氩(Ar)、氮气(N_2)等,可以加速实现偏滤器等离子体部分或全部脱靶,从而大大降低入射偏滤器靶板的热流。此外,JET、ASDEX - U 和 EAST 等托卡马克装置上的实验表明,相较于碳偏滤器,在钨偏滤器运行下由于高有效电荷数杂质聚芯现象的发生,等离子体在高约束运行模式下的约束性能会出现明显下降。而这一约束性能下降的问题会在主动杂质气体注入(低有效电荷数杂质)的实验条件下得到显著的缓解。在 AUG 和 JET 托卡马克装置钨偏滤器脱靶实验中,证实了通过注入杂质气体,不仅能降低靶板热流和粒子流,而且能够有效抑制钨杂质聚芯,等离子体约束也得到了明显改善。

目前,在国外各大托卡马克装置上已经开展了一系列偏滤器脱靶反馈控制实验,以实现降低到达靶板的热流和粒子流并稳定维持等离子体约束性能,主要利用靶板上的热电流、电子温度、离子饱和流以及等离子体密度、辐射功率、杂质谱线等信号作为反馈控制系统中的参考信号,对氘气(D_2)或杂质气体充气阀门进行反馈控制,从而实现对偏滤器脱靶程度的稳定控制。贝尔内(Bernert)等在 AUG 装置上通过控制氮气注入量和加热功率实现了对 MARFE-like X-point 辐射带位置的反馈控制,通过调节其在闭合磁面内相对于 X-point 的位置,对偏滤器靶板脱靶程度进行了控制[20]。而近两年中国 EAST 和美国 DIII-D 开展的联合实验中,第一次在国际上实现了偏滤器—边界台基—中心高性能等离子体的高度兼容的高性能等离子体放电[21]。这些研究都为未来磁约束聚变装置开展高功率长脉冲稳定运行提供了有利的技术支持。

3.7.2 先进偏滤器位形的研究

对于未来的聚变反应堆来说,偏滤器不仅需要杂质的屏蔽和控制,更主要的是缓解等离子体流出的热流和粒子流。随着加热功率的不断提高,目标靶板材料所能承受的热负荷已经趋于临界,这将限制托卡马克等离子体参数以及未来聚变反应堆性能的提升,先进偏滤器位形设计以及相关偏滤器物理的研究是目前托卡马克中一个非常重要的部分。

从 20 世纪 90 年代初起,许多托卡马克装置,包括 JET、JT-60U、ASDEX-U 和 Alcator C-Mod 等,对偏滤器开展了大量的研究工作,并对其几何位形进行了一系列的改进与优化,从简单的平行靶板,到比较"封闭"的垂直靶板,或者"W"形靶板等几何位形。对偏滤器位形进行优化的主要目的在于最大限度地降低等离子体打击偏滤器靶板的热流以及杂质对中心等离子体的污染。目前,许多先进的磁约束聚变装置都采用封闭式偏滤器位形。JET 装置经过 MkⅠ、MkⅡ A 以及 MkⅡ Gas Box 等偏滤器结构升级改造,逐步增强偏滤器的封闭性,发现封闭的偏滤器结构可以降低再循环粒子由偏滤器区域再次进入主等离子体的概率,因此,增强了偏滤器区域中性压强,进而增强了偏滤器的排气能力[22]。DIII-D 装置近年研发设计的新型 SAS 极度封闭偏滤器结构可以将中性粒子更多地局限在偏滤器区域,增强粒子辐射从而有利于偏滤器脱靶运行,同时等离子体整体约束水平也展现出了抬升的趋势。这种结构下呈现出了高辐射能力的边界与约束改善芯部等离子体的兼容[23]。此外,针对 JT60-SA 和 DEMO 分别模拟设计的新型狭槽偏滤器[24]和"V"形偏滤器结构[25]同样验证了偏滤器封闭性有助于降低偏滤器脱靶对主等离子体约束性能的影响。HL-2A 偏滤器采用极其封闭的几何位形,经偏滤器表面,特别是靶板,再循环的中性粒子主要集中于偏滤器之内,从而增强等离子体离子与中性粒子碰撞而引起的动量损失,促使偏滤器等离子体在较低中心等离子体密度下很快进入脱靶状态。EAST 托卡马克装置上的偏滤器结构从最初的全不锈钢结构,到全石墨瓦和热沉结构,再到类 ITER 全钨上偏滤器和全石墨下偏滤器,设计了具有自身特色的偏滤器结构,随着偏滤器耐热负荷性能的不断提升,EAST 装置等离子体运行区间也得到了不断拓展。为了进一步有效控制靶板热流,同时兼容偏滤器粒子的有效排除,并且保障高功率长脉冲运行,EAST 将把下偏滤器升级改造成一个先进封闭的钨偏滤器结构[26]。

在经典单双零偏滤器位形的应用过程中,偏滤器区域超高热负荷仍然是限制磁约束聚变发展的瓶颈。为此,国内外科学家又发展了多种不同磁位形的偏滤器位形,如雪花偏滤器(snowflake divertor, SFD)、超级 X 偏滤器(super-X divertor, SXD)、准雪花偏滤器(quasi-snowflake divertor, QSD)等,如图 3-22 所示。X 偏滤器位形最早是在反剪切 CREST 聚变堆设计研究时提出的,主要是通过在偏滤器外靶板附近增设内部线圈在打击点附近形成第二个零点,从而在靶板上构建向外扩展的磁力线。超级 X 位形即将在升级改造后的 MAST 装置(现在称 MAST-U)上开展实验研究[27]。雪花位形最早是在 TCV[28] 装置实验中建立的,随后在 NSTX[29] 和 DⅢ-D[30] 等装置上实现。EAST 装置采取雪花偏滤器位形的设计思想,开展了符合全超导托卡马克装置特定的准雪花偏滤器位形研究[31]。这些先进磁位形的特点是最大限度地展宽偏滤器区域的磁通,增加偏滤器区域磁力线连接长度,达到分散偏滤器区域热负荷的目的,并结合辐射偏滤器方法,有效控制靶板热负荷。

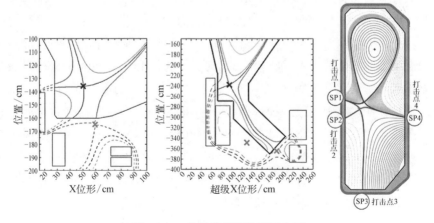

图 3-22　先进偏滤器位形示意图

3.8 等离子体与壁相互作用

托卡马克装置的磁场并不能也不需要完全约束热等离子体,粒子仍然可以离开主等离子体而撞击器壁表面,聚变反应产生的氦灰可以从等离子体芯部排出。实际上跨越磁场的反常输运造成的能量和粒子损失远高于所需要的。围绕着高温等离子体的真空室器壁覆盖着一层结构部件,这些部件将会直接面对等离子体(这些部件也称为第一壁),其不仅是从主等离子体流出的能量和粒子的沉积区,同时也是一个粒子源。在器壁表面,一部分入射粒子在背散射过程被反射回等离子体,其余被植入材料中。一旦器壁表面沉积的粒子出现饱和,这些粒子就会以分子的形式从表面释放。每两个入射氘离子(D^+)在表面与电子复合后通常结合成一个 D_2 分子,具备一定能量后就会离开表面重新进入等离子体。放电过程中热脱附和离子诱导是主要的壁出气机制。入射的电子不仅参与入射 D^+ 离子的复合,在表面温度足够高的情况下,也可以通过二次电子发射和场发射离开固态器壁表面。在器壁表面沉积的能量的大部分都被固态材料吸收,只有部分背散射粒子可以携带一定的能量返回等离子体。

3.8.1 燃料粒子的循环过程

入射到表面的粒子在器壁材料中的扩散、捕获、以气体原子/分子形式释放等过程受到包括壁材料状况、壁表面温度等因素的影响。具有高溶解性的材料对粒子的捕获主要发生在晶格中的间隙位置,高温条件下这些粒子会进一步扩散,捕获的粒子不断增加直至整块材料出现饱和。对于低溶解性的材料其对粒子的捕获主要发生在缺陷、空位、错位、晶界等位置。材料饱和后,在表面温度足够高的情况下,被材料捕获的粒子可以克服表面势垒从材料表面脱附出来。

在长脉冲放电中,器壁表面植入和吸附的氢同位素可以比等离子体中总粒子数高几个数量级。在壁材料饱和后的准稳态下,从材料表面脱附出来的再循环粒子成为最主要的等离子体加料来源。此时,外部气体注入或中性束注入变成较为次要的加料源。放电之前经过充分的烘烤出气和壁清洗后,在随后的放电中可以观察到壁的吸气效应,但是这种效应是短暂的,无法在长脉冲放电中一直维持下去。

器壁表面的热沉积与冷却系统在分钟量级的时间尺度上达到热平衡,此后表面温度趋于稳定并决定着器壁的出气。现在的托卡马克实验装置中单次放电时间长度为 10 s 左右,器壁无法达到热平衡,器壁的吸气效应可以主导粒子平衡,为等离子体密度控制提供了重要条件。因此在每次放电之后进行壁处理,释放吸附在器壁中的气体,从而在后续放电中通过强烈的外部气体注入实现对等离子体密度的调控。然而,长脉冲放电中壁材料表面饱和后的密度控制仍然是一个挑战,经常出现密度不可控地上升,即使在关掉外部加料后,仍然造成等离子体约束的下降,最终使放电熄灭。此外,器壁对聚变产物氦也没有抽吸效应,因此现在的偏滤器托卡马克装置上普遍安装了外部抽气系统去辅助密度控制。

为面对等离子体部件提供高效冷却的系统对于实现长脉冲运行并获得良好的等离子体性能具有重要意义。通过对整个真空室壁及真空室的内部部件进行有效冷却可以促进长脉冲条件下等离子体密度的控制。EAST 托卡马克装置先后实现了 400 s L 模放电和 100 s H 模放电。但目前还不清楚 ITER 稳态运行($>3\ 000$ s)中是否会出现壁饱和,以及壁饱和之后能否有效控制等离子体的密度。

在将来的托卡马克聚变装置中,到达偏滤器的热流将超过现有工程设计热负荷排出能力的极限($10\ \mathrm{MW/m^2}$),因此需要采取措施将大部分热流在到达偏滤器表面之前耗散掉,同时维持较好的等离子体性能。现有的实验研究通过在偏滤器注入具有高辐射效率的惰性气体,如氖、氩、氮等,将粒子携带的能量辐射到面积更大的偏滤器表面。最近 DⅢ-D 装置上的实验在氖气和氮气注入条件下同时实现了偏滤器脱靶和主等离子体性能改善。

反应堆中常规的外部加料还存在另外一个问题,燃料粒子的充入使等离子体边界中存在大量的中性粒子,反应堆中的高能带电离子与这些中性粒子碰撞交换电荷后变成了高能中性粒子,这些高能的中性粒子会导致第一壁材料的强烈侵蚀。冷冻氢/氘弹丸的注入实现了磁分界面以内的加料,可以有效减少高能中性粒子的产生。

3.8.2　壁材料的侵蚀与杂质迁移

与等离子体接触的器壁表面附近通常会存在一个电势鞘层来维持电荷平衡。这个电势鞘层使器壁表面相对于等离子体呈负电势,从而如何排斥快电子并吸引离子到达表面,是决定能量和粒子从等离子体向壁表面输运过程的重要因素。入射离子经过鞘层电势的加速后碰撞器壁表面会引起严重的材料侵蚀。包括物理溅射、化学腐蚀、热升华等在内的多种过程都可以造成壁材料的侵蚀,从而使壁表面释放出材料原子。这些原子进入等离子体被电离后称为杂质离子,受到电场和磁场力的作用而做回旋运动。如果杂质粒子的电离长度(杂质粒子从器壁表面出来到发生第一次电离的行程)小于其离子的回旋半径,则很大概率再沉积到刚才离开材料表面的位置,这称为快速再沉积。没有回到材料表面的杂质离子则通过与等离子体离子和其他杂质离子碰撞而改变其动量和能量,在等离子体中产生大量的反应,包括多次电离、复合、电荷交换等形式。处于刮削层(SOL)中的杂质离子在平行于磁场的梯度压力、粒子摩擦力、电场力等作用下可以有效地再沉积到偏滤器靶板或限制器表面。小部分杂质离子可以穿过磁分界面渗透进入芯部等离子体,其过程由多种跨越磁场的粒子输运机制决定。在经历粒子约束时间之后,芯部等离子体中的杂质离子会重新穿越磁分界面进入刮削层区,最终沉积在器壁部件表面。这些过程造成了材料杂质在真空室内的迁移,详细的循环过程如图3-23所示。

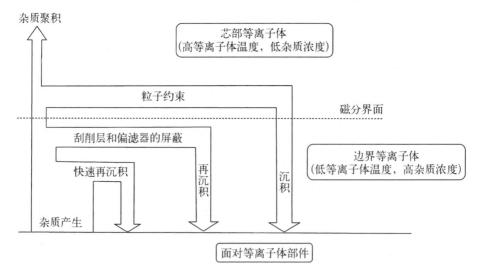

图3-23　托卡马克聚变装置中的杂质循环过程

对于燃烧聚变等离子体,中心区域需要保持足够高的温度与密度,同时具备足够长的约束时间以获得并维持聚变反应。进入芯部区域的杂质不仅造成巨大的能量辐射损失,而且也会稀释燃料粒子。有效控制边界杂质的产生和输运、最大限度降低芯部等离子体中杂质的浓度是聚变等离子体面临的一项重要挑战。等离子体中的一些瞬态磁流体力学过程,如芯部的锯齿、边界的局域模有助于杂质和聚变产物氦灰的排出。

从主等离子体排出的杂质粒子撞击器壁表面可以引起额外的壁材料溅射,这也会在材料中产生缺陷。一部分杂质粒子最终沉积在材料表面,决定了壁材料的净侵蚀或净沉积。无论是净侵蚀量还是净沉积量,都远小于其总侵蚀量或总沉积量。壁材料的净侵蚀率需要控制在一个可接受的水平,从而维持壁材料部件足够长的寿命。壁材料表面的侵蚀和沉积过程也改变了表面形貌和成分,反过来又影响到材料的侵蚀。一些碳和铍沉积层可以减弱等离子体对钨材料的侵蚀。

要减小壁材料的侵蚀和杂质的迁移,需要控制边界等离子体行为,优化面对等离子体材料部件的性能。从目前的实验结果看,偏滤器脱靶或半脱靶是 ITER 和将来聚变堆要采用的运行方式,可以显著降低偏滤器靶板打击点附近的热流和入射离子能量($T_e < 5$ eV),因此可以抑制靶板材料的物理溅射。然而,对于碳材料,化学溅射是更为主要的侵蚀机制,需要充分理解复杂的碳氢分子的输运和离解过程,从而实现对侵蚀和沉积速率的评估。

器壁表面沉积层的形成会带来另外一个问题,即放射性氚的滞留。氚离子和杂质离子同时到达并共沉积在器壁表面,在沉积层中造成较高的氚滞留,并且随着沉积层的厚度增长而持续增加。这种形式的滞留量比氚在壁材料体中被捕获的量(即氚在材料中的植入量)高数个数量级。氚和碳杂质的共沉积过程最为显著,但发现氚与铍和钨也产生共沉积,因此需要发展高效的氚移除和回收技术来应对氚的滞留问题。氚的滞留问题是 ITER 和将来聚变堆最为关切的一个问题,直接影响内部部件设计、材料选择、运行计划和安全性等。目前 ITER 已经确定采用全钨偏滤器和铍第一壁,而放弃原来考虑用于偏滤器打击点区域的碳纤维复合材料(CFC)。

3.8.3　瞬态等离子体事件的影响

通过偏滤器脱靶或边界辐射可以满足试验装置面对等离子体材料对稳态热负荷的限制要求。然而现有装置上的实验研究显示,一些瞬态热负荷如大 ELMs 和破裂,将会对等离子体第一壁材料(PFC)的整体性能和寿命带来巨大挑战。巨大的瞬态热负荷会造成偏滤器靶板强烈的钨溅射,严重影响靶板的寿命,也产生大量的钨杂质,因此必须对其加以控制。ASDEX、JET、DⅢ-D、EAST 等装置上的研究表明,ELM 是造成靶板钨溅射侵蚀的主要因素,尤其在偏滤器脱靶状态下。ELM 钨溅射无法像 ELM 之间(inter - ELM)的钨溅射一样可以通过偏滤器脱靶的方法来消除。在偏滤器等离子体半脱靶时,ELM 引起的偏滤器钨靶板溅射量占钨溅射总量的 90% 以上。ELM 的爆发在径向喷出大量来自芯部的离子和电子,径向的输运时间与平行磁力线离子能量损失时间相近,在主真空室器壁表面的热流及粒子流沉积与到达偏滤器的相当,严重威胁到装置第一壁的寿命。ELM 产生的钨等杂质进入芯部后引起强烈的峰值辐射,不仅降低芯部等离子体约束,触发高约束向低约束模式转换,甚至导致放电熄灭。三维扰动场和弹丸注入是 ITER 的两种主要的 ELM 控制手段。最近 EAST 上成功实现了杂草型 ELM 运行模式与辐射偏滤器运行的兼容,为将来的聚变堆瞬态和稳态热流的协同控制提供了一种新的运行模式。但 ELM 控制过程中单个 ELM 幅度减小的同时,ELM 频率大幅增加这种状态下能否有效控制 PFC 的侵蚀还需要进一步研究。将来的聚变堆中,在解决了 ELM 等瞬态事件造成的材料熔化损伤问题之后,常规运行中面对等离子体材料的溅射将决定面对等离子体部件的寿命。除 ELMs 外,给托卡马克装置 PFC 带来极高的能量沉积密度的瞬态事件还包括等离子体破裂、垂直位移事件。前者的能量密度在数个到数十个 MJ/m^2 范围,沉积时间尺度在 ms 量级;而后者一般小于 60 MJ/m^2,时间尺度更长,为 100～300 ms。这两个瞬态事件都会通过熔化、溅射、蒸发等过程造成严重的器壁侵蚀,因此必须严格限制它们在等离子体放电中出现的次数。其他在 PFC 上沉积瞬态热负荷引起壁材料严重侵蚀的过程还包括等离子体位置抖动、H 模向 L 模的转变、逃逸电子等。这些瞬态事件的有效控制手段还需要进一步发展。

总的来说,正确处理等离子体与器壁的相互作用是托卡马克聚变堆发展中面对的一个重要挑战,需要将先进材料部件发展与等离子体运行模式优化相结合。通过建立良好的芯部等离子体约束,达到聚变所需的条件,同时减小流入 SOL 的热流和粒子流,控制其引起的等离子体与壁相互作用过程。对于第一壁材料而言,不仅需要工程技术上进一步提高其热排出能力,还需要重点关注中子辐照的影响,经过聚变堆中数十个 dpa[①] 的中子辐照损伤,几乎所有的固体材料性能都会下降。如果不能找到有效的解决办法,只能耗费巨大地对偏滤器和第一壁部件进行周期性更换。

---

① 材料辐照损伤的单位,定义为在给定注量下每个原子的平均离位次数(displacement per atom, dpa)。

3.9 高能粒子

核聚变堆内的主等离子体温度维持在 10 keV 左右,俗称这些等离子体中的粒子为热粒子。而高能粒子或超热粒子则定义为粒子的温度远远大于热粒子的温度,如氘氚聚变反应产生的 3.52 MeV 的 α 粒子,其对应的离子速度和拉莫尔回旋半径为 1.3×10^7 m/s 和 11 cm(假定磁感应强度为 5 T),远大于热离子的速度和半径(1×10^6 m/s,4 mm)。在现有的磁约束装置内,高能粒子的产生完全依靠外部的中性束注入、射频波加热和电流驱动系统,其产生的高能粒子的能量最高接近兆电子伏特。这些高能粒子将与背景等离子体中的热粒子通过碰撞而慢化,并实现等离子体的加热。这些高能粒子稳定约束和有效热化是实现聚变反应自持燃烧的重要保障。但是,高能粒子由于存在固有的自由能,即压强梯度和速度空间的各向异性,并激发各类不稳定因素而损失掉,造成约束的下降。其中最为典型的便是阿尔芬本征模不稳定性,这是因为 α 粒子的速度可以与磁约束装置中的阿尔芬波的相速度相比拟,因此可以与波产生持续的相互作用。下面简要介绍阿尔芬波的相关研究。

3.9.1 托卡马克中环向阿尔芬本征模

剪切阿尔芬波是传播方向平行于磁场的横向电磁波,色散关系可以近似表示为 $\omega = k_\parallel v_A$,其中 $k_\parallel$ 为平行于磁场方向的波矢,$v_A = B/(\mu_0 \rho)^{1/2}$ 是阿尔芬速度,$\rho = \sum_i n_i m_i$ 为质量密度。在磁约束装置内,不同大半径处的磁感应强度不同[$B \propto 1/R$,$B_{max}/B_{min} \propto (R+r)/(R-r) \approx 1 + 2r/R$,$B_{max}$ 和 B_{min} 分别指同一有理面高低场侧的磁感应强度],阿尔芬波在沿着磁力线传播的过程中,其相速度(或折射率 $N = v/c$)将发生周期性的改变。阿尔芬波的这种周期性调制过程与"布拉格反射"现象类似,即折射率的周期性调制过程将引入能带的间隙结构,其间隙的中心布拉格角频率可以表示为 $\omega = \pi \bar{v}/\Delta z$,$\Delta z$ 表示周期性变化的间距。类似地,托卡马克中由于环效应引起的间隙中心角频率表示为 $\omega_{TAE} = v_A/(2qR)$,该效应对应的模式称为环向阿尔芬本征模(TAE)。TAE 具有广域结构,相较于定域模而言,这种具有离散谱的广域模不容易受到朗道阻尼的致稳影响,因此也相对较容易被激发起来。

在柱坐标系下波的形式可表示为 $\exp[i(m\theta - nz/R + \omega t)]$,则周期性约

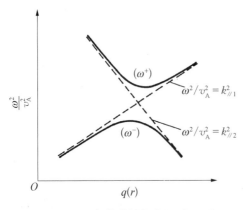

图3-24 阿尔芬共振频率(环向 m 和 $m+1$ 模式耦合)

束条件要求 $k_{//}=(n-m/q)/R$,这里 q 为托卡马克中常用的安全因子,m 和 n 分别表示极向和环向模数。对于固定的 m 值,由于磁场和密度的空间变化,模频率 ω 随 q 值的改变而变化,并在小半径方向形成阿尔芬波的连续谱。环向等离子体中,给定一环向模数 n,极向模数为 m 和 $m\pm1$ 的阿尔芬波连续谱将在径向位置 $q(r_0)=(m+1/2)/n$ 的地方发生相互耦合,并导致连续谱线的打开和重新连接,如图3-24所示,其共振条件可表示为 $k_{//m}=-k_{//m+1}=1/2q(r_0)R$。这个连续阿尔芬波的间隙出现的原因可以理解为间隙处两支波的叠加有 $\sin(m\theta)+\sin[(m+1)\theta]=\sin[(m+1/2)\theta]\cos(\theta/2)$ 关系,类似"莫比乌斯带"——在转一圈时相位相反而相互抵消,所以波不能传播。类似地,不同阿尔芬波速度周期性地调制,均可以产生这样的在频率上的间隙结构,例如比压阿尔芬本征模(BAE)、反剪切阿尔芬本征模(RSAE)等。这些模式需要克服各种阻尼机制(如连续阻尼、朗道阻尼等)才能被激发起来,如在实验中,当高能离子的速度接近阿尔芬速度时,即可激发 TAE 不稳定性。

3.9.2 环向阿尔芬本征模实验研究

在现有装置的实验中要想激发 TAE,最好的方法便是利用中性束来产生高能离子,另外也可以利用离子回旋波来加热离子,不过后者容易与扭曲模发生相互作用,故一般不作为首选方案。对于高能离子激发 TAE 不稳定性的研究工作最早可以追溯到20世纪90年代。在 TFTR 装置上[32],降低磁感应强度 B_ϕ 至约1 T,同时增加等离子体密度(电子密度 $n_e \approx 3\times10^{19}$ m^{-3}),并将高功率中性束(注入功率最高可达14 MW,高能离子最大能量接近110 keV)注到 q 为1的有理面内部,形成局部较大的热离子压强梯度,成功激发了 TAE 模。如图3-25所示,TAE 模的幅度随着 NBI 功率的增加而快速上升[图(a)中的纵坐标 $\dot{B}_\theta$ 代表的是磁场扰动量对时间的导数],并导致高能离子约束水平的下降。在 JT-60U 装置上[33],负离子源中性束注入系统的高能离子平行速度达到阿尔芬速度($v_{b//}/v_A \approx 1$),并激发一系列阿尔芬类的不稳定性,基于粒子模拟方法,从模拟上清晰地给出了 TAE 模式的空间结构。此外,当聚变产物 α 粒子的速度接近阿尔芬速度时,同样可以激发这类模式,如 TFTR 装置的氘氚实验[34]。当磁感应强度为 5 T,电子密度接近 1×10^{20} m^{-3} 时,阿尔芬速度近似为 $v_A=7\times10^6$ m/s,远小于 α 粒子的热速度。比较有意思的是,当 25 MW 的氘氚中性束源关断以后的 100 ms 左右,频率在 210~250 kHz 区间的三种不同环向模数的 TAE 波相继激发并逐渐消失。出现这种情况是由于 α 粒子的初始速度远大于阿尔芬速度,波粒子的共振条件随着 α 粒子的慢化而逐渐得到满足,不过随后又进一步地降低到了不匹配区间。

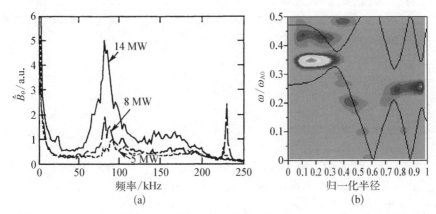

图 3 - 25　TFTR[32]和 JT - 60U[33]上 NBI 条件下高能离子激发的 TAE 不稳定性

(a) TFTR;(b) JT - 60U

　　高能离子可以激发各类阿尔芬波的不稳定性,波粒子之间的相互作用会改变原有的高能离子分布函数,进而导致高能离子的损失和等离子体约束性能的下降。通过发展控制阿尔芬波等不稳定性的方法,可以有效地提高高能离子的约束性能。目前在实验中,通过改变等离子体位形、加热手段等方式优化电流分布,通过使用外部共振磁扰动线圈等方式可以有效地改变高能离子分布函数,也可以实现不稳定性的控制。以上所述的高能粒子不稳定性都是由高能离子导致的。随着电子回旋共振加热和低杂波加热的注入而产生的高能电子自然也会激发出类似的不稳定性。例如在 20 世纪 90 年代末,DⅢ - D 装置上电子回旋共振加热后,发现了一种很类似离子鱼骨模的不稳定性现象,称之为电子鱼骨模,这里便不再赘述。在目前的托卡马克参数下,实验和理论模型及数值计算方面的研究取得了巨大的进展,然而对于未来燃烧等离子体条件下可能会出现目前还未遇到的全新的机制或是更为复杂的多机制耦合。

在未来更为细致的关于燃烧等离子体参数下的高能粒子行为的理论和模型研究还有待进一步开展。

参考文献

[1] Goldston R J. Energy confinement scaling in tokamaks: some implications of recent experiments with ohmic and strong auxiliary heating[J]. Plasma Physics and Controlled Fusion, 1984, 26(1): 87 - 103.

[2] Yushmanov P N, Takizuka T, Riedel K S, et al. Scalings for tokamak energy confinement[J]. Nuclear Fusion, 1990, 30(10): 1999 - 2006.

[3] Wagner F, Becker G, Behringer K, et al. Regime of improved confinement and high-beta in neutral-beam-heated divertor discharges of the asdex tokamak[J]. Physical Review Letters, 1982, 49(19): 1408 - 1412.

[4] Synakowski E J, Batha S H, Beer M A, et al. Roles of electric field shear and shafranov shift in sustaining high confinement in enhanced reversed shear plasmas on the TFTR tokamak[J]. Physical Review Letters, 1997, 78(15): 2972 - 2975.

[5] Tala T J J, Heikkinen J A, Parail V V, et al. ITB formation in terms of omega (ExB) flow shear and magnetic shear s on JET[J]. Plasma Physics and Controlled Fusion, 2001, 43(4): 507 - 523.

[6] Doyle E J, Greenfield C M, Austin M E, et al. Progress towards increased understanding and control of internal transport barriers in DⅢ-D[J]. Nuclear Fusion, 2002, 42(3): 333 - 339.

[7] Sakamoto Y, Suzuki T, Ide S, et al. Properties of internal transport barrier formation in JT-60U[J]. Nuclear Fusion, 2004, 44(8): 876 - 882.

[8] Sips A C C, Baranov Y F, Challis C D, et al. Internal transport barriers in optimized shear plasmas in JET[J]. Plasma Physics and Controlled Fusion, 1998, 40(5): 647 - 652.

[9] Challis C D, Baranov Y F, Conway G D, et al. Effect of q-profile modification by LHCD on internal transport barriers in JET[J]. Plasma Physics and Controlled Fusion, 2001, 43(7): 861 - 879.

[10] Gormezano C, Baranov Y F, Challis C D, et al. Internal transport barriers in JET deuterium-tritium plasmas[J]. Physical Review Letters, 1998, 80(25): 5544 - 5547.

[11] Ida K, Fujita T. Internal transport barrier in tokamak and helical plasmas[J]. Plasma Physics and Controlled Fusion, 2018, 60(3): 033001.

[12] Hirshman S P, Sigmar D J. Neoclassical transport of impurities in tokamak plasmas[J]. Nuclear Fusion, 1981, 21(9): 1079 - 1201.

[13] 胡希伟. 等离子体理论基础[M]. 北京: 北京大学出版社, 2006.

[14] Wesson J A. Tokamkas[M]. 4th edition. Oxford: Calarendon Press, 2011.

[15] Sugihara M, Shimada M, Fujieda H, et al. Disruption scenarios, their mitigation and operation window in ITER[J]. Nuclear Fusion, 2007, 47(4): 337 - 352.

［16］　Bell M G，McGuire K M，Arunasalam V，et al. Overview of DT results from TFTR ［J］. Nuclear Fusion，1995，35(12)：1429－1436.

［17］　Gormezano C，Sips A C C，Luce T C，et al. Chapter 6：Steady state operation［J］. Nuclear Fusion，2007，47(6)：S285－S336.

［18］　Suzuki T，Ide S，Hamamatsu K，et al. Heating and current drive by electron cyclotron waves in JT-60U［J］. Nuclear Fusion，2004，44(7)：699－708.

［19］　Orlando A，Daniel L F，郑少白，等. 等离子体诊断［M］. 北京：电子工业出版社，1994.

［20］　Bernert M，Janky F，Sieglin B，et al. X-point radiation，its control and an ELM suppressed radiating regime at the ASDEX upgrade tokamak［J］. Nuclear Fusion，2021，61(2)：024001.

［21］　Wang L，Wang H Q，Ding S，et al. Integration of full divertor detachment with improved core confinement for tokamak fusion plasmas［J］. Nature Communications，2021，12(1)：1365.

［22］　Monk R D，JET Team. Recent results from divertor and scrape-off layer studies at JET［J］. Nuclear Fusion，1999，39(11Y)：1751－1762.

［23］　Guo H Y，Wang H Q，Watkins J G，et al. First experimental tests of a new small angle slot divertor on DⅢ-D［J］. Nuclear Fusion，2019，59(8)：086054.

［24］　Kawashima H，Shimizu K，Takizuka T，et al. Design study of JT-60SA divertor for high heat and particle controllability［J］. Fusion Engineering and Design，2008，83(10-12)：1643－1647.

［25］　Asakura N，Shimizu K，Hoshino K，et al. A simulation study of large power handling in the divertor for a Demo reactor［J］. Nuclear Fusion，2013，53(12)：123013.

［26］　Xu H C，Yao D M，Zhou Z B，et al. Geometry and physics design of lower divertor upgrade in EAST［J］. IEEE Transactions on Plasma Science，2018，46(5)：1412－1416.

［27］　Katramados I，Fishpool G，Fursdon M，et al. MAST upgrade closed pumped divertor design and analysis［J］. Fusion Engineering and Design，2011，86(9-11)：1595－1598.

［28］　Piras F，Coda S，Furno I，et al. Snowflake divertor plasmas on TCV［J］. Plasma Physics and Controlled Fusion，2009，51(5)：055009.

［29］　Soukhanovskii V A，Bell R E，Diallo A，et al. Snowflake divertor configuration studies in national spherical torus experiment［J］. Physics of Plasma，2012，19(8)：082504.

［30］　Kolemen E，Vail P J，Makowski M A，et al. Initial development of the DⅢ-D snowflake divertor control［J］. Nuclear Fusion，2018，58(6)：066007.

［31］　Calabro G，Xiao B J，Chen S L，et al. EAST alternative magnetic configurations：modelling and first experiments［J］. Nuclear Fusion，2015，55(8)：083005.

［32］　Wong K L，Fonck R J，Paul S F，et al. Excitation of toroidal Alfven eigenmodes in

TFTR[J]. Physical Review Letters, 1991, 66(14): 1874 - 1877.

[33] Briguglio S, Fogaccia G, Vlad G, et al. Particle simulation of bursting alfven modes in JT-60U[J]. Physics of Plasma, 2007, 14(5): 055904.

[34] Nazikian R, Fu G Y, Batha S H, et al. Alpha-particle-driven toroidal alfven eigenmodes in the tokamak fusion test reactor[J]. Physical Review Letters, 1997, 78(15): 2976 - 2979.

第 4 章
托卡马克的发展

托卡马克是一种利用磁约束来实现受控核聚变的环性容器。它的名字 tokamak 由俄语"环形、真空室、磁、线圈"的词头组成。它是由苏联莫斯科库尔恰托夫研究所的阿齐莫维齐等人在 20 世纪 50 年代发明的。托卡马克的中央是一个环形的真空室,外面缠绕着线圈。在通电的时候托卡马克的内部会产生巨大的螺旋形磁场,将其中的等离子体加热到很高的温度,以达到核聚变的目的。

4.1　国外托卡马克研究的主要进展

到了 20 世纪 80 年代,托卡马克实验研究取得了较大突破。1982 年,在德国 ASDEX 装置上首次发现高约束放电模式。1984 年,欧洲 JET 装置上等离子体电流达到 3.7 MA,并能够维持数秒。1986 年美国普林斯顿的 TFTR 利用 16 MW 大功率氘中性束注入,获得了中心离子温度为 2 亿摄氏度的等离子体,同时产生了 10 kW 的聚变功率,其中子产额达到 1×10^{16} cm^{-3} · s^{-1}。

这些显著进展使得人们开始尝试获取 D - T 聚变能。美国 TFTR 率先获得 10 MW D - T 聚变功率。随后,1997 年 JET 利用 25 MW 辅助加热手段获得了聚变功率 16.1 MW,即聚变能为 21.7 MJ 的世界最高纪录,由于当时密度太低,能量尚不能得失相当,能量增益因子 Q 小于 1。同年 12 月,日本在 JT - 60U 上利用 D - D 放电实验,折算到 D - T 反应,能量增益因子 Q 值超过了 1.25,即有正能量输出。到目前为止,日本 JT - 60U 装置获得了最高的聚变反应堆级的等离子体参数:峰值离子温度约为 45 keV,电子温度约为 10 keV,等离子体密度约为 1×10^{20} m^{-3},标志聚变等离子体综合参数的聚变三乘积约为 1.5×10^{21} keV · s/m^3;聚变能量增益因子 Q 值大于 1.25。

4.1.1　俄罗斯托卡马克的发展

俄罗斯是世界上最早研究核聚变能的国家之一。自苏联研制出第一台托卡马克装置,到世界首座国际热核实验堆(ITER)国际合作项目的确定,俄罗斯为热核聚变能早日造福人类做出了重要贡献,推动了核聚变科学的发展。

第二次世界大战结束后不久,苏联科学家塔姆和萨哈罗夫就提出了"托卡马克"的概念。萨哈罗夫和塔姆草拟了核聚变物理学和热等离子体磁约束初步原理,并首次提出了建造对等离子体进行磁约束的热核反应堆的可能性。1951年,库尔恰托夫研究所的一个小组建造了名为"α"的试验性环形反应装置,在阿齐莫维奇亲自指导下开始了等离子体启动和环形系统加热实验研究。

在20世纪50年代世界上很多科学家已经致力于受控核聚变问题的研究,只是所有工作都是高度保密的。但由于聚变研究太难,经过10年研究后,在1958年日内瓦召开的第二届和平利用原子能国际会议上,国际聚变界决定开始相互交流。本次会议一共提交了105篇关于苏联、美国、英国、德国和其他国家聚变研究工作细节的论文。论文内容表明,尽管保密机制各不相同,但是各国研究方向都一致。会议没有立即促成各国之间的科研合作,但是它为后来世界范围内广泛合作的开展奠定了坚实的基础。

1958年底,苏联的 T-1 托卡马克装置开始运行,它是第一个具有全金属反应室且不带绝缘垫板的装置,可认为是世界首个托卡马克装置。安装完成后,由于杂质辐射导致的能量损失太大,无法获得预期的结果,当时认为杂质辐射是影响热等离子体能量平衡的主要因素。

为了找到降低辐射损失的方法,第二年建造了 T-2 托卡马克装置。这个装置具有由波纹金属制成的内部真空反应室,反应室能够加热到550 ℃,可以有效减少吸附在真空室中的水蒸气等杂质气体。该装置成功做到了辐射损失比例不超过输入等离子体总功率的30%。

20世纪60年代和70年代早期,苏联众多托卡马克装置都在研究功率平衡和约束的问题,但是最初的10年进展不大,电子温度 T_e 只有100 eV左右。后来,真空室改用由薄的不锈钢制作,并增加极向场线圈的匝数对等离子体平衡进行调节和控制,T-5 托卡马克在等离子体位形平衡研究方面取得了重要进展。

1968年 T-3a 装置投入运行并获得成功,其等离子体参数大大提高,电子温度 T_e 为1 000 eV,离子温度 T_i 为400 eV,电流脉冲宽度大约为50 ms,能量约束时间为 7 ms。

T-3a 联合实验的结果在 1969 年前国际会议上公布,西方各国对此表现出强烈的怀疑,因为这一结果要比任何装置结果都高很多倍。英国卡拉姆(Culham)国家聚变实验室派出一个小组前往苏联进行数据测量。他们用激光散射方法测得的电子温度与之前库尔恰托夫研究所获得的数据一致,甚至更好。这一重要结果使困惑多年的等离子体物理学家们受到了极大的鼓舞。从此以后,托卡马克逐渐成为磁约束聚变研究的主流并不断取得重大进展。

20 世纪 70 年代,苏联快速建成了 10 多个托卡马克,与此同时世界各地的聚变实验室几乎都建造了新的托卡马克,不久就积累了一些积极的成果,进展迅速。到 70 年代中期,随着聚变工程技术的发展,研制出来一些大型加热设备如兆瓦级中性束注入设备,离子回旋共振波加热(ICRF)设备,并将其先后用于托卡马克研究,把离子温度提高了一大截。苏联把主要精力放在了 T-10 托卡马克装置的建设和第一个超导托卡马克 T-7 上。

T-10($R=1.5$ m, $a=0.4$ m, $B_。<5$ T)在研究欧姆加热的基础上,开始进行辅助等离子体加热技术的研究[1]。通过电子回旋共振(ECR)、低混杂(LHW)和离子回旋(ICRF),发现了少数离子加热、二次谐波离子加热和离子-离子混杂共振现象。这为之后在大型托卡马克上广泛探索到的 ICRF 物理现象奠定了基础。

在 T-10 上,辅助加热最成功的结果是 ECR 等离子体加热实验,其加热效率为 70%~80%。在放电的欧姆加热阶段,靶等离子体的中心区域电子温度提高了约 1 keV。随后总功率增加了 4.4 MW,快速提升了加热效率,研究了能量约束对辅助功率的依赖程度,最高电子温度达 10 keV。这是当时所能达到的最高电子温度。

实验确定了 ECR 能够有效驱动电流,ECR 还能对锯齿不稳定现象以及其他 MHD 不稳定性实现有效控制。在 T-10 托卡马克上,ECR 的主要实验结果以及所发展的理论后来成为各国长期以来发展托卡马克的重点,也是 ITER 物理技术基础的重要一环。

但是,如何维持上千万摄氏度的高温等离子体是托卡马克研究要解决的难题之一,等离子体必须从几秒延长至稳态。长时间约束等离子体只能用超导磁体来实现,也就是要建设超导托卡马克。超导托卡马克也是苏联提出的,这需将上千万摄氏度等离子体、4 K 低温超导磁体、毫米/毫秒级精确实时反馈控制等多项极端条件同时高度集成并有机结合。受常规导体磁场线圈的限制,国际上大大小小数十个托卡马克上等离子体的研究局限在几秒的量级上,尽管在这样的量级上可以研究某些等离子体时间尺度下的行为,但不能研究一些更重要的决定最终稳态特性的等离子体行为,这些研究只有在超导托卡马克上才有可能开展,因此超导托卡马克本身和相关准稳态条件下的实验物理具有不可替代的先进性。苏联学者设计建成了第一个部分(仅环向场磁体)超导的托卡马克 T-7。

苏联科学家很快建成超导托卡马克 T-7,如图 4-1 所示,同时也建成可以驱动等离子体电流的低杂波系统和相应的诊断系统。T-7 不但有常规托卡马克所需的控制、加热和诊断,同时还有超导所需的氦低温系统等。T-7 的成功不但在物理上而且在工程技术上均获得了一系列的创新性研究成果。

图 4-1 苏联 T-7 超导托卡马克装置
(图片由库尔恰托夫研究所提供)

紧接着苏联拟建设 T-15 大型超导托卡马克计划,这是世界上第一个设计使用 Nb_3Sn 超导磁系统的托卡马克。T-15 的辅助加热系统拟建成 9 MW 中性束注入、6 MW ECR 和 6 MW ICR 波。T-15 的基本建造工作在 1988 年底接近完成。在工程试运行期间,超导磁系统在等离子体轴的磁场达到了 3.6 T(设计值 3.5 T)。由于辅助加热系统的技术复杂和造价昂贵,T-15 的计划被延缓,直至苏联解体,整个项目下马。

1985 年,苏共中央总书记戈尔巴乔夫在会见法国总统密特朗和美国总统里根时,提出了签署联合建造国际热核实验堆协定的建议,得到密特朗和里根的响应。从此,ITER 项目得到国际社会政治上的大力支持,应该说,ITER 计划的发起者是苏联科学家韦利霍夫和总书记戈尔巴乔夫。

1991 年苏联解体后,俄罗斯承担了继续参与 ITER 国际合作项目的义务。1992 年,俄罗斯、美国、欧盟和日本的科学家决定联合起来共同研究与设计第一座热核实验反应堆 ITER。此后,在 10 多年庞大的技术方案的设计工作中,俄罗斯承担了 ITER 17% 的前期设计工作量,完成了大量的科研设计工作。

2005 年 6 月,ITER 场址落定法国,由俄罗斯、欧盟、日本、中国、美国和韩国等参与的 ITER 核聚变能研究大型国际合作科研项目正式启动。俄罗斯作为 ITER 项目建设的重要一员,在该项目的前期研究、工程实验和设计方面起了重要作用。俄罗斯参与 ITER 项目的准备工作主要体现在科研、设计与部件制造三个方面。在科研与设计方面,俄罗斯科学家继续在托卡马克装置上进行聚变能的理论与实验研究工作,工程方面包括超导系统、低温系统、极向场超导磁体、控制电源、真空室、等离子体诊断系统、实验数据采集和存储系统以及安全联锁等。由于经济不景气,俄罗斯在像聚变这样的基础研究方面投入十分有限,但始终把 ITER 的经费和人力支持放在重要的位置,表现出一个负责任大国的风范。

4.1.2 欧盟托卡马克的发展

1957 年国际原子能机构(International Atomic Energy Agency,IAEA)、欧洲原子能联营以及欧洲经济共同体同时成立,标志着世界各国和平利用原子能的开始,尤其是欧盟正式步入核聚变研究,为其后长达 50 多年的核聚变研究做出了重大的贡献。

1957 年加入欧洲原子能联营的首批创始国有 6 个,它们分别是法国、荷兰、比利时、德国、意大利和卢森堡。在欧盟理事会的领导下,在欧洲原子能联营的直接参与和组织下,制定了《欧盟核聚变研究发展大纲》和《欧洲原子能联营条约》,并与首批创始国签订了核聚变研究协会协议,从此开始了欧洲核聚变研究工作。《欧盟核聚变研究发展大纲》作为发展战略的重要文件,大大促进了核聚变研究的进展,不仅得到了欧盟高层的关注,也得到了成员国科学家的一致认可。

20 世纪 80 年代,欧盟的一个核心目标是建造用于研究 D-T 燃料聚变物理的大型实验装置,并可以通过遥控技术来完成维护和修复工作。于是欧洲联合环(JET)装置诞生了。"D"形环向场线圈和真空容器以及大体积强电流等离子体是 JET 装置独有的特点,而瞄准未来聚变反应堆开展 D-T 燃料实验则是它最大胆的创新。

JET 是目前运行时间最长的托卡马克[2],也是目前正在运行的最大的托卡马克,在设计、建设、科学研究方面都产生了一系列创新性成就。无论从科学技术还是科学管理上讲,JET 装置都是成功的。JET 装置的科学技术成果和管理经验都值得世人敬佩,这是一项集欧盟顶级的科学家、工业技术人员和有创新意识的管理团队共同完成的大科学项目,它的成功对其后 ITER 装置的设计和建造有很大的帮助。JET 装置在科学技术方面的主要贡献在于高参数的 D-T 放电,获得最高为 16 MW 的聚变功率,这是在对诸多科学技术问题的理解和成功解决的基础上集成创新的结果,这些主要的科学技术贡献如下:最高参数的欧姆加热、强功率中性束注入(NBI)和 ICRF 对等离子体直接加热、偏滤器物理和技术发展、等离子体控制、等离子体诊断技术发展以及首次利用智能机器手对 JET 内部部件进行修复和安装等。在偏滤器研究方面,JET 使用封闭型的偏滤器,该偏滤器可以有较高的中性气压,能减少装置中氦的滞留以及等离子体的固有杂质。图 4-2 所示是 JET 经过四次偏滤器重大

图 4-2　JET 内部结构、偏滤器示意图(图片由 JET 提供)

改进后最后确定的偏滤器结构,用这种结构,JET 获得了一系列国际托卡马克的最高参数,如最高的等离子体电流 7 MA、利用高功率的 ICRF 和 NBI 获得最高等离子体储能和最高聚变功率 59 MJ,以及将 2 MA 等离子体电流维持了 60 s。

作为迄今为止聚变产额最大的托卡马克,1997 年 JET 装置 D‐T 聚变反应实验创造了聚变性能新的世界纪录,在能量增益因子为 0.62 时瞬态聚变功率为 16 MW,在能量增益因子为 0.18 时稳态聚变反应功率为 5 MW,长达约 4 s,最大聚变总能量为 25 MJ;同时,成功地试验了可应用于 ITER 和聚变堆的各种 ICRF 加热方法的物理机制和性能,为未来托卡马克装置预测的 ICRF 加热所使用的模型提供了可靠的实验验证。最重要的是,D‐T 实验论证了 α 粒子加热与经典理论预计是一致的,并且具有类似于氢等少数粒子 ICRF 加热的效应。这些结果让人们相信在燃烧等离子体装置中 α 粒子不会产生意想不到的负效应,这是一个十分重要的实验结果,为未来 ITER 提供了非常好的实验基础。

近年来,JET 采取与 ITER 一样的第一壁材料结构,即第一壁用铍,偏滤器用钨,以便能在此条件下评估以前获得的各种运行模式的可靠性,从而为 ITER 未来科学实验提供参考和借鉴。实验结果表明,在全金属壁条件下,燃料再循环大大降低,放电过程中积累的灰尘大大减少,钨杂质并没有对等离子体性能造成严重破坏,这些无疑都是极为重要的结论,增加了人们对未来 ITER 钨偏滤器运行的信心。

在欧盟核聚变研究中,除了 JET 装置,ASDEX、ASDEX‐U[3]、Tore Supra(现改造成为 WEST)[4]、MAST[5]等许多装置取得了一大批富有创新性的实验结果和获得了一系列令人满意的核聚变数据。迄今,欧盟核聚变合作已被证明是成功的。正是基于这一基础,ITER 国际组织就是在以欧盟为主的基础上,进一步加强这种富有成效的国际合作,集全世界科学家和工程师的智慧,为早日实现聚变能的应用而努力奋斗。

特别值得一提的是,欧盟在核聚变研究中各国的国际合作非常有效,无论是 JET 装置的选址、建设、科学实验,还是在过去 20 年内,全盘统筹考虑整个欧盟核聚变的发展,既考虑了各个成员国的利益,又最大化地集中了欧盟的整体合力,加快了欧盟核聚变的研究进程,体现了科学管理和文化交融的智慧。JET 的成功经验也为后来 ITER 计划的成功实施提供了丰富的经验和教训。

4.1.3 日本托卡马克的发展

在日本,以石油为主的一次能源的80％以上都依赖进口,而石油大多来自中东产油国,因此必须加快石油替代能源的开发和引进,确保能源的稳定供应。日本政府认为,核聚变能源作为未来的实用能源,积极研究开发核聚变能,不仅会对国际社会的基础研究领域做出积极的贡献,而且对于提高日本的国际地位也将发挥重要的作用;同时认为聚变能在安全、环保、原料丰富性方面有潜在优越特性,是未来革新能源的首选,与国家经济和国家安全息息相关。

日本的核聚变研究始于1955年,比欧美晚,最初的一段时间,仅在某些大学做一些小规模的实验研究。日本的核聚变研究开发主要依据日本政府的原子能委员会颁布的《核聚变研究开发基本计划》进行。第一阶段核聚变计划于1965年启动,至1974年,已在日本原子能研究所建造了JFT-1、JFT-2、JFT-2A等托卡马克装置,均完成了既定目标,为下一步计划奠定了基础。

日本原子能委员会制订的第二阶段(1975—1991年)核聚变研究开发计划目标非常雄心勃勃:温度达到1亿摄氏度左右,等离子体密度和约束时间的积达到点火条件。第二阶段计划的重点,就是建设JT-60大型托卡马克装置。

JT-60是以实现临界等离子体条件(能量增益因子超过1.0)为目的的大型托卡马克实验装置,与TFTR、JET一起被列为世界三大托卡马克装置。该装置于1985年4月8日运行,共耗资2 300亿日元(约153亿人民币)。它的主要目标是达到临界等离子体条件,确认在此条件下的约束定标律、二级加热及杂质控制。在经过几年的实验研究后,在1989—1991年升级改造成JT-60U,增加装置的可近性、控制灵活性、辅助加热功率和先进诊断,之后围绕约束性能的改善和稳态运行开展了实验。其目的是通过改善等离子体约束性能,来研究托卡马克装置稳态运行。

JT-60U[6]运行以来,在能量增益因子、等离子体温度以及核聚变三乘积等方面均获得了国际最高数值。其主要科学上的贡献如下:高约束长脉冲混杂模式放电维持了28 s,实现了托卡马克稳态运行所必需的非感应电流驱动的高性能化,通过低混杂波电流驱动(LHCD)及世界上JT-60U唯一拥有的高能量(500 kV)负离子源中性粒子束(NNB),验证了包括非感应驱动电流(3.6 MA LHCD)、驱动效率[3.5×10^{19} A/(W·cm^2) LHCD]等参数,确认了对聚变堆区域的外推有效性。JT-60U取得了4亿摄氏度的最高离子温度、聚变增益1.25和最高聚变三乘积等许多最好的实验结果,为国际聚变的发展做出了重要贡献。

近 10 年,在 ITER 和日欧双边合作框架下,欧洲和日本共建了全超导、世界最大的托卡马克 JT-60SA。该装置瞄准未来聚变示范堆的先进约束模式,拥有 40 MW 的辅助加热功率和水冷偏滤器。建成后的 JT-60SA 将在托卡马克科学研究方面走到聚变研究的最前列。

JT-60 SA 托卡马克的参数如表 4-1 所示。

表 4-1 JT-60SA 托卡马克的参数

装 置 参 数	数 值
环向场 B_T/T	2.3
等离子体电流 I_P/MA	5.5
大半径 R_0/m	3.0
小半径 a/m	1.18
拉长比 k	2.0
三角形变 δ	0.45
脉冲长度/s	100
中性束功率/MW	30
电子回旋功率/MW	10

JT-60SA 经过 10 年日欧之间的密切合作,已经全部完成各个部件的制造和安装,并开始全面调试,安装好的装置如图 4-3 所示。期待该装置开始科学研究后,能为聚变和 ITER 前期研究做出比 JT-60U 更大的贡献。

4.1.4 美国托卡马克的发展

美国核聚变的研究历史几乎与苏联一样悠久。第二次世界大战结束后几年,美国、苏联一直在相互保密的状况下开展受控热核聚变研究。到了 1958 年,以美国、苏联为主的核聚变科学家意识到,保密不利于研究工作的发展,只有解密并开展国际学术交流,才能促成核聚变研究。1958 年秋在瑞士日内瓦举行的第二届和平利用原子能国际会议上,英国、美国、苏联三国展出了各自

图4-3　日本托卡马克(图片由日本国立量子科学技术研究所提供)

的核聚变实验装置,互相公开研究计划。即使在冷战时期,其他核技术都是相互保密的,唯独热核聚变技术是相互公开的。自这次会议之后,研究的重点开始转移到高温等离子体的基础科学问题。

1968年在阿齐莫维奇公布了托卡马克T-3装置上取得的最新实验结果后,各国掀起了研究托卡马克的热潮,纷纷建起大小不等的托卡马克。美国普林斯顿等离子体物理实验室(PPPL)很快将仿星器C改成托卡马克ST,于1970年建成并运行。之后美国的几个装置相继建成并运行,它们是美国橡树岭国家实验室的ORMAK(1971年)、普林斯顿大学的ATC(1972年)、麻省理工学院的ALCATOR(1973年)。进入20世纪70年代中期,第二代托卡马克相继建成,并投入使用。其中,有美国普林斯顿等离子体物理实验室的PLT(1976年)、通用原子公司(General Atomics)的DOUBLET-Ⅲ(1978年)。

自20世纪80年代以来,美国在核聚变研究方面特别是托卡马克研究途径上经费投入巨大,受石油危机的影响,美国托卡马克核聚变研究经费飞快增加,几乎是世界其他国家总和的2倍。除了国家实验室外,各大学也建造了许多托卡马克,特别是大型托卡马克TFTR的建设,以及在DⅢ-D装置上一系列重要的发现和进展,使90年代美国托卡马克的研究成为世界的引领者。这里主要介绍TFTR和DⅢ-D两个装置。

4.1.4.1　TFTR托卡马克装置

TFTR[7]是美国于1982年建成并投入运行的大型托卡马克装置,最初的目标是建成可以规模 D-T 放电的实验反应堆,如图 4-4 所示。该装置造价 3.14 亿美元。TFTR 装置的主要参数如下:大半径为 2.8 m,小半径为 0.8 m,磁感应强度为 6 T,总加热功率为 50 MW,等离子体电流为 3 MA,是世界三大托卡马克之一,也是世界上继欧洲 JET 之后使用氚燃料的托卡马克。

图 4-4　**TFTR 装置示意图(图片由普林斯顿大学等离子体物理实验室的 Dietmar Krause 提供)**

TFTR 的物理目标是探索并理解聚变堆 D-T 等离子体芯部等离子体行为特性。就燃料密度、温度和聚变功率密度而言,芯部 D-T 等离子体性能与预测的 D-T 聚变堆等离子体性能接近,有助于研究与 D-T 聚变堆等离子体芯部相关的等离子体输运、磁流体(MHD)不稳定性和 α 粒子物理。

TFTR 的主要研究成果是获得了相关聚变堆规模的 D-T 等离子体的约束、加热及 α 粒子物理的特有信息,以及在实验环境中氚处理和 D-T 中子活化的经验。D-T 等离子体的峰值聚变功率达到 10.7 MW,中心聚变功率密度为 2.8 MW/m³,与 ITER 相应设计的 1 500 MW 聚变功率和 1.7 MW/m³ 聚变功率密度相近。TFTR 在 D-T 运行的 3 年期间,D-T 等离子体相关研究获得了重大的进展,如高离子温度模、弹丸注入增加密度、锂改善约束、超级放电等,在托卡马克科学研究中做出了重要贡献。1997 年,TFTR 完成它的使命后正式退役。

4.1.4.2 D Ⅲ-D 托卡马克装置

DⅢ-D[8]装置是美国通用原子能公司(GA)于1986年2月建成的目前仍在运行的美国最大的磁约束聚变装置,也是世界上磁约束聚变和非圆截面等离子体物理研究中最先进的中型实验装置之一,如图4-5所示。DⅢ-D拥有大量先进的测量高温等离子体特性的诊断设备,还具有等离子体成形和提供误差场反馈控制的独特性能,这些性能反过来又影响等离子体的粒子输运和稳定性。此外,DⅢ-D在过去20年中是世界聚变项目中一些领域重要进展的主要贡献者,包括先进运行模式、等离子体控制、边界等离子体物理、电子回旋等离子体加热和电流驱动。目前DⅢ-D是美国能源部重点支持的唯一正在运行的托卡马克,也是长期以来世界公认的取得成果最多的托卡马克装置之一。

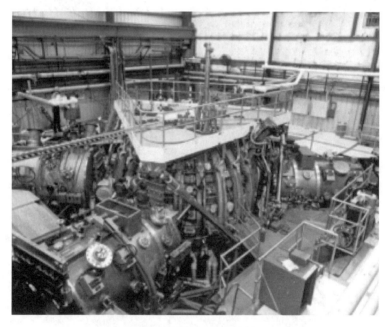

图4-5　DⅢ-D装置(图片由美国通用原子能公司提供)

DⅢ-D装置的主要参数如表4-2所示。

DⅢ-D装置是美国在TFTR关闭之后最重要的托卡马克物理主力装置,特别是美国重新加入ITER计划后,更是国家聚变计划支持ITER计划的主力装置。DⅢ-D装置有一套高水平的综合诊断设备,为模型的验证提供强大的基础。DⅢ-D加热和电流驱动系统与先进等离子体的控制系统耦合,全面对国内外开放,每年都提前制订出详细的实验计划并付诸实施。

表 4 - 2　DⅢ - D 装置参数

装　置　参　数	数　值
大半径 R_0/m	1.67
小半径 a_0/m	0.67
环向场 B_T/T	2.1
等离子体电流 I_P/MA	3.5/5
中性束注入功率/MW	20
电子回旋共振加热功率(ECRH)/MW	10

近年来,美国能源部(DOE)将美国绝大部分科学实验都安排在 DⅢ - D 实验科学中,研究经费也有了较大增长,DⅢ - D 管理层也进行了重组,更加国际化和更加以未来 ITER 科学研究定位,以便更好地管理 ITER 相关研究课题。DⅢ - D 提交给 DOE 的财年计划里程碑的 2/3 与 ITER 研发相关。

长期以来,DⅢ - D 装置在先进托卡马克运行模式、等离子体诊断、偏滤器物理、等离子体约束与输运、边界局域模控制、ECRH、ITER 先行实验等诸多方面都处于国际领先水平。DⅢ - D 管理模式、国际合作水平、实验管理和安排都瞄准未来 ITER 科学问题,是支持 ITER 开展研究的理想装置。特别值得一提的是,一大批我国科学家在过去 30 年都在该装置上进行过实验,受到训练,中美双方在该装置上开展了长期、深入的合作,获得了一系列重要的实验结果。

4.1.5　韩国托卡马克的发展

韩国是一个国土很小、自然资源贫乏的国家,97%的能源依靠进口,仅从中东进口的原油就占能源进口的 87%。20 世纪 80 年代,韩国政府开始重视新能源的开发利用。在诸多新能源中,核聚变能源因具有清洁、资源丰富的特点,被公认为是可替代化石能源中最有前景的新能源。核聚变发电成为 21 世纪初世界各国合作开发的一项重要技术。20 世纪 70 年代末韩国首尔大学研制并建造了该国第一个小型托卡马克装置 SNUT - 79。随后,韩国又研制了若干小规模的核聚变装置,如韩国原子能研究院研制的托卡马克装置 KT - 1,

韩国科学技术研究院研制的托卡马克装置 KAIST。

20 世纪 90 年代中期，韩国政府开始制定一项雄心勃勃的政策，要让韩国的核聚变研究腾飞，走在核聚变科学和技术的最前沿。韩国超导托卡马克先进研究(KSTAR)项目就是这项新计划的核心，该计划列入了"高技术发展战略"框架。在 KSTAR 建造期间，韩国核聚变界集中了国内的核聚变资源和人力，为建造下一代超导托卡马克开发核聚变能源做准备。

2005 年韩国制定国家核聚变能源发展路线图，2006 年 12 月颁布了支持促进核聚变能研究与发展的立法。2005 年 12 月，韩国政府制订了《国家核聚变能源开发计划》。2006 年韩国政府制定《核聚变能源开发促进法案》支持核聚变快速发展。韩国也是世界上第一个把核聚变发展通过国家立法来大力支持的国家。现在韩国的目标是在 21 世纪 40 年代建成本国的核聚变电站。与此同时，欧盟、日本和美国也都将在这期间实现商用核聚变电站。

KSTAR[9]托卡马克是韩国最重要的全超导托卡马克装置，该项目是韩国 20 世纪 90 年代最重要的科学项目，是由政府、大学、科研所和企业共同努力，经过 10 年的时间，先期与美国合作，后期独立发展的一个成功范例。

KSTAR 装置的主要参数列于表 4-3。该装置具有"D"形等离子体截面和双零偏滤器位形。最初由极向磁体系统提供的脉冲长度为 20 s，后期将会升级到 300 s。等离子体加热和电流驱动系统包括中性束、离子回旋波、低杂波和电子回旋波，它们都可以用于灵活的剖面控制。

表 4-3　KSTAR 装置的主要参数

装置与设施参数	数　值
环向场 B_T/T	3.5
等离子体电流 I_P/MA	2.0
大半径 R_0/m	1.8
小半径 a/m	0.5
拉长比 k	2.0
三角形变 δ	0.8
脉冲长度/s	10～300

装置与设施参数	数　值
中性束功率/MW	8.0
低杂波功率/MW	1.5
电子回旋功率/MW	4
峰值 D-D 中子产额/s^{-1}	1.5×10^{16}

从工程学的观点看，KSTAR 是目前唯一采用与 ITER 类似的超导磁体线圈 Nb_3Sn 的装置。因此，KSTAR 可为未来 ITER 超导磁体线圈的实验提供参考经验。2008 年 KSTAR 装置成功产生初始等离子体，随后实施了一系列综合试验运行，并不断取得了一系列重要的成果。从物理学的观点看，KSTAR 可用来测试和优化 ITER 运行方案、ELM 控制、高约束放电、破裂控制、等离子体与壁相互作用系统等。KSTAR 有类似 ITER 的加热系统和电流驱动系统，如 170 GHz ECH、5 GHz LHCD 系统、NBI 系统。KSTAR 最重要的实验结果是获得了长达 70 s 的高约束运行模式，成功用内部螺旋场线圈实现了 1 min 的边界局域模抑制以及获得 20 s 一亿摄氏度的离子温度。未来，KSTAR 还将升级偏滤器，开展百秒以上的长脉冲等离子体物理实验。

4.2　我国托卡马克研究的主要进展

我国核聚变能研究开始于 20 世纪 60 年代初，尽管经历了长时间非常困难的环境，但始终能坚持稳定、渐进的发展，建成了两个发展中国家最大的、理工结合的大型现代化专业研究院所，即核工业集团所属的核工业西南物理研究院及中国科学院所属的等离子体物理研究所。为了培养专业人才，还在中国科学技术大学、华中科技大学、大连理工大学、清华大学等高等院校设立了核聚变及等离子体物理专业或研究室。

我国核聚变研究从一开始，即使规模很小时，就以在我国实现受控热核聚变能为主要目标。从 20 世纪 70 年代开始，我国集中选择了托卡马克为主要研究途径，先后建成并运行了小型装置 CT-6（中国科学院物理研究所）、KT-

5(中国科学技术大学)、HT－6B(中国科学院等离子体物理研究所)、HL－1(核工业西南物理研究院)、HT－6M(中国科学院等离子体物理研究所)。在这些装置的成功研制过程中,组建并锻炼了一批核聚变工程队伍。我国科学家在这些托卡马克装置上开展了一系列重要的研究工作。

自20世纪90年代以来,我国开展了中型托卡马克发展计划,探索先进托卡马克经济运行模式和托卡马克稳态运行等问题。1994年,核工业西南物理研究院建成了HL－1M装置,反馈控制系统中取代了原来的厚铜壳,进行了弹丸注入和高功率辅助加热以及高功率非感应电流驱动下的等离子体研究。HL－1M装置综合性能指标达到了国际同类型同规模装置的先进水平,其实验研究数据被列入ITER实验数据库。中国科学院等离子体物理研究所同时建成并运行了世界上超导装置中第二大的HT－7装置,在围绕长脉冲和稳态等离子体物理实验方面做了大量的工作,已经获得400 s、1 000万摄氏度等离子体。2002年核工业西南物理研究院在ASDEX装置基础上,建成了HL－2A常规磁体托卡马克,开始一系列物理实验并取得丰硕的科研成果。

我国高校的磁约束核聚变研究已经有近半个世纪的历史。随着我国开始谈判加入ITER计划,高校的磁约束核聚变等离子体物理研究开始陆续恢复和发展,最有代表性的是中国科学技术大学和华中科技大学。中国科学技术大学是我国最早开展等离子体物理本科教育的大学,有近30年教学和研究历史,为国内外核聚变研究机构培养了大批人才。华中科技大学通过国际合作,于2008年完成了TEXT－U托卡马克装置(现更名为J－TEXT)的重建工作,近年来,在该装置上探索各种新思想、新诊断、新技术,培养核聚变人才。北京大学、清华大学、上海交通大学、浙江大学、大连理工大学、四川大学、东华大学、北京科技大学、北京航空航天大学等学校的研究人员开展了托卡马克等离子体湍流与输运过程、磁流体不稳定性、快粒子物理、波与等离子体相互作用、等离子体与壁相互作用、聚变堆材料和聚变工程技术等方面的研究,培养了一批研究生和年轻研究人员,并取得了一些很好的成果。

中国科学技术大学是承担ITER计划专项国内研究最重要的高校之一,承担了"托卡马克等离子体基本理论与数值模拟研究""托卡马克等离子体诊断技术研究""反场箍缩磁约束聚变位形研究""聚变堆燃烧等离子体诊断关键技术研究"等项目。目前,中国科学技术大学在国家磁约束聚变能源专项的支持下正在运行反场箍缩(KTX)装置,其主要的科学目标之一就是从实验上进一步检验这个磁约束等离子体演化的新理论。KTX 装置参数如下：半径比为 3.625($R/r=1.45\ \text{m}/0.4\ \text{m}$)，最大等离子体电流为 1 MA，在无反馈时放电时间为 10~30 ms，主动反馈控制时间为 100 ms。

J-TEXT 托卡马克是华中科技大学引进得克萨斯大学(奥斯丁)的聚变实验装置 TEXT-U 而建造的，2003 年开始在国内恢复重建工作，2007 年 9 月实现了第一次等离子体放电。该装置的主要参数如下：大环半径为 105 cm，等离子体截面半径为 30 cm，环向场磁感应强度为 3.0 T，环向等离子体电流为 300 kA。J-TEXT 托卡马克是目前国内高校中唯一的中型托卡马克聚变实验装置，专门用于培养核聚变技术人才和进行基础性、前沿性的物理实验研究，成为 ITER 人才培养、培训和磁约束聚变基础研究的主要实验平台。

4.2.1 中国环流器一号

中国环流器一号(HL-1)是我国自主设计研制的第一个中型托卡马克实验装置，用于磁约束受控核聚变基础研究。它的大半径为 1.02 m，小半径为 0.2 m，磁感应强度为 3 T，等离子体电流为 225 kA，放电长度超过 1 s，如图 4-6 所示。

(a)　　　　　　　　　　　　　　　　(b)

图 4-6　中国环流器

(a) 中国环流器一号；(b) 中国环流器新一号

HL-1 装置主机于 1984 年完成工程联合调试并开始物理实验，所产生的环流等离子体平衡、稳定，性能符合设计要求，等离子体的持续时间长达 1.04 s。HL-1 主机由环向场线圈、内外垂直场线圈、内外真空室、铁芯变压器和一个用于反馈控制的铜壳等主要部件组成。铁芯变压器的作用是在真空室中产生等离子体并通过感应电流加热等离子体。环向场线圈在等离子体中心可以产生强磁场,用于平衡稳定等离子体。内外垂直场是用来控制等离子体平衡的。HL-1装置的完成为中国受控核聚变的研究和发展提供了重要的实验平台,是中国受控核聚变研究发展的一个里程碑。1994年,HL-1改造成中国环流器新一号(HL-1M),在这个装置上拆去了原来用于反馈控制的大铜壳,改用主动反馈控制,从而可以大大增加实验用的窗口,使之更灵活地开展各种物理研究,同时改进了加热和诊断系统。

在HL-1M[10]装置上发展了总功率为3 MW的辅助加热及驱动系统,离子温度和电子温度分别达到0.87 keV和1.8 keV,发展了先进的弹丸注入系统和超声分子束注入加料技术,等离子体平衡反馈控制技术,多种先进壁处理技术,杂质与再循环控制技术以及数据采集与处理等多项技术。人们在HL-1M装置上开展了偏压孔栏实验、电子回旋加热实验、低杂波电流驱动实验和超声分子束加料实验等,取得了400多项科研成果,并获国家科技进步奖一等奖。HL-1M装置研制与实验成果于1997年获国家科技进步奖二等奖。

4.2.2 合肥超环 HT-7

HT-7[11]装置是世界第四个、我国第一个超导托卡马克装置,它是在苏联T-7托卡马克的基础上全面改装升级而成的,如图4-7所示。HT-7将原T-7的48个环向场磁体合并成24个,重建了内真空室,增加补偿场线圈,于1994年12月建成并投入运行。它涉及9个子系统,运行18年。HT-7共进行了近20轮放电实验,总放电次数为118 000次,探索实现了HT-7高参数、长脉冲运行模式等世界核聚变前沿课题研究。2003年,HT-7装置上得到的可重复的大于60 s的放电时长,最高电子温度超过5 000万摄氏度的等离子体等实验结果被评为年度中国十大科技进展。2008年,HT-7连续重复实现长达400 s的等离子体放电,创造了当时国际同类装置中时间最长的高温等离子体放电的新纪录。在HT-7超导装置上围绕"长脉冲高温等离子体物理实验",进行了多项重大技术攻关和深入的物理研究,解决了一系列关键问题,获得了许多重要的具有自主知识产权、国际先进的高新技术,如世界第二大调相速度最快的低杂波系统、稳态单机功率世界最大的离子回旋波系统、国内最大的氦低温系统等,以及一系列创新性研究成果。2013年5月8日,在完成其使命后,HT-7正式退役,这是我国首个退役的国家大科学装置。

图 4-7　合肥超环 HT-7

4.2.3　中国环流器二号 A

中国环流器二号 A(HL-2A)是核工业西南物理研究院利用德国 ASDEX 装置主机三大部件配套改建而成的。1999 年正式动工建设,2002 年 11 月中旬获得初始等离子体。HL-2A 装置的使命是研究具有偏滤器位形的托卡马克物理,包括高参数等离子体的不稳定性、输运和约束,探索等离子体加热、边缘能量和粒子流控制机理,发展各种大功率加热技术、加料技术和等离子体控制技术等,通过对核聚变前沿物理课题的深入研究和相关工程技术发展,全面提高我国核聚变科学技术水平,为中国下一步研究与发展打好坚实的基础。

图 4-8 是 HL-2A 装置照片。与 HL-1M 和当时的国内其他装置不同,该装置具有由相应的线圈和靶板组成的偏滤器,可以运行在双零或单零偏滤器位形。这对开展高约束运行状态物理和边缘物理研究及提高等离子体参数是非常关键的。

HL-2A 装置大功率加热系统包括电子回旋加热、低杂波和中性束注入系统。电子回旋共振系统用 6 个回旋管作为微波源,最大功率为 3 MW,频率分别为 68 GHz 和 140 GHz。中性粒子束系统的注入功率为 3 MW,中性粒子能量为 30~50 keV。

图 4‑8　中国环流器二号 A(HL‑2A)

超声分子束注入(SMBI)是中国的一项重要原创技术,自 1992 年在中国环流器一号(HL‑1)装置上成功开发以来,在 HL‑2A 装置上得到了改进和发展,技术指标大为提高。经拉瓦尔(Laval)口喷出的准直的脉冲超声射流的粒子流量达到甚至超过 5×10^{21} s^{-1},加料效率为 $35\% \sim 55\%$。为了进一步提高透入深度和加料效率,在 HL‑2A 装置的实验中发展了液氮温度下的超声分子束注入,大大地提高了注入深度和加料效率,提高了放电品质,改善了等离子体约束性能。

HL‑2A 装置自运行以来,取得了很多新的研究成果。除了在电子回旋加热实验中获得了 4.9 keV 的电子温度,在中性束加热条件下得到了 2.5 keV 的离子温度等高参数外,还成功实现了高约束运行状态(H 模)放电,能量约束时间达到 150 ms,等离子体总储能大于 78 kJ。在 H 模物理研究中,观测到在 L‑H 模转换过程中存在两种不同的极限环振荡,分别称为原(Y)型和进(J)型,以及完整的动态演化过程。这为 L‑H 模转换的理论和实验研究提供了新的思路。首次观测到测地声模和低频带状流的三维结构,利用超声分子束调制技术发现了自发的粒子内部输运垒,为等离子体输运研究提出了新的课题,在湍流、带状流和输运研究中,观测到在强加热 L 模放电中高频湍流能量向低频带状流传输,为理解功率阈值提供了新的思路。

HL-2A 装置近年来产生的突出成果如下：利用三台阶结构探针阵列，测量结果显示了测地声模带状流的电位扰动和密度扰动的三维结构、径向传播特征及其背景湍流，有助于更好地理解测地声模带状流的形成机制，同时证明了低频带状流的三维结构、形成机制以及与背景湍流的作用。由于湍流是造成等离子体输运的主要原因，研究带状流与湍流的相互作用对于理解等离子体约束和输运行为是很重要的。研究者利用弹丸注入、超声分子束注入、强辅助加热等多种实现高约束的运行方式，采用新方法和先进诊断深入研究了自发的粒子内部输运垒和用超声分子束注入激发非局域输运[12]。HL-2A 上开展的一系列前沿性实验研究对于中国聚变事业做出了创新性的贡献。

4.2.4　东方超环

在 HT-7 成功运行的基础上，"九五"国家重大科学工程——大型非圆截面全超导托卡马克核聚变实验装置——东方超环(EAST)由中国科学院等离子体物理研究所于 2000 年 10 月开工建设，2006 年 3 月完成建造，并于 2006 年 9 月获得初始等离子体。

EAST[13]装置的目标如下：研究托卡马克长脉冲稳态运行的聚变堆物理和工程技术，构筑今后建造全超导托卡马克反应堆的工程技术基础；瞄准核聚变能研究前沿，开展稳态、安全、高效运行的先进托卡马克聚变反应堆基础物理和工程问题的国内外联合实验研究，为核聚变工程试验堆的设计建造提供科学依据，推动等离子体物理学科与其他相关学科和技术的发展。

EAST 的科学研究分 3 个阶段实施。第一阶段(3~5 年)：长脉冲实验平台的建设；第二阶段(约 5 年)：实现其科学目标，为 ITER 先进运行模式奠定基础；第三阶段(约 5 年)：长脉冲近堆芯条件下的实验研究。

EAST 装置主机部分高为 11 m、直径为 8 m、质量为 400 t，由超高真空室、环向场线圈、极向场线圈、内外冷屏、外真空杜瓦、支撑系统六大部件组成。EAST 装置真空室的形状为 D 形(非圆截面)。与国际上其他托卡马克装置相比，其独有的非圆截面、全超导及主动冷却内部结构三大特性使其更有利于实现稳态长脉冲高参数运行。EAST 位形与 ITER 相似且更加灵活。EAST 装置全貌如图 4-9 所示。

近年来在 EAST 上所做的实验取得了多项重要成果，如获得了稳定重复的 1MA 等离子体放电，实现了 EAST 的第一个科学目标，为开展高参数、高约束的等离子体物理研究创造了条件，标志着 EAST 已进入了开展高参数等

图4-9　全超导托卡马克核聚变实验装置

离子体物理实验的阶段。

目前,国际上大部分托卡马克的偏滤器等离子体持续时间均在20 s以下,欧盟和日本科学家曾获得最长为60 s的高参数偏滤器等离子体。中国科学家针对未来ITER 400 s高参数运行的一些关键科学技术问题,如等离子体精确控制、全超导磁体安全运行、有效加热与驱动、等离子体与壁材料相互作用等,开展了全面的实验研究,通过集成创新,成功实现了411 s、中心等离子体密度约为$2×10^{19}\,\mathrm{m}^{-3}$、中心电子温度大于$2×10^6\,℃$的高温等离子体。

高约束等离子体放电是未来磁约束聚变堆首选的一种先进高效运行方式。从20世纪80年代以来,世界上众多托卡马克都在探寻各种方式实现高约束放电,并不断尝试延长高约束放电时间。实现长时间高约束放电长期以来一直是国际聚变界追求的目标和挑战极大的前沿课题。目前正在运行的托卡马克的高约束放电时间大都在10 s以下,放电时间最长的是日本的JT-60U装置(已退役),其曾在2003年利用强流中性束加热实现了一次28 s的高约束等离子体放电。

人们利用EAST装置在多种器壁条件下开展了离子回旋清洗,独立发展了一系列离子回旋壁处理的研究,取得了一系列新的研究成果。离子回旋壁处理技术已经发展成为EAST壁处理的最有效手段,对EAST装置准稳态高参数运行以及未来ITER高效、安全运行有着现实而深远的意义。

随着实验能力的不断提高,EAST也开始较为系统地对不同类型高约束运行模式的实现、控制和机理等方面开展了研究，研究低杂波、射频波对驱动等离子体旋转的机理，利用中性束、低杂波和射频波实现多种模式的高约束等离子体，开展长脉冲高约束放电等研究[14]。EAST 利用低杂波与射频波的协同效应，在较低的边界燃料循环条件下实现了稳定重复的超过 100 s 的高约束等离子体放电。

目前 EAST 装置装备了 30 MW 以上的辅助加热和电流驱动系统和近 80 项诊断系统，具备高参数稳态运行的研究能力，可开展先进聚变反应堆的前沿性、探索性研究，为聚变能的前期应用提供重要的工程和物理基础。

4.3　国际热核聚变实验堆计划

近 50 年的世界性研究和探索使托卡马克途径的热核聚变研究已基本趋于成熟。但是，在达到商用目标之前，基于托卡马克的聚变能研究和开发计划还有一些科学和技术问题需要进一步探索。随着国际上众多大中型托卡马克的巨大进展，为了验证托卡马克能够实现长时间的聚变能输出，解决聚变堆最重要、最关键的工程技术问题以及适应未来高效、紧凑和稳态运行的商业堆的要求，国际热核聚变实验堆(ITER)应运而生。

1985 年，苏联领导人戈尔巴乔夫和美国总统里根在日内瓦峰会上倡议，由美国、苏联、欧盟、日本共同启动"国际热核聚变实验堆(ITER)"计划。ITER 计划的目标是建造一个可自持燃烧的托卡马克核聚变实验堆，以便对未来聚变示范堆及商用聚变堆的物理和工程问题做深入探索。21 世纪初，中国、韩国、印度先后加入了 ITER 计划。

ITER 计划将集成当今国际受控磁约束核聚变研究的主要科学和技术成果，第一次在地球上实现能与未来实用聚变堆规模相比拟的受控热核聚变实验堆，解决通向聚变电站的关键问题，其目标是全面验证聚变能源和平利用的科学可行性和工程可行性。更为重要的是，利用在 ITER 取得的研究成果和经验，将有助于建造一个用聚变发电的示范反应堆，示范堆的顺利运行将有可能使核聚变能商业化，因此 ITER 计划是人类研究和利用聚变能的一个重要转折，是人类受控热核聚变研究走向实用的关键一步。

参加 ITER 计划的七方总人口大约占世界人口的一半以上，并几乎囊括了所有的核大国。ITER 计划是一次人类共同的科学探险。各国共同出资参与 ITER 计划，不仅是共同承担风险，而且集中了全球顶尖科学家的智慧，同时在政治上体现了各国在开发未来能源上的坚定立场,使其成为一个大的国际科学工程。因此 ITER 计划绝对不仅仅是各国共同出资建一个装置的过程,它的成功实施具有重大的政治意义和深远的战略意义。

各参与方通过参加 ITER 计划,承担制造 ITER 装置部件,可同时享受 ITER 计划所有的知识产权,在为 ITER 计划做出相应贡献的同时,有可能在合作过程中全面掌握聚变实验堆的技术,达到其参加 ITER 计划总的目的。各国尤其是包括中国在内的参与方中的发展中国家,通过派出科学家到 ITER 工作,可以学到包括大型科研的组织管理等很多有益的经验,并有可能用比较短的时间使得所在国聚变研究的整体知识水平、技术能力得到一个大的提高,从而拉近与其他先进国家的距离。同时,再配合独自进行的必要的基础研究、聚变反应堆材料研究、聚变堆某些必要技术的研究等,这些发展中国家则有可能在较短时间、用较小投资使其核聚变能源研究在整体上进入世界前沿,为自主开展核聚变示范电站的研发奠定基础,确保在 20 年或 30 年后,拥有独立的设计、建造聚变示范堆的技术力量和独立的聚变工业发展体系,聚变研究能力和水平与先进国家不相上下。这也是各参与方参加 ITER 计划的最主要目标之一。

ITER 的总体科学目标如下:以稳态为最终目标证明受控点火和氘氚等离子体的持续燃烧,在核聚变综合系统中验证反应堆相关的重要技术,对聚变能和平利用所需要的高热通量和核辐照部件进行综合试验。图 4 - 10 为 ITER 装置示意图。

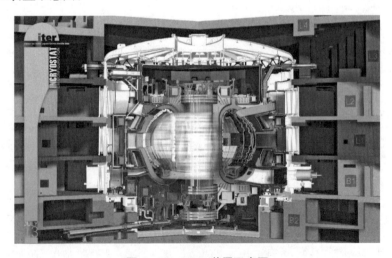

图 4 - 10　ITER 装置示意图

ITER 计划分三个阶段进行：第一阶段为实验堆建设阶段，从 2007 年到 2025 年 12 月；第二阶段为实验堆研究阶段，持续 20 年，其间将验证核聚变高参数、高性能等离子体的实现和控制，聚变堆材料和部件的可靠性以及其他聚变技术的工程可用性等，为大规模商业开发聚变能打下科学和技术基础；第三阶段为实验堆退役阶段，历时 5 年。目前正处于第一阶段，且在实验堆建设的后期。

ITER 具体的科学计划如下：在第一阶段，通过感应驱动获得聚变功率 500 MW、聚变能量增益(Q)大于 10、脉冲时间 500 s 的燃烧等离子体；在第二阶段，通过非感应驱动等离子体电流，产生聚变功率大于 350 MW、聚变能量增益大于 5、燃烧时间持续 3 000 s 的等离子体，研究燃烧等离子体的稳态运行，这种高性能的"先进燃烧等离子体"是建造托卡马克型商用聚变堆所必需的。如果约束条件允许，将探索聚变能量增益大于 30 的稳态临界点火的燃烧等离子体（不排除点火）。ITER 计划科学目标的实现将为商用聚变堆的建造奠定可靠的科学和工程技术基础[15]。

ITER 计划的另一重要目标是通过建立和维持氘氚燃烧等离子体，检验和实现各种聚变工程技术的集成，并进一步研究和发展能直接用于商用聚变堆的相关技术。因此，ITER 也是磁约束聚变技术发展的重要阶段。在过去 10 余年中，与建设 ITER 有关的技术研发已经基本完成，正在全面开展 ITER 建设。ITER 计划在技术上的其他重要任务包括检验各个部件在聚变环境下的性能，包括辐照损伤、高热负荷、大电动力的冲击等，以及发展实时、本地的大规模制氚技术等。上述工作是设计与建造商用聚变堆之前所必须完成的，而且只能在 ITER 上开展。国际上对 ITER 计划的主流看法是：建造和运行 ITER 的科学和工程技术基础已经具备，成功的把握较大；再经过示范堆、原型堆核电站阶段，聚变能商业化应用可在 21 世纪中叶实现。

ITER 计划是目前为止全球规模最大、影响最深远的国际合作项目之一。随着 ITER 计划的顺利实施，在过去的几年里，国际磁约束聚变主要围绕未来 ITER 科学实验可能涉及的重大科学问题开展理论和试验研究，同时继续开发建设 ITER 所需的重大技术，开展大规模的装置建设等工作。

ITER 装置不仅集成了国际聚变能源研究的最新成果，而且综合了当今世界相关领域的一些顶尖技术，如大型超导磁体技术、中能高流强加速器技术、连续的大功率微波技术、复杂的远程控制技术、反应堆材料技术、实验包层技术、大型低温技术、氚工艺、先进诊断技术、大型电源技术及核聚变安全等。这些技术不但是未来聚变电站所必需的，而且能对世界各国工业、社会经济发展起到重大推进作用。

目前，ITER 计划在七方的共同努力下进展顺利，尽管有很多技术、财务、疫情等困难，成员方尽一切努力克服困难，使 ITER 项目按计划稳步推进，2025 年 ITER 会建成，开始为期 20 年的科学研究。

ITER 的建设、运行和实验研究是人类发展聚变能源的必要环节，有可能将直接决定聚变工程示范堆（DEMO）的设计和建设，并推进商用聚变电站实现的进程。

4.4　国际磁约束核聚变发展未来计划

ITER 计划是实现磁约束核聚变能源应用的必由之路。各国都以参与 ITER 计划为契机，筹划本国核聚变能发展路线，以实现核聚变能发展研究的重要跨越，力争在未来核聚变能的商业开发和应用中占据主动权。21 世纪初，聚变研究的发达国家就对聚变发展进行了多次大规模的讨论，并制定了相应的聚变能发展路线图。最为著名的是欧洲快车道（fast tract）路线图和美国聚变发展路线图（snowmass fusion roadmap）。欧盟在 20 世纪 90 年代就明确要将核聚变能研究作为最优先领域之一，确定托卡马克研究集中到 ITER 建造上，明确在 ITER 计划后，建造并运行磁约束核聚变工程示范堆（DEMO）和核聚变商业电站。过去几年中，欧盟为了加快示范堆的进程，加强了欧洲聚变一体化，成立了欧盟聚变联盟（EUROFUSION），以集中人力、物力和目标，加快 DEMO 的进程；制定了未来欧洲聚变发展的路线图，并专门成立 DEMO 工作组，开展未来 DEMO 的物理设计和一些最为关键的技术和部件研发。在科学实验方面，集中目标，以未来 ITER 和 DEMO 最为重要的科学问题开展研究；并重启 JET 氘氚实验，特别是与未来 ITER 类似的第一壁材料条件下的氘氚实验研究，为未来 ITER 氘氚反应实验的成功提供更多的技术和实验积累。从顶层设计上，为了适应和引领未来聚变能的快速发展，欧盟议会在 2015 年 6 月正式通过决议，将 ITER 计划从原来的研发署管理调整到能源署管理，更加明确要尽早把聚变能源从研发转向实施发展。2020 年更是明确了欧洲 DEMO 计划开始从概念设计转入物理设计阶段，并制订了明确的发展计划。

美国在组织对未来建设聚变堆所涉及的科学和技术问题做详尽分析的基础上，重返 ITER 计划，力图保持聚变能研究的国际领先地位。美国能源部也制订了聚变能科学计划,全面支撑其国内聚变能设施建设与科学研究。在过去几年内,聚变科学界大规模地开展了广泛讨论。能源部为确保美国聚变研究重返世界第一,大幅度增加了聚变研究经费,将聚变研究从科学范畴调整到聚变能源范畴,并让聚变科学界制订了一项致力于在未来 20 年内建成聚变发电示范堆的研究开发计划。尽管这些计划仅将聚变研究列在科学范畴,但从科学和技术储备来说,只要美国政府有足够投入,美国聚变研究可以很快重返世界第一的位置。

日本聚变研究水平仅次于欧盟,在聚变科学研究和一些关键技术发展方面处于国际领先水平。2013 年日本完成了国家聚变能研究未来发展纲要,确定国家政策将推动聚变能研究,明确在 ITER 计划基础上建造并运行磁约束核聚变能示范堆,以验证工程和经济可行性,并在 21 世纪中叶开始建造核聚变商业电站。日本是个资源十分匮乏的国家,长期以来依赖核能的支撑。福岛核事故发生后,公众对核安全更加关注。为了加快聚变堆的进程和减少福岛核事故带来的影响,日本聚变研究将从原来的日本原子能研究院(以裂变为主,包括裂变和聚变两部分的原 JAERI)分离,形成专门从事聚变研究的机构,加快建造 DEMO 的进程,近年来又重新调整了日本的示范电站计划,确定主要目标是托卡马克电站。

韩国政府把聚变能的发展作为国家发展的长期国策,并在国会以法律的形式通过了韩国聚变发展法,其研究计划比欧盟更加雄心勃勃,宣布在 2040 年前后建成聚变示范堆,并为此专门成立了示范堆研究机构和提供庞大的研究经费用于工程设计和关键技术预研。由于基础和队伍有限,韩国聚变发展计划没有进行与欧盟、美国、日本类似的大规模科学讨论和论证,缺乏坚实的科学和技术基础,人员队伍和相应的工业发展尚无法与欧日相比,距离开始聚变工程堆的建设尚远。

与发达国家相比,我国未来可持续发展对清洁战略能源的需求更加迫切,需要按照我国的实际情况和需求,制订自主的聚变发展路线,如图 4-11 所示。其主要内容如下:2020 年前后基本具备独立建设 20 万～100 万千瓦的中国聚变工程实验堆(CFETR)的能力;希望在 21 世纪 30 年代建成我国聚变工程堆,利用 CFETR 重点围绕聚变堆稳态运行和氚自持等未来聚变堆最重要的科学技术问题开展科学实验,与 ITER 形成互补;在 2040 年前后开展 100 万千瓦的稳态示范堆相关的科学实验研究;在 2050 年左右开展中国聚变原型电站(PFPP)建设,实现跨越式发展,独立自主地开展适合我国国情的聚变能研究。

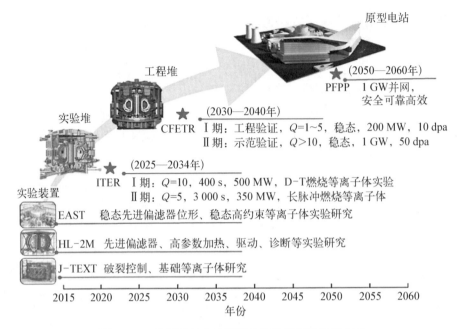

原型电站

工程堆

(2050—2060年)
PFPP　1 GW并网，
安全可靠高效

实验堆

(2030—2040年)
CFETR　I 期：工程验证，Q=1~5，稳态，200 MW，10 dpa
　　　　II 期：示范验证，Q>10，稳态，1 GW，50 dpa

(2025—2034年)
ITER　I 期：Q=10，400 s，500 MW，D-T燃烧等离子体实验
　　　II 期：Q=5，3 000 s，350 MW，长脉冲燃烧等离子体

实验装置

EAST　稳态先进偏滤器位形、稳态高约束等离子体实验研究

HL-2M　先进偏滤器、高参数加热、驱动、诊断等实验研究

J-TEXT　破裂控制、基础等离子体研究

2015　2020　2025　2030　2035　2040　2045　2050　2055　2060
年份

图 4-11　我国磁约束核聚变发展战略路线初步方案

该发展路线的基本思路如下：

（1）在充分消化、吸收 ITER 成果的基础上，以发展聚变能源为目标，统筹国际、国内资源，有计划地推进中国磁约束核聚变能的研究发展。

（2）具体而言，就是全面消化、吸收 ITER 计划执行中产生的技术、知识和经验，提升我国聚变能研发创新能力。

（3）将主要研究目标集中到解决未来聚变堆建设所涉及的重大科学和技术问题上，加强技术创新，发展核聚变能应用和开发关键技术。

（4）在国内聚变研究院所、有关大学和企业开展核聚变能科学、技术和工程研究，建设适合我国磁约束核聚变能应用和研发的产、学、研体系，培养并形成一支稳定的高水平核聚变能研发队伍。

（5）建设具有国际先进水平的国家磁约束核聚变实验基地，完善国家核聚变能研究发展体系。

（6）将在核聚变能研发中发展起来的高新和尖端技术运用于国民经济建设，实现聚变能技术在能源领域中的规模化应用，形成国家核聚变能产业发展体系，掌握聚变能源发展的主动权。

通过参与 ITER 计划和国内聚变研究的快速发展，我国在超导托卡马克工程建设和托卡马克物理实验方面已步入世界先进国家行列。由我国承担的 ITER 部件制造进度和质量均已处于合作七方的前列,参与 ITER 计划实施的一批科研机构及企业在超导托卡马克工程建设、聚变实验堆部件制造、大科学工程管理等方面有长足进展,技术和管理水平大幅度提升。与此同时,在科技部的组织下,CFETR 工程设计已经完成,一系列与聚变实验堆相关的关键技术预研也已经起步。目前提出的 CFETR 在科学问题上注重研究燃烧等离子体稳态控制、聚变能吸收与转换,以及氚的自持等 ITER 装置所不能从事的聚变堆的关键性重大科学问题;在技术上注重研究聚变能发电、聚变堆材料、聚变堆包层等在 ITER 装置上不能从事的示范堆技术研究。

　　未来聚变能的发展必须聚焦解决国家战略能源需求中的重大、前沿科学和技术问题,提升我国磁约束核聚变研究自主创新能力,为国民经济和社会可持续发展奠定科学基础,成为未来高新技术的创新源头;实现跨越式发展,率先在中国实现聚变能发电,引领未来聚变能科学和大规模聚变工业技术发展;为独立自主地发展适合我国国情的聚变能计划奠定坚实的科学、技术与工程基础。

参考文献

[1] Bobrovskij G, Dnestrovskij Y, Kislov D, et al. Different mechanisms of the sawtooth crash in the T-10 tokamak plasma [J]. Nuclear Fusion, 1990, 30 (8): 1463.

[2] Keilhacker M, Gibson A, Gormezano C. High fusion performance from deuterium-tritium plasmas in JET[J]. Nuclear fusion, 1999, 39(2): 209 - 234.

[3] Schneider W, Mccarthy J J, Lackner K. ASDEX upgrade MHD equilibria reconstruction on distributed workstations [J]. Fusion Engineering and Design, 2000, 48(1 - 2): 127 - 134.

[4] Bucalossi J, Missirlian M, Moreau P, et al. The WEST project: current status of the ITER-like tungsten divertor[J]. Fusion Engineering & Design, 2014, 89(7 - 8): 1048 - 1053.

[5] Cox M, MAST team. The mega amp spherical tokamak[J]. Fusion Engineering and Design, 1999, 46(2 - 4): 397 - 404.

[6] Isayama A, Matsunaga G, Kobayashi T, et al. Long-pulse hybrid scenario development in JT-60U[J]. Nuclear Fusion, 2009, 49(5): 065026.

[7] Hawryluk R J, Batha S, Blanchard W, et al. Results from deuterium-tritium tokamak confinement experiments[J]. Reviews of Modern Physics, 1998(70): 537 - 587.

[8] Simonen T C. The long-range DⅢ - D plan[J]. Journal of Fusion Energy, 1994

(13): 105 - 110.

[9]   Kwak J G, Bae Y D, Chang D H, et al. Progress in the development of heating systems towards long pulse operation for KSTAR[J]. Nuclear Fusion, 2007, 47 (5): 463 - 469.

[10]   Peng L, Wang E, Zhang N, et al. Improvement of plasma performance with wall conditioning in the HL-1M tokamak[J]. Nuclear Fusion, 1998, 38(8): 1137 - 1142.

[11]   Wan B N, HT-7 team. Recent experimental progress in the HT-7 tokamak[J]. Plasma Science and Technology, 2003, 5: 1765 - 1766.

[12]   Zhao K J, Lan T, Dong J Q, et al. Toroidal symmetry of the geodesic acoustic mode zonal flow in a Tokamak Plasma [J]. Physical Review Letters, 2006, 96 (25): 255004.

[13]   Wan Y, Team H U. Overview of steady state operation of HT-7 and present status of the HT-7U project[J]. Nuclear Fusion, 2000, 40(6): 1057 - 1068.

[14]   Li J, Guo H Y, Wan B N, et al. A long-pulse high-confinement plasma regime in the Experimental Advanced Superconducting Tokamak[J]. Nature Physics, 2013, 9 (12): 817 - 821.

[15]   Loarte A, Lipschultz B, KuKushkin A S, et al. The ITPA scrape-off layer and divertor physics topical group[J]. Nuclear Fusion, 2007, 47(6): 2137 - 2664.

第 5 章
聚变示范堆重大科学问题

聚变示范反应堆应当"示范"长时间的聚变能发电循环。从当今托卡马克物理实验装置迈向示范堆所必须攻克的等离子体科学问题主要包括高聚变增益燃烧等离子体的准稳态或稳态运行与控制、匹配氚自持目标所需的高氚燃烧率的维持、匹配百万千瓦聚变功率等离子体的边界热排除与粒子排除控制、等离子体与材料的相互作用等。20 世纪 90 年代初提出的 ITER 设计原本将研究以上问题,后因种种原因缩小了研究范围,只是集中于燃烧等离子体物理研究,无法作为示范堆。因此,时至今日,世界上开展磁约束聚变研究的主要国家在规划迈向聚变电站的路线图时,都采取了阶梯式的发展路线。在现有实验装置研究的基础上,经过燃烧等离子体实验堆的研发,再经过一个聚变工程示范堆的研发,最终建立第一代商用聚变电站(或称聚变原型发电厂)。根据科学与技术目标的不同跨度,各国提出的聚变工程试验装置可分成三类,如图 5-1 所示[1]。第一类的目标主要解决聚变核科学(如氚增殖包层、氚自持循环等)与等离子体运行模式的相关问题。该类实验装置(如美国科学家提出的 CTF、FDF)多采用常规导体而非超导体,借此缩小尺寸,因此不能称为示范堆。第二类的目标包含第一类的目标并演示工程意义上的功率得失相当,以及测试所有聚变堆所需的维护技术,常称为试验性电厂(Pilot-Plant)。近些年,这些装置也被视为较低成本的示范堆。第三类的目标包含第一类的目标并演示数百兆瓦电能净输出(如欧盟科学家提出的 EU-DEMO),需要稳态或超长脉冲运行。这类装置与聚变电站的科学与技术要求是最接近的,是传统意义上的聚变示范堆。中国聚变工程试验堆(CFETR)是一个多阶段试验装置,将研究示范堆所需解决的科学与技术问题。

如今 ITER 尚未建成,因此示范堆设计中所面临的科学问题也包括燃烧等离子体相关的问题。除此之外,ITER 燃烧等离子体实验参数也不能完全覆

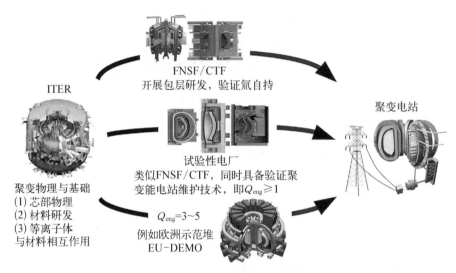

FNSF—聚变核科学装置；CTF—聚变堆部件测试装置。

图 5-1　从 ITER 到第一代聚变电站的三种可能途径

盖示范堆等离子体参数区间。与 ITER 相比，示范堆有更高的聚变增益与中子辐照目标，并演示氚自持。因此等离子体必须具有更高的氚燃烧率、更高的热排除要求、更长的放电时长、更高的稳定性与燃烧过程控制要求等。另外，基于目前大型超导体技术所能达到的磁场，示范堆的线平均密度通常还高于格林沃尔德密度极限[①]，与 ITER 物理研究范围不完全相同——ITER 的多种运行模式中线平均密度无须超过格林沃尔德密度极限。本章将介绍有关示范堆设计研究中常关注的多个方面的科学问题及挑战，并与 ITER 的需求做对比。

5.1　燃烧等离子体物理

在氘氚聚变等离子体中，当 α 粒子加热功率超过外部辅助加热功率时，就可将其定义为燃烧等离子体。换算成聚变能量增益，即 $Q_{fus} \geqslant 5$。未来聚变堆的燃烧等离子体需要 α 粒子加热占据主导，大体的判断条件为 α 粒子加热功率超过外部辅助加热功率的 2 倍，即 $Q_{fus} \geqslant 10$。这对应了 ITER 基准运行模式的目标。考虑到辅助系统的热电转换效率等工程因素，当 $Q_{fus} \geqslant 30$ 时，托卡马克示范堆才有可观的电能输出。第 4 章已经提到 JET 装置验证了 α 粒子加

---

　　① 格林沃尔德密度极限是利用多个实验装置上的实验运行经验所总结出的等离子体密度极限，由马丁·格林沃尔德首次提出。

热效应,但是 $Q_{fus} < 1$,远低于上述两个指标数值。未来聚变堆的物理问题都与高 Q_{fus} 等离子体的获得与维持相关。

5.1.1　氘氚聚变燃烧等离子体粒子与能量平衡

在燃烧等离子体中,α 粒子加热作为维持氘氚等离子体运行的主要热源,背景 α 粒子产生率由背景氘氚粒子的温度与密度决定,α 粒子约束又受到其自身相空间粒子分布与背景等离子体条件联合激发的不稳定性影响。因此,在高 Q_{fus} 的情况下,α 粒子加热物理过程将是一个非线性动力学平衡过程。即使采用非常简化的假设,即忽略 α 粒子驱动的不稳定性,只考虑 α 粒子原地的碰撞慢化,从能量平衡关系也能看出其中部分"非线性"特征。忽略等离子体参数的空间分布,氘氚聚变燃烧等离子体的粒子和能量的缓变平衡过程可以用以下方程来描述[2]。

$$\frac{3}{2}\frac{d}{dt}(n_e T_e) = P_\Omega + P_{aux}^e + n_i^2 \langle \sigma v \rangle_f U_{\alpha e}/4 - Q_{ie} - P_R - 3n_e T_e/2\tau_E^e$$

$$(5-1)$$

$$\frac{3}{2}\frac{d}{dt}(n_i T_i) = P_{aux}^i + n_i^2 \langle \sigma v \rangle_f U_{\alpha i}/4 + Q_{ie} - 3n_i T_i/2\tau_E^i \qquad (5-2)$$

$$\frac{dn_i}{dt} = S_i - n_i^2 \langle \sigma v \rangle_f/2 - n_i/\tau_i \qquad (5-3)$$

$$\frac{dn_\alpha}{dt} = S_\alpha + n_i^2 \langle \sigma v \rangle_f/4 - n_\alpha/\tau_\alpha \qquad (5-4)$$

$$\frac{dn_z}{dt} = S_z - n_z/\tau_z \qquad (5-5)$$

式中,上标或下标 e、i、α、z 分别表示电子、燃料离子(氘、氚)、碰撞慢化后的 α 粒子(常称为氦灰)和杂质离子。τ 表示粒子约束时间,τ_E^e 和 τ_E^i 分别为电子和离子能量约束时间,n 和 T 分别为密度和温度。在能量源项中,$n_i^2 \langle \sigma v \rangle_f/4$ 表示聚变速率;$U_{\alpha e}$ 和 $U_{\alpha i}$ 分别表示单次聚变产生的 α 粒子碰撞慢化所传递给电子和离子的能量;Q_{ie} 表示通过电子-离子碰撞,从电子传递给离子的热能功率;P_R 表示辐射功率损失,包括了轫致辐射、电子回旋辐射及未完全电离的杂质离子的线辐射;P_Ω 为环向感应电场产生的欧姆加热功率;P_{aux} 为外部辅助加热功率。在粒子源项中,除了聚变反应产生的内源外,还有外源 S。对于燃料离子来说,S_i 包括主动加料源 S_{fuel}^i(如弹丸注入加料、边界充气等)和通过边界再循环进入等离子体的源 S_{recy}^i。S_{recy}^i 与等离子体边界条件密切相关。杂质的外源也包括两个部分：用于缓解边界热负荷而主动注入的杂质源、等离子体与壁相互作用自发产生的杂质溅射与再循环。慢化的 α 粒子的外源 S_α 来自边界再循环。式(5-1)~式(5-5)中的 α 粒子加热、辐射、约束时间均依赖于等离子体温度、密度。因此，令式(5-1)~式(5-5)左边均为零，就可以获得准稳态等离子体参数。在温度与密度空间中绘出维持等离子体能量平衡所需辅助加热功率的等高线，以及聚变功率的等高线，就得到了所谓的等离子体运行参数等高线(plasma operation contour，POPCON)图。借助 POPCON 图可以发现有大量 α 粒子加热的等离子体可能存在热不稳定参数区(thermally unstable regime)——在这个参数区内，随着温度提高，α 粒子加热的增量会大于辐射与输运损失的增量，因此对辅助加热的需求就会自发下降。这点体现了高 Q_{fus} 等离子体运行的非线性特点[2]。

5.1.2 聚变示范堆运行区与限制条件

除了上述粒子和能量平衡之外，在聚变示范堆设计的初始阶段，常需要考虑以下物理与工程条件限制，用以寻找合适的等离子体运行参数区。

(1) 等离子体的弦平均密度($\bar{n}_e$)常以 Greenwald 密度($n_G = I_p/\pi a^2$)为上限。其中，I_p 是等离子体电流，a 是等离子体小半径。在过去所有托卡马克装置的大部分实验中，等离子体密度都保持在 Greenwald 密度以下。高于 Greenwald 密度运行往往会导致等离子体约束变差。因此，尽管这个上限并不是一个严格的限制，将运行区的密度限制在 Greenwald 密度以下仍然是一个稳妥的选择。

(2) 为避免引发破裂的宏观磁流体不稳定性，托卡马克运行必须维持等离子体电流、比压、拉长比低于各自的上限。电流的上限对应着边界安全因子的下限，安全因子在归一化极向磁通等于 0.95 处的值大于 3，即 $q_{95} \geqslant 3$。比压 β 的上限来自两方面：首先，需要考虑在无导体壁致稳的假设下所计算的理想磁流体稳定性，常用的近似表达式为 $\beta_{limit} = 4l_i$，其中 l_i 表示内感，这个极限与模数 $n=1$ 的外扭曲模稳定性相关。其次，即使 β_{limit} 很高，也需要考虑电阻性的磁流体不稳定性——主要为新经典撕裂模，目前没有简单表达式用以给定这类比压上限，在设计中往往依据相关的实验经验来给出具体的上限值。例如，在 EU-DEMO 的设计中，对于混合运行模式所取的比压上限为 3。拉长比的提高有利于提高等离子体体积与约束，其上限来自垂直不稳定性的控制需求,具体值应由控制方案的数值模拟来评估。

(3) 输运至最外封闭磁面的热功率 P_{sep} 必须高于维持 H 模可靠运行所需的功率阈值 P_{L-H},同时也必须使得到达偏滤器靶板的热流(q_{div})低于靶板热负荷承受能力(约 10 MW/m²)。未来聚变示范堆基本都需要通过杂质注入来降低到达靶板的热负荷。这种做法可在等离子体芯部与边界同时增强辐射,从而降低输运的热功率。同时,大多数聚变示范堆等离子体都是基于 H 模等离子体,而过低的热功率反而容易导致 H 模的崩塌,产生过高的瞬时热流,不利于偏滤器的安全运行。因此,大部分示范堆设计都对 P_{sep} 的下限做了限制,如 $P_{sep} \geqslant 1.2 P_{L-H}$。

(4) 电流平衡是托卡马克聚变堆必须满足的限制条件,与运行模式、辅助加热手段种类、参数平顶段时长等物理和工程条件都密切相关。稳态运行模式能兼容较高的装置有效运行时间比例,有利于氚燃料的循环处理,减少磁体疲劳等,在聚变堆设计中一直广受关注。然而,维持稳态运行必须有足够的外部电流份额以及足够高的自举电流比例,以达到完全非感应运行条件($f_{NI} =$ 100%)。混合或感应运行模式则需要将欧姆电流的伏秒消耗维持在足够低的水平,使得参数平顶段时长(t_{flat})超过总体设计指定的最小时长要求。

综合考虑上述限制以及各种平衡关系,可供聚变堆选择的参数区间并不大。图 5-2 给出了文献中的一个例子,是基于 ITER 感应运行模式外推的聚

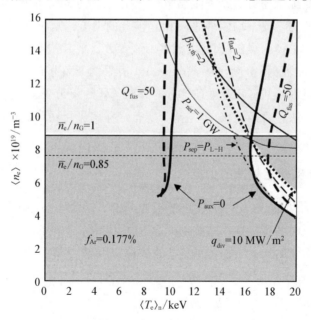

图 5-2　采取感应运行模式的聚变堆等离子体运行参数等高线图

变堆等离子体运行区[3]。装置大半径为 10 m，环径比与 ITER 相同。图中 P_{net} 表示向电网输出的发电功率，$\beta_{N,th}$ 为归一化的热粒子比压，Q_{fus} 为聚变增益，P_{aux} 为外部辅助加热功率，f_{Ar} 表示注入的氩杂质密度与电子密度之比。白色区域为满足所有限制的狭小参数区：平均温度 $\langle T_e \rangle_n > 16$ keV，平均密度满足 $4 < \bar{n}_e/(10^{19} \text{ m}^{-3}) < 9$。

5.2 约束与输运

为了讨论的简便，5.1 节所介绍的能量与粒子平衡方程将等离子体约束抽象成平均约束时间。目前，对聚变堆装置整体等离子体能量约束的定量估计方法是基于现有装置实验所总结的经验性定标律进行外推的。之所以称为"外推"，是因为聚变堆的能量密度、磁场、尺寸这些参数通常比现有实验装置的参数大。自从 ITER 项目正式立项之后，国际托卡马克物理研讨活动（International Tokamak Physics Activity, ITPA）开展了许多针对 ITER 运行模式参数条件的实验，以完善实验定标律，并开展输运理论模型的验证。实验条件包括以电子加热为主、低环向力矩、金属壁条件等。尽管如此，目前实验依然无法充分覆盖较低的归一化回旋半径（常记为 ρ^*）参数区。ρ^* 在定义上约等于离子回旋半径与等离子体小半径之比，反映了微观尺度的离子回旋运动与宏观尺度的参数不均匀性之间相互耦合的强度。从定义可推算出 ρ^* 反比于磁场和小半径的乘积，因此示范堆中该参数比现有装置低。除此之外，同时在金属壁、高辐射、密度高于 Greenwald 极限的条件下所开展的实验还很少。这些不足都给估算示范堆条件下的等离子体约束带来了不确定性。目前主流的估算方法包含两类，分别是基于实验定标律进行估算，以及基于纯物理理论模型对输运过程进行模拟。

5.2.1 基于实验定标律的估算

1999 年发表的《ITER 物理基础》报告给出了一系列基于实验数据所拟合出的能量约束时间定标律。这些定标律以"IPB98(y)"等符号标记——标记中包含了"ITER Physics Basis"首字母的简称以及报告初次成稿的时间（1998年）的信息。在这些定标律中，标记为"IPB98(y，2)"的定标律得到最广泛的应用，用于估计未来托卡马克装置在常规 H 模条件下的能量约束时间，即 $\tau_E^e = \tau_E^i = \tau_E = H_{98y2}\tau_{E,98y2}$。其中 H_{98y2} 为所谓的约束改善因子，$\tau_{E,98y2}$ 由 IPB98

(y,2)定标律给出,如式(5-6)所示。拟合此定标律所用的实验数据库包含了
11 个托卡马克装置上有边界局域模的常规 H 模实验数据。以此得到的 ITER
基准运行模式(对应 $H_{98y2}=1$)中的 $\ln(\tau_E)$ 相对不确定度为 $-13\%\sim14\%$(对
应置信水平为 95%)[4]。

$$\tau_{E,98y2}=0.056\,2I_p^{0.93}B^{0.15}n_e^{0.41}P^{-0.69}R^{1.39}a^{0.58}\kappa^{0.78}M^{0.19} \tag{5-6}$$

这些数据主要来自碳壁条件下的实验,并不完全适用于示范堆金属壁和
钨偏滤器靶板条件下的等离子体。在这些条件下,示范堆中可能需要采取更
多控制手段以避免高有效电荷数的金属元素进入等离子体芯部。例如,通过
提高芯部加热功率避免杂质聚芯,利用微小的边界局域模排除芯部杂质等。
这些手段都会影响芯部约束性能。示范堆的运行模式常采用在边界注入惰性
气体,用来产生强辐射,形成脱靶偏滤器条件。这种做法可能会降低台基高
度,从而削弱常规 H 模的约束。

由于等离子体的整体能量约束受加热的空间分布、直接加热离子的比例
等因素的影响,因此以 α 粒子加热为主的参数条件会给估算燃烧等离子体的
约束带来新的不确定性。α 粒子加热分布对温度密度分布的依赖关系无法用
现有辅助加热方式进行模仿。同时,α 粒子所贡献的高能粒子比压会直接影响
等离子体中的湍流模式——实验与模拟研究已经发现高能粒子比压在一些约
束较高的优化 H 模运行模式中有很重要的作用。

除了 $H_{98y2}=1$ 这种常规 H 模约束之外,不少实验已经证实在一些优化 H
模条件下能够获得 $H_{98y2}>1$。 这些条件包括在等离子体磁面三角形变很大
的条件下所获得的超 H 模,深度弹丸加料产生的增强约束 H 模,由旋转剪切、
反磁剪切、大沙弗拉诺夫位移等机制抑制芯部湍流输运而获得内部输运垒的
H 模(即 3.3 节提到的"双垒"等离子体),芯部深处弱磁剪切与高能粒子比压
致稳效应同时作用下的先进混合运行模式,内部输运垒非常靠外的高极向比
压与高自举电流份额的先进稳态运行模式。在这些模式中,$H_{98y2}\geqslant1.2$;在
JT-60U 上 H_{98y2} 甚至曾达到 2.2。目前暂无普遍适合这些模式的整体能量
约束定标公式,或者整合芯部约束与台基约束的分区域定标公式。在反应堆
设计中,常见做法是找出与所设计运行模式最接近的优化 H 模实验,由这些
实验所获取的典型 H_{98y2} 值来估算反应堆上该运行模式的能量约束时间。这
种做法等效于用一个比较小的数据库去拟合定标律,不确定性将比常规 H 模
的 IPB98(y,2)定标律大。尽管如此,未来示范堆需要在氚循环时间尺度下维

持高聚变增益,因此实现优化 H 模是必须的。在符合示范堆其他参数需求的基础上,如何在长脉冲混合运行条件下维持较高的能量约束(如 $H_{98y2} \geqslant 1.2$),以及在稳态运行条件下维持很高的能量约束(如 $H_{98y2} \geqslant 1.4$)都是有挑战性的问题。

对于粒子约束,目前尚无广泛使用的定标公式。燃料粒子、杂质粒子的输运与约束对示范堆的性能与氘自持目标的实现有多方面影响。其中,氦灰是长久以来备受关注的研究对象。等离子体中的湍流如果不能驱动足够大的氦灰输运,将不可避免地导致氦灰在芯部堆积。当电子密度受反馈控制维持稳定时,氦灰的堆积会逐渐稀释燃料粒子份额,降低聚变功率,并阻止燃烧时间的拉长。边界注入的杂质粒子除了在 H 模台基附近造成辐射损失之外,还可能在俘获电子模等湍流模式的箍缩作用下对流到芯部,也会稀释燃料粒子份额,降低聚变功率。避免杂质聚芯是示范堆等离子体输运与约束研究中的重要问题之一。燃料粒子氚的约束则关系到氚燃烧率,从而影响氚自持。根据不同径向区域氘、氚粒子的输运特性,结合一些深度加料手段,提高这些燃料离子密度分布的峰化程度,对提升聚变功率和氚燃烧率都有积极作用,甚至是必要的。因此,在缺乏实验定标律的情况下,结合实验和第一性原理的理论模拟,提高对示范堆条件下燃料粒子、氦灰和杂质粒子输运参数计算的可靠性具有重要意义。

5.2.2　面向等离子体输运的理论模拟方法与挑战

面向等离子体输运的理论模拟方法有三种类型,在物理保真度、计算速度、应用场景上有所区别,如图 5-3 所示[5]。

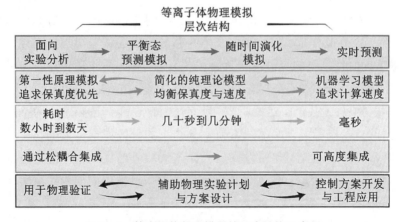

图 5-3　等离子体物理模拟的层次结构示意图

第一种类型是可称为"第一性原理模拟"的回旋动理学模拟,可用于深入分析实验中的湍流模式及非线性物理过程。在过去 20 年中,回旋动理学模拟分析已经揭示了无 α 粒子加热的等离子体芯部输运比较完整的物理图像,其中包括了能量、粒子、动量输运以及它们之间的耦合。这种模拟技术的局限性在于其需要大量的计算资源。例如,用于分析先进运行模式所采用的非线性回旋动理学模拟需要上万核时(CPU-hour)的模拟计算。而当研究跨尺度湍流模式相互作用、湍流模式与新经典效应耦合、内部输运垒与台基非线性物理等前沿课题时,模拟所需的计算资源需要再大 1 个数量级。正是因为对计算量的庞大需求,非线性回旋动理学模拟无法耦合到完整的等离子体演化模拟中。

第二种类型是在回旋动理学模拟基础上发展起来的简化的纯理论模型,如准线性回旋流体模型(如 TGLF[6])和准线性回旋动理学模型(如 QuaLiKiz[7])。这些模型在定性与定量上都保留了丰富的物理机制,又节省了大量的计算资源,能够有效地耦合到完整模拟等离子体演化的集成建模之中,对放电过程中的等离子体剖面进行预测。目前,对于类似 ITER 基准运行模式这种常规 H 模芯部的等离子体输运,此类简化模型的模拟计算已经足够可靠。然而,这些模型还不能对部分类型的内部输运垒与台基中的输运物理过程进行完全准确的定量模拟。因此,这些模型还需要从原理上进行改进,以对优化 H 模中的输运过程进行更准确的模拟计算。

第三种类型是利用大量由第二种类型模拟所给出的模拟数据库,采用现代机器学习方法,训练出物理模型的神经网络版本。图 5-4 展示了用来训练 TGLF 神经网络模型(TGLF-NN)的网络拓扑结构[5]。TGLF-NN 输入量与 TGLF 模型所需输入量一致,为局域平衡和与剖面相关的无量纲物理量。这些物理量驱动可能会影响湍流输运。TGLF-NN 输出量为温度与密度剖

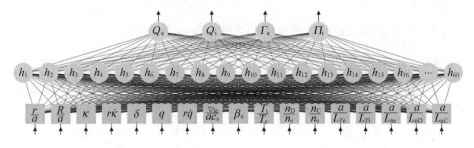

图 5-4　训练 TGLF 神经网络模型的网络拓扑结构

面演化模拟中所需的能流(Q_e与Q_i)、粒子流(Γ_e)和动量流(Π_i)。与物理模型相比,神经网络模型计算效率很高,有望集成到用于等离子体控制的模拟计算中。当然,这种模拟在原理上的准确性将依赖于第二种类型模型的准确性。

综上所述,面向 ITER 和示范堆等离子体的输运物理,需要进一步丰富第二类模型所包含的物理机制,提高其对先进运行模式中等离子体输运计算的可靠性,并及时更新与推广第三种类型的模拟手段。这是 ITPA 输运物理组的共识。在此基础上,构建合适的参考等离子体,用于第一性原理模拟与深入分析,以预判大量 α 粒子加热在 ITER 与示范堆等离子体的能量与粒子约束中的作用。ITER 开展燃烧等离子体实验用于检验这些模型,从而评估其在预测示范堆中等离子体输运的可靠性。

5.3 高能量粒子

前面提到示范堆的聚变增益很高,α 粒子的有效加热将达到辅助加热的 2 倍以上。因此,最主要的高能粒子成分将是最高能量为 3.5 MeV、平均能量大于 1 MeV 的 α 粒子。根据对 EU‐DEMO 的相关估算,等离子体芯部的 α 粒子比压占总体比压的份额可达到 20%~40%。避免过多的 α 粒子损失是保证聚变增益的关键之一。同时,因为 α 粒子能量很高,而它在边界的损失通常又是很局域的,少量的 α 粒子损失就可能会损害真空室壁或偏滤器,所以尽量减少 α 粒子损失将有利于延长装置维护周期与提高装置的安全性。

对于 α 粒子来说,基本的损失途径来自轨道损失。在不考虑 α 粒子激发的不稳定性及等离子体自身的磁流体不稳定性影响下,这种轨道损失可以通过粒子轨道模拟程序进行预测,并在示范堆物理优化设计中减小至可接受的程度。因此,对示范堆长期高聚变增益安全运行来说,α 粒子受其所激发的不稳定性与等离子体芯部磁流体不稳定性的影响是研究重点。

5.3.1 阿尔芬本征模与磁流体不稳定性对α粒子的影响

α 粒子的特征速度接近阿尔芬速度,因此 α 粒子在径向上固有的不均匀分布是驱动阿尔芬本征模的自由能来源。特定本征模的激发还取决于自由能驱动的增长率能否克服各种阻尼机制。通过这些阻尼来抵消自由能的驱动是聚变堆高能粒子研究中的重要内容。聚变堆物理分析中三种常见的阿尔芬本征模阻尼机制如下:① 阿尔芬本征模的扰动区域与阿尔芬连续谱重叠,产生连续谱阻尼;② 阿尔芬本征模与低速共振区的背景热离子共振,产生离子朗道阻尼(对于 TAE 来说,低速共振区的离子速度约为阿尔芬速度的 1/3);③ 通过有限拉莫尔回旋半径效应转换成动理学阿尔芬波,产生"辐射"阻尼。除此之外,还有电子朗道阻尼,以及等离子体边界附近的俘获电子碰撞阻尼等。3.9 节已经介绍了托卡马克等离子体中可能存在的多种阿尔芬本征模。在 ITER 量级的等离子体中,如果安全因子分布是单调的正剪切分布,那么 TAE 将是最主要的本征模。在示范堆中,α 粒子比压更高,从而可驱动等离子体中原本不存在的本征模,如高能粒子模(EPM)等。目前世界上有多个成熟的阿尔芬本征模分析程序可以用于阿尔芬本征模的线性分析,计算出本征模的频率、增长率及模结构等。这种分析已经是示范堆物理设计中一个必要的步骤。图 5-5 是采用普林斯顿开发的 NOVA 程序所计算的 ITER 基准运行模式下连续谱与各种本征模的空间分布[8]。在连续谱(图中实线)的间隙中,存在各种类型的局域本征模(包括 TAE、BAE、RSAE、KTAE、EAE、BAAE 等)、全局阿尔芬本征模(GAEs)以及靠近边界的可压缩阿尔芬本征模(CAEs)。在没有高能粒子自由能驱动的情况下,这些本征模通常无法克服背景离子和电子的阻尼。

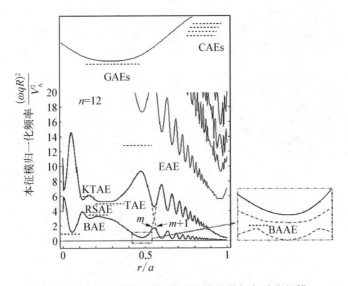

图 5-5　ITER 基准运行模式中连续谱与各种本征模

值得注意的是,示范堆和 ITER 小半径都比现有装置大,TAE 不稳定性区域的相对大小就比现今实验装置上的区域小,单独一种模式对 α 粒子输运的影响就比较小。因此,在示范堆和 ITER 上,跨尺度过程更加令人关注。这些跨尺度过程包括如下几种:① 如果多个阿尔芬本征模(由位形空间与能量空间共同组成)在粒子相空间中的共振区发生重叠,可能导致共振粒子在较大区域发生随机扩散;② 较大的不稳定性可改变安全因子分布,并导致鱼骨模或其他扫频现象出现,从而引发共振粒子的大范围输运;③ 阿尔芬本征模的扰动与 α 粒子轨道损失相继"叠加",大大增强了 α 粒子轨道损失等。

关于第③点,即使只有少数几种模式对共振粒子的分布进行修改(常称为共振粒子在相空间"再分布"),如果修改后有大量 α 粒子落入了相空间轨道损失区(loss cone)中,那么 α 粒子的损失也是相当显著的。图 5-6 给出了阿尔芬模与高能粒子轨道损失相继"叠加"的一个示例,来自 DⅢ-D 低密度、低电流实验条件下中性束所产生的高能粒子的模拟分析[9]。该实验中存在反剪切阿尔芬本征模(RSAE)。图 5-6 中没有 RSAE 时的未扰动粒子导心轨道在低

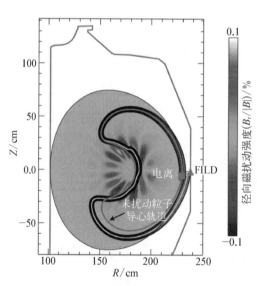

图 5-6 DⅢ-D 实验中反剪切阿尔芬本征模作用下高能粒子轨道的模拟分析

场侧靠近最外封闭磁面,但是轨道仍然是闭合的。RSAE 产生的磁场扰动会导致共振高能粒子的导心轨道发生偏移——当粒子经过芯部 RSAE 扰动区时发生共振,粒子轨道变得更宽,最终打到器壁上,产生损失(图中由安装在器壁的快离子探测器 FILD 所捕获)。该实验中等离子体电流比较低,因此粒子未扰动轨道比较宽,才会同时经过芯部深处的 RSAE 不稳定区和靠近最外封闭磁面。提高等离子体电流,可以压缩轨道宽度,将未扰动的粒子轨道和 RSAE 不稳定区分离,削弱两者耦合,降低高能粒子损失。

如果运行模式容许一定幅度的锯齿振荡、一些低模数的内扭曲模或撕裂模,那么 α 粒子的存在会与这些模产生相互作用。α 粒子能够驱动极向模数与环向模数都为 1 的新内扭曲模——鱼骨模,从而大大改变自身分布。α 粒子能够致稳锯齿振荡,提高后者的爆发阈值,延长锯齿周期,最终导致锯齿振荡以

较大幅度爆发,从而放大其所导致的等离子体性能损失。锯齿振荡也可能导致芯部 α 粒子分布的改变,从而触发大量阿尔芬本征模雪崩式的爆发。这些过程的潜在危害性很大,因此在示范堆运行模式设计时,应当尽量避免。

5.3.2　阿尔芬本征模的控制

如何抑制阿尔芬本征模所造成的 α 粒子再分布与损失是燃烧等离子体领域比较火热的研究课题。原理上,所有控制方法无外乎如图 5－7 表示的三类[10]:

(1) 直接修改高能粒子在相空间的分布;

(2) 修改背景等离子体的安全因子分布;

(3) 修改背景等离子体的温度与密度分布。

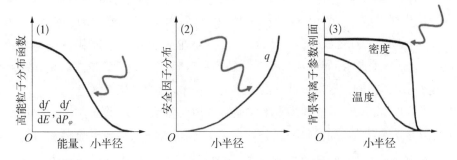

图 5－7　主动控制被高能粒子所驱动的阿尔芬本征模的原理示意图

关于第(1)点,由于高能粒子贡献的驱动源 $\gamma_{\mathrm{E}}^{\mathrm{drive}} \propto \beta_{\mathrm{E}}[n(\mathrm{d}f/\mathrm{d}P_{\varphi}) + \omega(\mathrm{d}f/\mathrm{d}E)]$,因此原则上通过外部共振加热手段可以"直接"修改阿尔芬本征模不稳定性的增长率。在该表达式中,ω 与 n 分别是本征模的频率和环向模数,E 是高能粒子能量,而正则环向角动量 P_{φ} 是磁面坐标的函数,高能粒子分布函数 f 是 P_{φ} 与 E 的函数。

实验研究已经验证了多种主动控制阿尔芬本征模手段的有效性。这些手段包括如下几种:

(1) 调节中性束或 ICRF 参数来控制高能粒子在相空间的分布;

(2) 通过局域电流驱动修改安全因子剖面来改变阿尔芬连续谱;

(3) 通过改变加热手段来影响高能粒子慢化分布;

(4) 外加三维扰动场,调节高能粒子分布。

与现今实验不同,燃烧等离子体中 α 粒子的能量远高于已有实验中由中性束与 ICRF 所产生的高能粒子的能量,因此以上手段能否兼容 ITER 和示范堆的实验条件仍然是一个待解决的问题。

除了主动控制阿尔芬本征模外,发掘 α 粒子能量转移的新通道也可能为减少聚变堆 α 粒子损失提供新的思路。近些年的理论研究已经发现,α 粒子可以通过激发容易与燃料离子共振的波模,从而将能量快速地转移给燃料离子。能量转移的路径包括 α 粒子→测地声模→燃料离子,α 粒子→环形阿尔芬本征模→测地声模→燃料离子等。

5.4 加热与驱动

目前示范堆设计中对辅助加热常见的需求如下:辅助等离子体参数爬升进入 H 模及燃烧状态;提供电流,延长脉冲时间以实现稳态运行;调控电流剖面以优化约束或避免 MHD 不稳定性,以及采用 ECCD 控制新经典撕裂模(neoclassical tearing mode,NTM)。一些潜在的应用包括控制燃烧不稳定性、避免杂质聚芯、控制高能粒子产生的不稳定性等。最大的挑战就是在满足上述需求的情况下,尽量降低辅助加热功率需求,以提高聚变增益。

与 ITER 相比,示范堆为了增加氚增殖包层覆盖面积,将会尽量减少用于安装诊断和辅助加热的窗口数目,因此必须有高效的加热与电流驱动组合方案,以及相应更可靠的反馈控制方案。示范堆追求实现工程意义上的能量增益大于 $1(Q_{eng} > 1)$,这就要求不仅进入等离子体的功率能被高效利用,还需加热系统自身能量转换效率(即注入等离子体的波或中性束功率与给辅助加热系统供能的电功率之比,常简称为系统功率转换效率)尽量高。即使采用接近 ITER 的辅助加热与电流驱动方案,由于示范堆的尺寸、磁场、电流、中子辐照更大,因此其对各种系统的技术要求(如功率耦合效率、抗辐射能力等)更高。下面简单介绍常用的辅助加热手段。

5.4.1 中性束

中性束在等离子体中的穿透深度大致正比于束能量,反比于等离子体密度。在目前最大的装置 JET 上,等离子体密度约为 5×10^{19} m^{-3},中性束能量约为 120 keV,可估算出穿透深度约为 0.7 m,接近 JET 小半径 0.9 m。在 ITER 等离子体中,密度约为 10×10^{19} m^{-3},小半径为 2.0 m。120 keV 的中性束只能穿透到归一化小半径约为 0.8 的位置,无法进入等离子体芯部。因此,

ITER 采用能量为 1 MeV 的中性束,以尽量实现切向注入所需的穿透深度。因为示范堆的尺寸和密度都比 ITER 大,所以中性束若要实现同样位置的芯部功率沉积,需要更长的穿透深度,也就需要更高的能量,或者采用更垂直的注入角度,以减少到达等离子体中心所需的穿透深度。

ITER 和示范堆上中性束的高能量特征将会导致两个后果。

首先,在同样功率下,束能量越高则动量越少,中性束能够驱动的环向旋转越小。因此,ITER 和示范堆等离子体运行模式都是所谓的低环向力矩(low-torque)运行模式。在示范堆上无法通过中性束驱动环向旋转剪切来抑制湍流输运而获得内部输运垒。此外,在同样的束功率下,束能量越高,中性束的粒子束流越小,导致其提供的芯部粒子源越小,也就难以作为有效的加料手段。因此,中性束在反应堆量级的等离子体运行中,主要用于电流驱动与辅助加热。

其次,在高能量中性束中,获得加速的离子需要经过电荷交换重新中性化,从而能够穿透磁场进入等离子体。中性化效率对中性束的系统功率转换效率有至关重要的影响。正离子的中性化效率在离子能量达到 200 keV 时将低于 20%,因此不适合 ITER 和示范堆使用。如 3.5 节所提到的,当今中性束系统研发的重点与挑战就是开发高能量的负离子源中性束。

相比于 ITER,示范堆上的负离子源中性束通常需要有更长的束脉冲以及更高的运行稳定性。表 5 - 1 给出了 ITER、CFETR 与 EU - DEMO 设计中所采用的中性束系统参数的比较。其中,与 ITER 相比较,CFETR 与 EU - DEMO 采用较多的等离子体发生器与较低的束流密度来提高设计的可靠性。由于中性束离子的产生、引出、加速、聚焦与中性化是一个复杂的非平衡过程,提高系统设计的可靠性与运行稳定性需要对各个过程都进行物理与工程建模、优化及预研试验。目前对上述过程的物理建模都是分开的,未有对整个中性束系统中等离子体进行完整的建模。进一步发展相关等离子体物理模拟,实现对整个系统的集成建模,依然是一个重要的课题。

表 5 - 1　NBI 系统参数比较

托卡马克装置	ITER	CFETR	EU - DEMO
束源等离子体发生器个数	8	12	60
束流密度/(A/m²)	200	140	180

（续表）

托卡马克装置	ITER	CFETR	EU-DEMO
束流强度/A	40	50	33.3
单束注入功率/MW	16.7	20	16.8
束脉宽/h	1	4	2

5.4.2 电子回旋波

在 ITER 和示范堆上电子回旋波不仅用于加热,还需提供显著的电流驱动(ECCD)。使用电子回旋波的挑战主要来自需要发展适合强磁场的高频率波源,并提高系统功率转换效率。在满足比压限制 $\beta \leqslant \beta_{limit}$ 的条件下,维持聚变所需的离子能量密度(即 $n_i T_i \propto \beta B^2$),就要求聚变堆中心磁感应强度 B 必须足够大(如 ITER 的磁感应强度为 5.3 T,EU-DEMO 的磁感应强度为 5.9 T,CFETR 的磁感应强度为 6.5 T)。在不考虑热效应的情况下,与中心区域电子发生回旋共振的电子回旋波频率为 $f = 28B$(单位为 GHz)。例如,ITER 中 $f = 148$ GHz,EU-DEMO 中 $f = 165$ GHz,CFETR 中 $f = 182$ GHz。当考虑相对论效应与多普勒效应后,实现中心区域共振加热与电流驱动所需的波频率必须比上述频率还要高。

ITER 装置所采用的电子回旋波频率为 170 GHz。EU-DEMO 和 CFETR 有可能采用更高频率的波以及顶部发射方案,以使得电子回旋波将功率沉积在比中心磁场更高的等离子体区域,从而获得更高的离轴电流驱动效率。这种方案导致波频率的增幅比 ITER 更大。图 5-8 给出了 FNSF-AT 设计中的顶部发射与传统低场侧发射方案的对比[11]。在顶部发射方案中,回旋共振线(即忽略相对论效应的电子回旋频率等于波频率的特征线)必须布置在靠近强磁场侧的边界,才能保证波可在归一化小半径约等于 0.5 的离轴区域沉积功率与驱动电流。FNSF-AT 的中心磁感应强度为 5.44 T,与 ITER 磁场接近。该装置的物理设计采用先进托卡马克运行模式,因此需要高效的离轴电流驱动。

电子回旋波在聚变堆中的另一个主要应用是通过“局域”的电流驱动,补充自举电流的扰动损失,稳定新经典撕裂模(更多介绍见 5.5 节)。这需要电子回旋波驱动电流保持足够窄的剖面分布。满足这个要求不仅需要技术上设

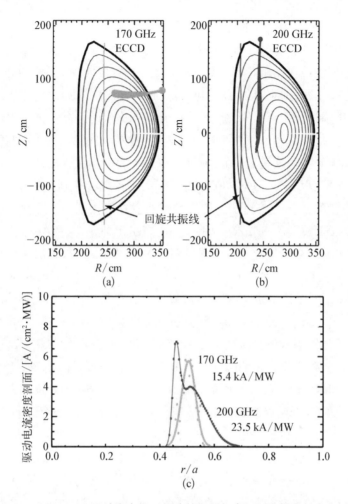

图 5 - 8　FNSF - AT 设计中电子回旋波低场侧与高场侧顶部发射方案对比

（a）低场侧发射时波束的轨迹；（b）高场侧顶部发射时波束的轨迹；（c）程序模拟的驱动电流密度剖面

计合适的光路聚焦方案，还需在物理上研究清楚波在等离子体边界与芯部传播过程中由于各种涨落现象而发生波束展宽的可能性。对于后者，目前还存在物理上的不确定性。

5.4.3　离子回旋波

根据实验研究，离子回旋波是除了中性束之外能够直接加热离子的有效手段。然而，示范堆尺寸大，离子回旋共振层的空间区域占整个等离子体的比例较小，因此，直接加热离子的功率份额会减小。影响离子回旋波有效利用的两个关键问题是应用模式的选择与高效的功率耦合。

离子回旋波应用模式的选择对波频率的选择有至关重要的影响。在燃烧阶段，离子回旋波可用于芯部深处等离子体加热，以实现聚变功率控制、锯齿控制、堆芯杂质排除；也可以用于电流驱动，补充磁轴附近的电流密度。在参数爬升与下降过程中，离子回旋波可用于预热及辅助等离子体软着陆等。对于示范堆来说，所选择的波频率通常要避免波被 α 粒子吸收，否则将阻碍 α 粒子慢化，增大 α 粒子损失到边界的风险，以及不利于波加热燃料离子。

对 ITER 以及 EU‐DEMO 等离子体的理论研究表明，在氘氚等离子体中，加入少量的 ^{3}He，并将离子回旋波频率选取在等离子体中心处 ^{3}He 回旋频率（即氘离子回旋频率的 2 倍）的附近，能满足上述需求。这种方案称为 ^{3}He 少子加热方案。它的缺点是 ^{3}He 是一种非常昂贵的资源，无法大量使用。一个折中方案就是只在参数爬升与下降阶段使用 ^{3}He，而在燃烧阶段不再补充 ^{3}He，使得离子回旋波加热模式变成以电子加热与氘离子倍频加热的组合。

还有一种备选方案是近几年重新获得关注的"三离子"方案。这种方案在氘氚等离子体中引入极少量的第三种离子，用于基频回旋加热。这种离子的回旋频率需要处于氘和氚的回旋频率中间。对于 ITER 来说，Be、^{7}Li、Ar 都可以作为第三种离子。由于这些离子的电荷质量比都接近 D，这种方案要求的波频率接近 D 离子回旋频率，因此与 ^{3}He 少子加热方案不兼容。同理，这种方案的波频率接近 α 粒子回旋频率，不可避免会被 α 粒子吸收部分功率。

影响离子回旋波天线与等离子体之间功率耦合的物理机制一直是托卡马克离子回旋波加热研究中的重要问题。示范堆上天线与等离子体间的距离通常比现有装置上的距离大，耦合的问题将更加严峻。ITER 与示范堆上有关离子回旋波的优化设计主要集中在对天线结构的优化上，以提高耦合效率（耦合功率与天线表面电场之比）或提高抗干扰能力。目前有两类可供示范堆选用的天线设计方案。一类是由 ITER 所采用的经典设计，由多个包含独立馈点的电流带天线组成。另一类是行波天线（TWA），它由一组单馈点的环向并排天线组成。后者在理论上有望获得比前者更高的耦合效率，且受等离子体扰动的影响也较低。图 5‐9 展示了一个 TWA 的模拟算例[12]，其中，除了首尾两组电流带（strap）有馈点与外部功率源相接之外，中间其他电流带都是无源的。如图 5‐9 中所示，在波功率从左到右传递的过程中，当某块电流带与等离子体耦合减弱时，未能耦合的功率可通过后续电流带继续与等离子体耦合，从而增强整体的抗干扰能力。目前有关离子回旋波 TWA 的研究还很少。近些年法国 WEST 装置开始装备 TWA,相关物理实验将检验 TWA 与等离子体功率耦合的物理理论。

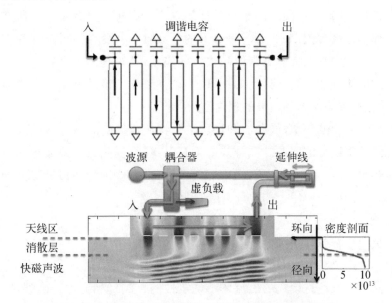

图 5-9　行波天线发射离子回旋频段快波的模拟算例

5.4.4　低杂波与高次谐频快波

低杂波通过与快电子的共振,从而驱动电流。由于这些共振快电子的平行速度是热速度的 3～5 倍,其所受到的碰撞阻尼与散射作用都远小于普通电子所受的作用,因此低杂波电流驱动效率远高于其他电流驱动方式。由于示范堆中芯部电子温度很高,在芯部靠外的地方的温度足以保证有大量的快电子能与低杂波发生共振,因此低杂波功率往往沉积在芯部靠外的地方,驱动靠外的电流(通常在归一化小半径 $r/a \geqslant 0.65$ 的区域,具体位置依赖等离子体参数、天线功率谱与天线位置)。这种特点限制了其在示范堆多种运行模式中的应用。目前,能够充分发挥低杂波电流驱动优势的运行模式是由远离磁轴反磁剪切维持内部输运垒的先进运行模式。低杂波离轴电流驱动的其他应用场景包括减小混合运行模式中芯部的欧姆电流、避免锯齿和鱼骨模、辅助实现完全非感应运行等。因此,与运行模式的兼容性是低杂波应用的关键问题。

高次谐频快波(high harmonic fast wave,HHFW)有时又称为螺旋波(helicon wave),是频率为 20～50 倍离子回旋频率的快波,其主要与热电子共振,在示范堆上可传播到比低杂波更深的芯部区域。早在 20 世纪 90 年代 DⅢ-D 装置上就做过一些相关实验。因为高次谐频快波电流驱动效率低于低杂波,所以后续很长一段时间未有其他装置实验跟进。近些年相关研究逐渐恢复。作为芯部深处($r/a \leqslant 0.6$)高效的电流驱动手段,在多个未来聚变堆的初步模拟设计中都在考虑高次谐频快波的应用,特别是用于多种先进运行模式所需的电流剖面控制。目前 DⅢ-D 上正在装配新型的高次谐频快波行波天线,检验有关高次谐频快波的理论预测。

与离子回旋波类似,低杂波和高次谐频快波需要克服波导或天线与等离子体之间功率耦合的问题。耦合效率不高时,强行提高天线或波导功率会导致局域热斑,产生重金属杂质,污染等离子体,甚至烧蚀天线或波导。提高耦合效率是这两种波应用上非常具有挑战性的问题。

5.5 磁流体不稳定性

面向示范堆运行模式的磁流体不稳定性的控制目标为预防破裂,以及预防大的磁流体不稳定性导致的 α 粒子与等离子体能量的瞬态损失。下面对相关的几个方面做介绍。

5.5.1 破裂与宏观不稳定性

示范堆中磁流体不稳定性控制的首要目标是预防破裂。针对 EU-DEMO 的一些计算结果表明,相比于 ITER,示范堆拥有更高的储能、能量密度和等离子体电流,破裂的危害会大得多。ITER 采取高压气体注入与破碎复合弹丸注入作为快速缓解破裂的方案。在示范堆上采取这些方案,需要将储气罐和破碎复合弹丸的发射系统尽量靠近等离子体,这对系统的响应速度和抗辐射要求都很高。即使一个完美的缓解方案,能将破裂的能量均匀地辐射到器壁上,这种辐射导致钨靶板的瞬态温升也接近其热裂纹形成的阈值。除此之外,一旦发生过破裂,示范堆装置就需要重新进行长时间的充气与抽气循环以清洁真空室,降低了示范堆宝贵的可用性(availability)时间。因此,示范堆上与破裂相关的研究重点在于对破裂的预防,而不是依赖于破裂缓解。为实现这一点,首先需要对运行区极限有准确、可靠的物理理解,主要包括如下两点:① 在包含杂质注入、高台基密度、α 粒子加热条件下的密度极限;② 高能 α 粒子平均比压占 10%~30% 条件下的等离子体比压极限。除此之外,还需对垂直不稳定性、新经典撕裂模、电阻壁模、大锯齿、大边界局域模进行控制。

垂直不稳定性是示范堆设计初期就需要考虑的问题。这种不稳定性会限制等离子体拉长比、环径比、最大电流的设计值。其中,提高等离子体拉长比能增大等离子体体积,提高聚变功率;但是过高的拉长比会提高垂直不稳定性的控制难度。另外,在等离子体参数爬升、平顶燃烧阶段、参数下降阶段都要对垂直位移保持监测和控制。通过考虑包层对垂直不稳定性的被动致稳作用,可以大致找出可被控制的拉长比;并通过在包层及周边安放主动控制线圈(常称为内部线圈,以区别于平衡场线圈),对垂直位移幅度进行控制。总之,基于垂直不稳定性,对等离子体尺寸做权衡以及对被动与主动控制方案做优化设计,都是示范堆详细设计之前必须直面的问题。

对于先进运行模式,需要控制新经典撕裂模和电阻壁模。新经典撕裂模(NTM)是在有种子磁岛的条件下,与新经典自举电流自发变化有关的低模数撕裂模。先进运行模式中自举电流占总电流的份额比常规 H 模高,可达到 $50\% \sim 90\%$。在这些条件下,如果等离子体中存在 $q=3/2$ 或 $q=2$ 等共振面,预计这些磁面处的自举电流份额也会很高,这就使得新经典撕裂模的触发阈值比较低,容易被其他等离子体涨落或磁流体模产生的种子磁岛所激发。出现不受控制的新经典撕裂模往往是破裂的先兆,应当设法避免。未发生破裂的撕裂模所产生的磁岛也会导致内部的能量和粒子快速向外对流,从而增强磁岛内外边界温度与密度剖面梯度,产生远大于湍流输运的能量与粒子输运(包括 α 粒子输运)。及早探测磁岛并抑制其增长仍是比较有挑战性的课题。示范堆设计中考虑使用的主流控制方法是采用调制的电子回旋波局域电流驱动(ECCD)补偿 NTM 发展过程中损失的自举电流,抑制不稳定性的自反馈发展。为了维持较高的聚变增益,需要优化控制方法,尽量降低所需的电子回旋波功率。与 ITER 类似,预计示范堆上电子回旋波所驱动电流的宽度将大于 NTM 初始磁岛的宽度。这种情况下需要采用调制的 ECCD,保证只对磁岛 O 点进行电流驱动,而避开磁岛 X 点,才能维持较高的控制效率,降低波功率需求,如图 5-10 所示[13-14]。因此,这种控制方法需要同时发展探测 NTM 磁岛 O 点位置的精确诊断技术。

自举电流比感应电流更离轴,因此自举电流的提高会降低等离子体的内感,继而降低无壁条件下等离子体的理想磁流体比压极限。超越或接近该极限运行的等离子体容易引发电阻壁模。根据现有实验与理论研究,可以通过外部线圈或动量注入推动等离子体旋转,使得原本为"驻波"类型的电阻壁模

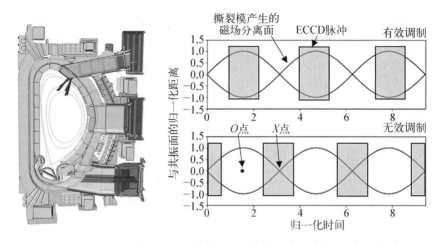

图 5－10 ITER 上抑制 NTM 的电子回旋电流驱动系统与调制抑制方案

变成"行波"，避免发生"锁模"而原地增长，从而减轻其产生的危害；也可以通过外部线圈产生磁场来抵消电阻壁模自发的扰动磁场，使得器壁重新变成类似隔绝磁场的理想导体壁，对电阻壁模不稳定性进行抑制。在示范堆上应用上述手段时将会遇到如下一些问题：① 如 5.4.1 节所提到的，示范堆上中性束所能提供的环向力矩比较低，无法驱动很高的旋转，很可能无法满足控制电阻壁模的需求；② 安装外部线圈会侵占氚包层空间，影响氚增殖目标。另外，降低等离子体比压，使其远离比压极限，则需要牺牲等离子体聚变性能。综合考虑以上因素是设计高自举电流份额先进运行模式的一大挑战。

对于常规 H 模或较低安全因子的混合运行模式，也需要考虑新经典撕裂模的控制问题，同时可能还需对芯部锯齿振荡进行控制。锯齿振荡的控制需要尽量减小锯齿振荡的空间区域，以及锯齿振荡导致的压强再分布。燃烧等离子体中产生的 α 粒子可以致稳锯齿振荡，延长锯齿周期。这就可能导致锯齿振荡的规模和危害增大——除了改变芯部的温度、密度和 α 粒子分布之外，大锯齿振荡可能为新经典撕裂模提供种子磁岛，产生更大的危害。利用射频波在 $q=1$ 磁面附近驱动电流可以抵消 α 粒子的作用，重新调制锯齿周期；通过其调整等离子体电流剖面，避开 $q=1$ 面也可以作为避开锯齿振荡的方法。

5.5.2　边界局域模

除了芯部的磁流体不稳定性外，H 模等离子体台基的边界局域模（ELM）也需要控制或优化。如 3.8 节所提到的，大 ELM 爆发带来的瞬态热流和粒子流可能造成钨偏滤器靶板的大量溅射。这种溅射所产生的钨杂质如果进入台基区域,有可能导致辐射过量,使台基发生 H–L 模转换,甚至诱发热猝灭而破裂。如果 NTM 的共振面比较靠外,大的 ELM 也可能与其耦合,激发 NTM 的增长,诱发破裂。

目前,有两类方法避免大 ELM 爆发。第一类方法是寻找合适的等离子体参数区间,使台基变为小幅度的 ELM 或无 ELM(ELM free)H 模等离子体。DⅢ–D 上发现的 QH 模(quiescent H-mode)运行模式就是无 ELM 的。与完全没有 ELM 相比,保留小幅度的 ELM 有利于等离子体排除氦灰和杂质。杂草型边界局域模(grassy ELM)可以满足这种需求,同时其所造成的瞬态能量损失比一型 ELM(type 1 ELM)要低 1 个数量级(见图 5–11)[15]。实验上所发现的无 ELM 和杂草型 ELM 等离子体运行模式在理论解释方面还存在一些争议,并且还需要在完全金属壁以及包含杂质注入实现脱靶等边界条件下做进一步的实验验证。在反应堆设计中,还需考虑这些参数区间与整体运行模式

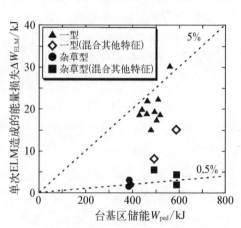

图 5–11　JT–60U 上杂草型 ELM 与一型 ELM 所造成的台基储能损失对比

的兼容性。例如,特定的台基条件是否与内部输运垒条件相互兼容,是否受台基附近低杂波驱动电流的影响,以及是否与高辐射刮削层边界条件相兼容等。

第二类方法是通过外部控制手段缓解或调制 ELM,减小其幅度并改变其周期。比如,在真空室壁上安装共振磁扰动线圈(RMP),采用弹丸注入调制台基剖面和 ELM 周期等。在示范堆上,安装 RMP 线圈可能需要侵占包层空间,削弱氚增殖和辐射屏蔽能力;而弹丸注入台基区域则可能与芯部氚密度剖面控制、氚增殖率控制等参数目标冲突。因此,面向示范堆 H 模等离子体的最优 ELM 控制方法还需要进一步研究。

5.6　热与粒子排除

示范堆采用偏滤器位形来处理热与粒子排除问题。偏滤器靶板需要长时

间承受稳态和瞬态热负荷。相关的基本物理过程已在 3.7 节做了介绍,这里简要介绍示范堆与 ITER 的一些不同点,并对相关物理模拟手段做概述。

总体上,由于示范堆比 ITER 有更强的中子辐照以及更长的放电时间,因此相同材料的靶板所能容忍的热负荷要小于 ITER 的。在示范堆上,有不少研究考虑采用超越 ITER 的先进偏滤器位形,提高打击点附近的磁展宽,增加等离子体 X 点和靶板距离,增加打击点个数,增大打击点有效面积等,从而减少热负荷。先进偏滤器位形通常需要较大的偏滤器线圈电流(对应较大的线圈尺寸),以及让该线圈靠近等离子体 X 点。然而,在示范堆高中子辐照条件下,需要有足够厚的屏蔽层以保护线圈,很难满足上述要求。因此,设计与验证适用于示范堆的先进偏滤器位形还是一个未解决的问题。

在缓解 ELM 爆发所产生的瞬态热负荷方面,示范堆与 ITER 相似,大 ELM 的运行模式是不可接受的。如 5.5 节所提到的,因为示范堆有约 1 m 厚的氚增殖包层并有较高的氚燃烧率物理要求,所以 ITER 所采用的 ELM 控制手段(弹丸注入和外加 RMP)可能不适用于示范堆。

在粒子排除方面,示范堆与 ITER 类似,大功率的抽气是必须的。为了降低偏滤器靶板的热流,目前主流方案是采取在偏滤器区主动注入杂质,并配合上游充气来形成辐射偏滤器以及脱靶。因此,抽气系统的首要目的是与此类方案配合,控制偏滤器区及附近的中性粒子压强分布,排出脱离辐射区的中性杂质及燃料气体。除此之外,抽气系统要与多种氚处理及循环回路相连(具体见 6.3 节),是氚循环系统的重要组成部分。由于示范堆体量更大,并需要实现整体系统的氚自持,对抽气速率及抽气系统布局的设计要求均比 ITER 的高。

对边界与偏滤器等离子体参数分布的物理模拟,需要多物理建模(multiphysics modelling)。建模需要同时考虑边界等离子体中多种价态的离子、电子与中性粒子,求解粒子、能量与平行动量的平衡方程,其中还需包括粒子的电离、复合、电荷交换、垂直磁场方向的漂移与反常输运等物理过程。大多数示范堆和 ITER 都采用钨作为偏滤器靶板材料,从而在等离子体中引入价态丰富的钨离子,极大地增加了物理模拟的耗时——包含漂移与多种价态钨离子的边界物理模拟往往需要数月以上的计算时间。在尽量保留自洽性的基础上,降低模拟时长,是反应堆托卡马克边界物理模拟的挑战与发展方向。目前,使用最广泛的边界等离子体物理模拟程序是 SOLPS,并在近些年由 ITER 组织发起,发展了改良版,即 SOLPS-ITER。SOLPS 本质上是一个集成程序,耦合了模拟边界中性气体的三维蒙特卡洛程序 EIRENE 和模拟边界等离子体的二维流体程序 B2 或 B2.5。由于 SOLPS 只关注输运时间尺度的物理过程,并未包含对反常输运系数的计算以及对边界局域模爆发过程的模拟,因此更自洽的物理模拟还需要耦合其他物理程序,比如 BOUT++、TOKAM3X、XGC 等。这些物理程序用于模拟边界等离子体不稳定性相关的特征时间尺度内的物理过程。

5.7　加料与燃烧率

实现氚自持循环是示范堆的主要目标之一。6.3 节将介绍完整的氚燃料循环过程。实现氚自持循环,需要包层系统具有足够高的氚增殖率和循环效率。在给定包层氚增殖率的前提下,提高氚加料效率和氚燃烧率可以提高氚的利用效率,减小氚在循环系统滞留所产生的衰变损失,提高整个示范堆系统的氚增殖率。氚加料效率指的是注入真空室的所有氚粒子中进入等离子体封闭磁面区的比例。氚燃烧率指进入等离子体封闭磁面区的氚粒子最终发生聚变反应的比例——其余的氚粒子在聚变反应之前已输运到封闭磁面以外。在 CFETR 工程设计活动中(2017—2020 年),基于氚加料与循环系统的优化设计估算出了氚燃烧率必须约大于 3%。这个数值远大于 ITER 基准等离子体运行模式的氚燃烧率(约 0.3%)。也就是说,即使 ITER 取得成功,如何在示范堆上实现高氚燃烧率仍然是一个挑战。提高氚燃烧率的途径包括提高等离子体中氚的约束,提高聚变功率(也就是聚变效率),以及提高氚粒子密度分布的峰化程度。例如,在 CFETR 物理设计活动中,利用堆芯-边界耦合模拟已指出了加料深度与聚变功率的提高对氚燃烧率的提升作用,如图 5-12 所示[16]。

目前基于回旋流体的湍流输运模拟说明了在示范堆这种低碰撞率等离子体中,电子密度剖面会比当前装置上常规 H 模中的剖面更峰化。然而,这并不等价于燃料离子剖面会更峰化。通过深度加料来提高氘氚离子剖面的峰化程度是一个重要的研究方向。由于能量密度高、装置尺寸大,示范堆上提高加料深度的难度比 ITER 的更大。主流方案是采用高速的弹丸注入。工程技术上的关键问题是如何提高弹丸注入速度,特别是提高高场侧注入弹丸的速度。这点将在 6.3 节做更详细的介绍。同时,一些新的弹丸加料方案也值得开展相关物理探索研究,以降低工程技术的难度,例如,轻杂质包裹的弹丸,强磁场下紧凑螺旋环注入等。这些新方案对等离子体的影响目前还并不完全清楚。

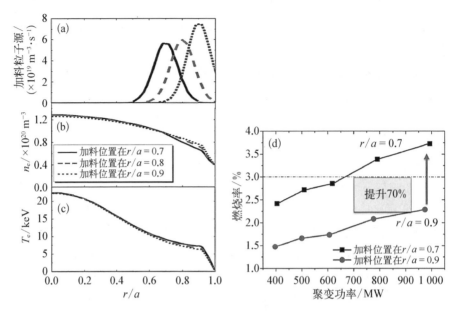

图 5‑12　弹丸加料深度对 CFETR 混合运行模式燃烧率的影响

（a）弹丸加料粒子源；（b）电子密度分布；（c）电子温度分布；（d）氚燃烧率随聚变功率变化的关系

值得留意的一点是，所有这些堆芯加料方式都是脉冲式的。每一个脉冲都将引起芯部与台基的密度及温度短时间的扰动，因此需要对整个动态过程做多方面物理模拟。例如，弹丸注入可触发 ELM，从而对其进行调制，减小 ELM 周期和幅度；弹丸所触发的 ELM 也会在弹丸消融物未完全均匀沉积到等离子体里之前将其部分质量排除到等离子体外，降低了加料效率；等离子体对弹丸消融物的加热过程将使其向外的能量输运降低，可能诱发瞬态的 H‑L 模转换等。

边界条件也是影响氚燃烧率的一个重要因素，这主要包括最外封闭磁面处燃料粒子密度和边界再循环。最外封闭磁面处较高的密度可为台基内部高密度提供支撑，同时有利于抑制台基处 ELM 相关的不稳定性。芯部向外输运的粒子流加上边界充气，可以在一定程度上调节刮削层密度，为最外封闭磁面处的燃料粒子密度提供支撑。边界充气需尽可能避免使用氚，否则将降低总体加料效率。对燃烧率有用的"再循环"概念是指流出最外封闭磁面的燃料离子在边界再次中性化后，流回封闭磁面区以内的比例。与现在装置实验相比，ITER 和示范堆的刮削层电子温度更高，因此偏滤器区再循环粒子更容易被再次电离，难以回到最外封闭磁面以内。

综上所述,发展新的加料方案,提高加料深度,优化运行模式方案以兼容高氚燃烧率所需的加料与边界条件是实现高燃烧率与氚自持的重要问题。

5.8 等离子体与第一壁相互作用

国际上所有托卡马克示范堆设计中都采取偏滤器位形,将第一壁保护起来。然而,等离子体约束区所排出的热流与粒子流并不会按照理想模型的假设,只沿着一个窄的通道流向偏滤器靶板打击点。一些稳态和瞬态的等离子体过程都会导致热流和粒子流冲击第一壁,产生不可忽视的损伤。具体如下:

(1) 刮削层中带电粒子流的 $E \times B$ 跨场漂移可导致粒子偏离靶板,从而打击第一壁;

(2) 等离子体边界随机排出的等离子体团会对第一壁造成轰击;

(3) 杂质注入产生的强辐射与边界等离子体极向非对称辐射(MARFES)现象产生的局域强辐射;

(4) 背景离子、快粒子在边界发生电荷复合交换后,将变成不受约束的中性粒子,可直接打到第一壁上;

(5) 快粒子的漂移轨道直接打击到器壁上;

(6) 在爬升过程中的限制器位形下,等离子体可能直接与第一壁接触;

(7) 边界局域模形成的能流丝可打击极向局部区域;

(8) H-L 模转换时台基垮塌产生的不受约束的能量冲击;

(9) 垂直位移事件或破裂造成的损害。

上述各点的基本物理过程在 3.8 节已做介绍。一些正在发展的面向聚变堆的技术将在 6.8 节介绍。这里总结一下示范堆中相关研究的目标。以下目标中(1)~(3)都与示范堆长时间高聚变增益运行的目标有关,均超越了 ITER 的需求。

(1) 高效的壁处理方案,减少非运行时间;

(2) 为等离子体放电全过程提供完整的壁保护方案,以减少壁的疲劳损伤和更换频率,提高装置有效运行时间;

(3) 减小氚滞留,避免过度影响氚自持循环;

(4) 设计和验证同热排除与粒子排除需求相兼容的材料方案。

综合起来,未来示范堆中等离子体与第一壁相互作用关系到能否安全、可靠、经济地实现托卡马克聚变发电。这其中所涉及的问题均不是孤立的。在示范堆上解决这些问题需要同时考虑以下诸多条件与需求的复杂耦合与集成,包括示范堆拥有比 ITER 更高热流、粒子流和中子辐照,装置材料将受长时间辐照损伤,以及堆整体系统保持氚自持循环的需求等。特别是在金属壁条件下,杂质产生和辐射损失、受损伤的材料上氚的渗透和滞留等都会影响示范堆燃烧等离子体的约束、输运和长时间维持。因此,现阶段高参数小时量级的等离子体实验、未来 ITER 3 000 s 稳态实验以及尽早建成试验性电厂演示 100 MW 聚变功率量级的长时间运行都是至关重要的,能为未来示范堆奠定坚实的基础并指明研究方向。

参考文献

[1] Menard J E, Bromberg L, Brown T, et al. Prospects for pilot plants based on the tokamak, spherical tokamak and stellarator[J]. Nuclear Fusion, 2011, 51 (10): 103014.

[2] Stacey W M. Fusion Plasma Physics[M]. Weinheim, Germany: Wiley-VCH, 2012: 561 – 564.

[3] Johner J. HELIOS: a zero-dimensional tool for next step and reactor studies[J]. Fusion Science and Technology, 2011, 59(2): 308 – 349.

[4] Doyle E J, Houlberg W A, Kamada Y, et al. Chapter 2: plasma confinement and transport[J]. Nuclear Fusion, 2007, 47(6): S18 – S127.

[5] Meneghini O, Smith S P, Snyder P B, et al. Self-consistent core-pedestal transport simulations with neural network accelerated models[J]. Nuclear Fusion, 2017, 57 (8): 086034.

[6] Staebler G M, Kinsey J E, Waltz R E. A theory-based transport model with comprehensive physics[J]. Physics of Plasmas, 2007, 14(5): 055909.

[7] Bourdelle C, Garbet X, Imbeaux F, et al. A new gyrokinetic quasilinear transport model applied to particle transport in tokamak plasmas[J]. Physics of Plasmas, 2007, 14(11): 112501.

[8] Gorelenkov N N, Pinches S D, Toi K. Energetic particle physics in fusion research in preparation for burning plasma experiments[J]. Nuclear Fusion, 2014, 54 (12): 125001.

[9] Chen X, Austin M E, Fisher R K, et al. Enhanced localized energetic-ion losses resulting from single-pass interactions with Alfven eigenmodes[J]. Physical Review Letters, 2013, 110(6): 065004.

[10] Garcia M, Sharapov E S, van Zeeland A M, et al. Active control of Alfvén eigenmodes in magnetically confined toroidal plasmas[J]. Plasma Physics and Controlled Fusion, 2019, 61(5): 054007.

[11] Garofalo A M, Chan V S, Canik J M, et al. Progress in the physics basis of a

Fusion Nuclear Science Facility based on the Advanced Tokamak concept[J]. Nuclear Fusion, 2014, 54(7): 073015.

[12] Ragona R. ICRF traveling wave launcher for fusion devices[J]. Journal of Physics: Conference Series, 2017, 841: 012022.

[13] Maraschek M, Gantenbein G, Yu Q, et al. Enhancement of the stabilization efficiency of a neoclassical magnetic island by modulated electron cyclotron current drive in the ASDEX upgrade tokamak[J]. Physical Review Letters, 2007, 98 (2): 025005.

[14] Poli F M, Fredrickson E D, Henderson M A, et al. Electron cyclotron power management for control of neoclassical tearing modes in the ITER baseline scenario [J]. Nuclear Fusion, 2018, 58(1): 016007.

[15] Oyama N, Sakamoto Y, Isayama A, et al. Energy loss for grassy ELMs and effects of plasma rotation on the ELM characteristics in JT-60U[J]. Nuclear Fusion, 2005, 45(8): 871 – 881.

[16] Xie H, Chan V S, Ding R, et al. Evaluation of tritium burnup fraction for CFETR scenarios with core-edge coupling simulations[J]. Nuclear Fusion, 2020, 60 (4): 046022.

第 6 章

聚变示范堆工程技术挑战

国际热核聚变实验堆（ITER）的建造将在聚变堆规模的等离子体参数下验证燃烧等离子体的定标律，包括大体积等离子体条件下的尺度效应、在聚变等离子体自加热条件下的输运、稳定性、边界物理、高能粒子、加热机制等非线性耦合，以及聚变反应生成的大量高能 α 粒子对高温高密度等离子体约束及稳定性的影响等科学技术问题。但为建造聚变示范堆，实现聚变能发电，在工程上尚待解决的技术挑战可归纳为如下四大问题。

（1）产生并维持高功率核聚变反应：包括燃烧等离子体的产生及安全有效控制技术、破裂的预测诊断及抑制技术、实现稳态更强磁场的超导磁体技术、高功率加热及驱动技术。

（2）聚变燃料的循环及自持：包括燃料的高效循环技术，氚燃料的增殖、提取、分离、输运、储存技术，高效除氚技术等。

（3）核聚变反应环境下可靠的材料：包括低活化材料、抗中子辐照材料、抗等离子体强辐射材料、中子倍增材料、氚增殖材料、防氚渗透材料、液态金属材料等。

（4）辐射防护：包括核辐射防护、射频辐射防护、磁辐射防护等。

图 6-1 是聚变堆工作原理示意图[1]，其主要包括如下最关键的几个系统。

（1）由磁体系统（如环向场磁体系统、极向场磁体系统等）、氚增殖包层系统、偏滤器系统、燃烧室（又称"真空室"）系统等组成的托卡马克装置主机。

（2）由氘氚及核聚变反应物排出系统、抽气系统、同位素分离系统、氦灰分离打包、氘氚再利用及燃料再注入系统、氚增殖剂锂的在线补充系统等组成的聚变堆燃料循环系统。

（3）由热能转换系统、发电及输电系统等组成的能量转换系统。

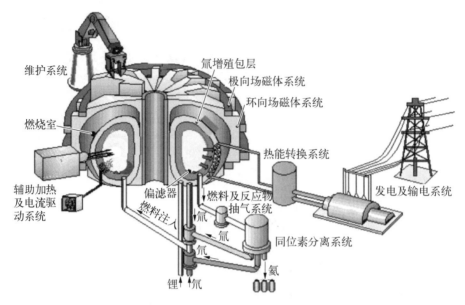

图 6 - 1 聚变堆工作原理示意图

（4）为等离子体提供辅助加热及电流驱动的系统。

（5）聚变堆的维护系统。

托卡马克装置主机燃烧室内产生的聚变能由能量转换系统导出后，经发电机发电上网。聚变反应所需的燃料及反应物经氘氚燃料循环系统处理后，将可用的物质再利用，并将不可用的物质排出。为启动并维持聚变反应，加热及电流驱动系统负责将燃料加热至聚变反应所需的条件。

与其他核设施一样，可靠安全运行是聚变堆系统设计的首要要求。如何确保聚变堆燃烧等离子体的可靠稳定运行及避免破裂事件的发生或降低破裂事件对聚变堆系统所造成的损害是聚变研究的热点课题之一。

6.1 聚变堆等离子体运行的安全控制

无论是在聚变堆等离子体的正常运行期间，还是在等离子体的瞬变事件中，先进控制系统都是未来聚变堆安全可靠运行的关键，特别是预测及抑制等离子体瞬变事件，对聚变堆的安全可靠运行具有重要的意义。

中国参与的国际合作项目 ITER 正在法国建造，其等离子体储能将达到400 MJ，等离子体电流可达 17 MA。如何完全避免聚变堆运行中的瞬变事件或抑制瞬变事件的发生一直被认为是对未来聚变堆可靠安全运行的重大挑战之一。

在未来聚变堆稳态运行时可能发生的瞬变事件中，如等离子体的破裂将导致等离子体的能量在短时间内快速剧烈释放，所产生的大量逃逸电子将造成面向等离子体部件的损坏或失效。等离子体电流的瞬间淬灭所带来的涡流及晕电流会在聚变堆等离子体燃烧室及其内部部件上产生强大的电磁力，因而严重影响聚变堆部件的使用寿命及运行安全。对于托卡马克装置类型的聚变反应堆来说，避免等离子体的破裂，特别是大破裂，对装置主机系统的安全尤为重要。

为提高聚变堆的经济性，未来聚变堆应该是在高比例自感应电流，又称为靴带电流下的稳态运行模式，而高靴带电流运行意味着更高的等离子体压强及较低的等离子体电流。为保证等离子体的稳定运行，必须将等离子体的压强及电流控制在合理的区间。

近些年来，国际上将先进算法（advanced algorithms）与智能系统技术引入等离子体的运行控制。先进算法控制理论与高性能反馈控制的集成应用可预测、控制及抑制等离子体的瞬变事件，极大改善聚变堆的可靠运行状况，并可使聚变堆运行在优化的安全运行区域内。

在等离子体运行安全控制中所涉及的先进算法及智能系统包括数学控制（mathematical control）、机器学习（machine learning）、人工智能（artificial intelligence）、集成数据分析（integrated data analysis）等。

数学控制技术可通过建立精确的等离子体物理模型，提供满足运行要求的控制算法设计方案。其可在多变量条件下提供性能优化及风险量化的解决方案，从而实现对等离子体运行的有效控制，使聚变堆可靠、安全、零破裂的稳态运行成为可能。在过去的 20 年，数学控制技术已开始应用于现有的托卡马克等离子体运行中，如美国通用原子能公司国家聚变设施 DⅢ-D 托卡马克装置对等离子体运行的垂直不稳定性控制，韩国聚变能研究所 KSTAR 超导托卡马克的等离子体运行反馈控制等。虽然该技术在托卡马克等离子体运行控制应用的成熟度离未来聚变堆仍有较大差距，但随着技术的发展有望在未来的 10 年内获得全面的应用。

机器学习起源于对数据的深度挖掘及认知的拓展，现已发展成为可以从模糊特征系统中分辨预测图像的方法。机器学习为研究者提供了更加有效的分析手段，通过对等离子体实验参数的处理，可为聚变堆等离子体的运行控制提供更有效的解决方案。将机器学习应用于等离子体运行的控制,可开展海量等离子体实验数据的运算,大幅提高对图像的识别能力,实现远超传统分析方法的识别能力。结合人工智能及专家系统,可剔除无效数据或噪声参数,调用及判别有效数据,并交由分析系统运算。机器学习技术可通过对全世界托卡马克装置的海量运行数据,包括运行模拟数据的分析,给出最优化的等离子体运行参数,如等离子体的电流、压力、位形等,并确保对等离子体运行瞬态事件给出及时有效的预测,保证等离子体的稳定可靠运行。为此,建立全球托卡马克的运行数据库至关重要。

在过去的 20 年中,人工神经网络技术在托卡马克等离子体运行控制中得到了初步的应用,特别是其对破裂预测的应用有了快速的发展,并成功应用于现有的托卡马克实验运行系统中,如坐落在英国的 JET、美国的 DⅢ-D、德国的 ASDEX 等,未来有望在等离子体运行控制中完全取代人工干预。当然,机器学习技术的发展与应用依赖于高性能计算机(如百亿亿次级计算机)的发展。

集成数据分析(integrated data analysis)也是近年来发展起来的一种分析方法。其采用贝叶斯统计学(Bayesian statistics)方法,可综合分析相关诊断测量数据,判别测量数据的不确定性,并以概率分布函数(probability distribution functions)的形式给出量化指标。集成数据分析提供了一个可系统管理诊断测量不确定性及局限性的机制。其可在持续增加的海量复杂数据中,包括计算数据的结果中,最大限度地提取大量信息及应用有限的诊断数据,经分析后给出相对可信的实验结果,并为反馈控制提供重要参数。

算法控制(algorithm control)技术的应用有望使得聚变堆无破裂地稳态运行成为可能。其具有高效的数据分析能力,也是从现有的大量实验数据中揭示未知聚变物理现象的重要工具,如等离子体的约束、扰动及输运等。

其他与算法控制相关的技术还包括对复杂等离子体运行条件下的实时分析,如对等离子体的形态及 MHD 不稳定性分析等。在过去的 10 多年里,等离子体运行的控制已从基于比例-积分-微分(proportional-integral-derivative, PID)控制器过渡到基于模型的运行与数字计算机实时运算的控制系统。如今,所有大型托卡马克系统的运行控制都是基于多 CPU 并行开展多参数控制的算法,实现对等离子体运行的实时控制,如对等离子体的不稳定性实施的调制控制。其既可防止运行出现不良事件,如破裂,也有助于对等离子体运行中物理现象的理解。所以说,先进的控制技术不仅为稳定可靠的运行提供保障,也有利于将等离子体物理与实验研究紧密地结合起来。

　　ITER 也在开展数学控制模拟技术的研发。通过实时分析手段对等离子体的状态开展超实时模拟(faster-than-real-time simulation)被认为是 ITER 运行控制的有效手段之一。近些年,特别是在 ITER 项目的带动下,人们开展了大量的理论模拟,对破裂的预测、诊断及抑制技术的研发都有了长足的进步。

　　图 6-2 是 ITER 正在研发的等离子体控制关键系统及其相互之间的协同关系示意图[2]。图中的等离子体控制系统(plasma control system,PCS)是全方位等离子体控制的中枢,它采用源自运行模式和时序算法的输入数据,并结合来自等离子体诊断数据和装置系统状态监测的实时数据,以生成用于建立等离子体运行必要条件的数据,及生成控制聚变堆各阶段等离子放电运行所需的参数,并将这些数据发送至执行系统,全方位控制等离子体的演变。等离子体控制系统的主要功能如下:

　　(1) 控制初始等离子体的产生;

　　(2) 在所有放电阶段控制等离子体的位置、形状及电流的拉升、平顶和下降;

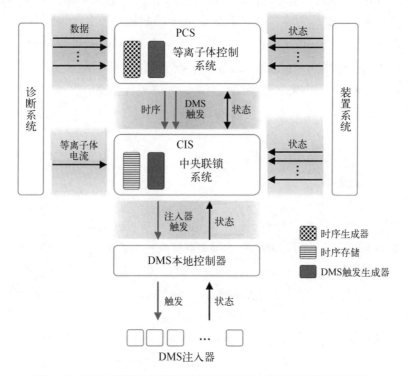

图 6-2　ITER 等离子体控制关键系统相互之间的协同关系示意图

（3）控制至第一壁和偏滤器上的能量和粒子流；

（4）控制等离子体的加料、同位素混合、非感应电流剖面、等离子体压力和聚变燃烧；

（5）破裂的预测、防范及在必要时通过中央联锁系统（central interlock system，CIS）发出启动破裂缓解系统（disruption mitigation system，DMS）的指令；

（6）控制非对称等离子体的稳定性，包括锯齿振荡、边界局域模、新经典撕裂模、误差场和电阻壁模，以及阿尔芬本征模；

（7）对在中央联锁系统限值内的等离子体和设备系统事件的异常处置，包括等离子体在受控状态下的终止；

（8）除氚和壁处理的控制。

而中央联锁系统的作用是阻止可能出现的任何构成对聚变堆系统、部件或组件的危害，依据聚变堆的状态实施各系统的自动联锁，并基于运行限制和条件所定义的级别实施自动联锁。如在收到等离子体控制系统启动破裂缓解系统的指令时，依据指令的程序触发破裂缓解系统，并接收破裂缓解系统的运行状况数据。破裂缓解系统在接收到中央联锁系统发出的触发信号后，通过向等离子体注入杂质粒子，以避免等离子体的大破裂或缓解由于等离子体破裂所造成的不利影响，并监测注入器的状况，将状态数据发送给中央联锁系统。在紧急情况下，中央联锁系统也可实施人工干预联锁。

先进的控制系统离不开先进的诊断与分析技术及高性能计算技术的应用。

6.2 诊断技术

诊断一直是等离子体运行控制及实验研究不可或缺的关键技术之一，也是保证装置安全运行的必要手段。在未来聚变堆上将要设置的诊断系统应更注重于聚变堆的安全与有效运行，如为等离子体安全运行控制系统提供必要的实时数据，以及对聚变堆装置主机运行安全有重大影响的部件及系统实施诊断与监控。开展等离子体物理研究的诊断则更适合在实验装置或实验堆上进行。本节仅讨论聚变堆托卡马克装置燃烧室内的诊断，不涉及超导磁体系统、外杜瓦系统、冷屏系统及其他外围系统的运行状态监测的技术诊断，如超导磁体的失超检测与保护系统、关键部件运行的监测等，也不包括核安全部件的在线检测(in-service-inspection)技术。

从聚变实验研究的初始阶段起,诊断技术就一直伴随着聚变物理与工程的发展。然而,运行在聚变堆燃烧等离子体的核反应环境下的诊断系统有更高的技术要求。现有的诊断技术面临着在聚变堆高功率核聚变反应恶劣环境下失效率高或根本不能使用的风险与挑战。随着等离子体物理理论及测量技术的发展,基于先进诊断的数据输入,经由高性能运算模拟及判断结果输出至执行元件的诊断控制系统,对等离子体运行的快速反馈控制具有决定性的作用。

未来聚变堆诊断系统应主要是对关键等离子体运行参数及对装置主机,特别是燃烧室及其内部部件的运行状态开展必要的诊断与监控。为此,聚变堆的诊断系统应采用最基本的、高可靠性的先进诊断技术,对关键等离子体参数开展实时监测及处理,以确保对核聚变反应等离子体的有效及安全控制,确保聚变堆装置主机系统的安全可靠运行。

原则上,在聚变堆托卡马克装置内不宜设置为开展等离子体物理及实验研究的诊断系统。但在保证装置系统运行安全的前提下,可以设置在其他实验装置上无法开展的、为物理验证或运行评估服务的,特别是为提高聚变反应效率、改善内部部件运行状态的有限的诊断系统。从技术上来说,未来聚变堆的诊断系统必须满足以下技术要求:

(1) 可长期稳态运行的高参数燃烧等离子体诊断;

(2) 可在高通量、高注量、高能粒子及辐射(聚变中子、离子、中性粒子、γ粒子)条件下可靠稳定运行;

(3) 可在可接近性非常有限的条件下实现高效维护与更换,在聚变堆上的诊断系统必须是插件式或组件式结构;

(4) 对于进入燃烧室的诊断系统,其除了满足基本诊断功能外,诊断元件还必须具备抗中子辐照、抗 γ 射线辐照、抗高温等离子体热辐射,并具有清除来自内部部件材料侵蚀或溅射的物质沉积功能,或在此情况下仍不影响其诊断功能;

(5) 诊断系统必须保证中子屏蔽符合核安全要求;

(6) 可远程在线调整、调试、校准;

(7) 涉及装置主机运行安全的诊断系统还应有冗余设计。

在未来聚变堆上需要开展的与装置主机安全相关的测量如下:

(1) 为保护第一壁免受高温等离子体侵蚀的关键参数测量,如偏滤器靶板与第一壁的温度监测、主等离子体边界（或磁位形分界面）与第一壁之间的间距；

（2）为防止聚变反应失控的测量，如聚变能的监测、中子监测；

（3）燃料消耗的测量，如氘氚存量的监测；

（4）为防止等离子体破裂而开展的破裂前兆监测，如锁模的监测；

（5）为防止装置主机系统遭受非正常态应力应变的监测，如关键部件上晕电流以及应力应变的监测。

从目前的托卡马克运行安全保障系统来看，在未来聚变堆上需要开展的与等离子体安全控制相关的测量如下：

（1）等离子体的位置与形状、等离子体电流的监测等；

（2）聚变功率、偏滤器热负荷、氦灰的监测。

就未来聚变堆来说，国际聚变界对聚变堆内部诊断系统的设置尚有不同的看法，特别是针对有哪些等离子体物理参数需要开展监测，仍是有待进一步讨论的话题。问题的核心是就目前国际聚变界对燃烧等离子体机理的理解，可否实现以最少的诊断系统保证聚变堆的安全及有效运行。如为提高聚变效率，聚变堆等离子体应运行在靠近极限参数附近，比如等离子体运行在高压强、高密度或高聚变功率密度参数下。而在此参数下的等离子体可能是很不稳定的，为保证运行安全，需要对一些物理现象开展诊断与监测似乎是必要的。再比如说，对等离子体芯部、刮削层及 X 点区域辐射损失的监测，以及在较高等离子体压强的稳态运行条件下对电阻壁模的位置及幅值的监测，对运行在密度极限条件下的新经典撕裂模位置及幅值的监测，对等离子体磁流体动力学、等离子体密度分布监测等是不是必要等问题，仍在讨论中。

但如果在聚变堆燃烧室内设置繁杂且众多的用于等离子体物理诊断的系统，挑战将是巨大的。从目前现有的诊断技术来看，现有的诊断元件与材料基本都难以运行在聚变堆的高能中子、γ 辐照、高能粒子等复杂且恶劣的环境中。也就是说，现有的上述诊断系统无一可在聚变堆等离子体环境中长期稳定可靠运行。此外，过多的诊断系统还将使聚变堆装置主机运行的整体安全性问题更为复杂，装置主机设计的整体集成更为复杂，装置主机的维护检修更为复杂，并且聚变堆装置主机难以提供这些诊断系统所要求的可接近性。虽然 ITER 是一个聚变实验堆，但其氘氚聚变运行的时长相较未来聚变堆有很大差异，所以在 ITER 上采用的诊断系统并不完全适用于未来的聚变堆。因此，聚变堆所要采用的诊断系统大都需要进一步的研发或改进，或发展新的诊断技术，才能适应未来聚变堆在恶劣环境下的运行条件。

上述有待进一步讨论的问题取决于聚变界对聚变燃烧等离子体的理解水平与掌控能力,特别是对聚变等离子体行为的预测与控制的能力。在过去的几十年中,借助于理论模型的改进,先进数学方法与算法的应用,强大功能程序的开发,结合诊断技术的快速发展,聚变界对聚变等离子体的研究及理解有了巨大的进展。目前正在建造和将于 2025 年后开始运行的 ITER 系统将会为国际聚变界开展聚变堆规模的燃烧等离子体研究提供重要机遇。因为 ITER 是一个聚变实验堆,将开展一系列燃烧等离子体物理的实验研究,如燃烧等离子体约束的物理机制、运行极限、大电流等离子体的破裂、高能辐射偏滤器的物理机制、α 粒子的效应等与聚变堆直接相关的关键物理问题的研究。通过国际上已有的聚变实验装置及 ITER 实验堆上所开展的等离子体物理实验研究,完善对聚变等离子体物理机理的理解,并在不同的托卡马克装置上实现对聚变等离子体运行各种重要事件的预测验证,建立聚变等离子体运行参数的专家及分析系统数据库,确保对聚变堆稳态运行实时分析的绝对可靠性,由此可建立起聚变界的足够信心,就有可能大幅减少聚变堆内物理诊断系统的设置。

还有一种可能的策略是,在聚变堆建成后先设置为探索聚变等离子体运行模式所必需的物理实验诊断系统,先行开展非核实验,比如只开展氘等离子体的运行,以模拟氘氚等离子体运行条件,待尽快掌握了该聚变堆托卡马克装置的等离子体物理特性之后,将用于物理实验的诊断系统拆除,只留下为核聚变反应安全有效运行的必要的诊断系统。

6.3　核聚变燃料的高效循环

未来聚变堆燃料循环处理系统的一个关键技术与安全挑战是如何保证燃料循环处理系统可以安全、可靠、稳定及高效地处理数千克的氘氚燃料,并且在正常运行及故障状态的情况下都必须保证向环境释放的氚量最低。

6.3.1　聚变堆燃料循环处理

聚变堆燃料的循环处理是未来聚变电站能否安全稳定运行的关键。进入聚变堆燃料循环处理系统的成分非常复杂,其包括未参与聚变反应的燃料(氘和氚)、聚变反应的生成物(如氦)、为控制等离子体而注入的杂质(如氮、氖、氩或氪等)、燃烧室内部部件受到高温等离子体侵蚀或溅射出的杂质及由冷却系统排出的含氚冷却介质(冷却水、氦、液态金属)等物质。而氚技术又与聚变电站加料及等离子体运行的粒子循环密切相关。由于氚的放射性、稀有、昂贵等属性,在聚变堆燃料的循环处理系统中氚的处理及收集是重中之重,也就说必须做到"应收尽收"。氚处理技术主要包括氚增殖、在线提取、分离、纯化、储存、注入等。

聚变堆的燃料循环处理系统是一个庞大且复杂的系统,若不考虑氚增殖包层的在线提氚回路及中性束系统,其最基本的子系统有托卡马克排放处理系统(tokamak exhaust processing,TEP)、同位素分离系统(isotope separation system,ISS)、燃料储存及输送系统(storage and delivery system,SDS)、除氚系统(detritiation system,DS)、水除氚系统(water detritiation system,WDS)、分析系统(analytical system,AS)等。其通常有以下三个基本循环回路(见图 6-3)[3]。

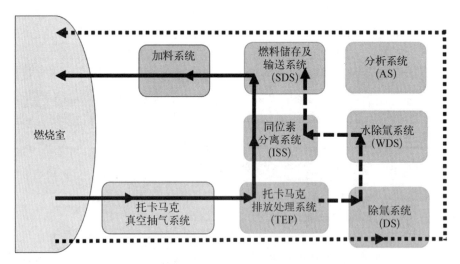

图 6-3 聚变堆的燃料处理系统三个基本循环回路示意图

(1) 正常运行条件下的循环回路(见图 6-3 中的实线):托卡马克真空抽气系统将托卡马克燃烧室内没有参与聚变反应的燃料、核聚变的反应生成物及杂质抽出后,在托卡马克排放处理系统中将杂质与燃料氘和氚及其化合物实施分离,并将提纯后的氘和氚及其化合物送至同位素分离系统(ISS),经 ISS将氘和氚分离提纯后送至燃料储存及输送系统,最后经加料系统送入燃烧室。

(2) 第二个是除氚循环回路(见图 6-3 中短画线):经托卡马克排放处理系统(TEP)处理分离出来的杂质气体仍会含有少量的氚及其化合物,所以在杂质气体被排放至外界前,必须经除氚系统及水除氚系统进一步将氚的含量降低到符合排放标准,并将在 DS 与 WDS 分离出的氚及其化合物送至 ISS 中处理后循环利用。

(3) 第三个循环回路(见图 6-3 中点线):在需要对托卡马克燃烧室内部实施维护维修前,对燃烧室内部残留的物质经除氚系统实施除氚处理;在燃烧室内的氚含量达到规定标准后,才可开展维护维修。

如何实现能够满足对大流量氢类同位素与杂质成分混杂流体开展高效的循环处理,并确保防护安全是聚变堆的燃料循环处理系统遇到的最大的技术挑战。聚变堆的燃料循环处理系统是一个集化学、物理学、数学、生命科学、经济学等多学科为一体的复杂体系。下面将介绍聚变堆正常运行条件下的燃料循环回路中的三个关键子系统,也即托卡马克排放处理系统、同位素分离系统和燃料储存及输送系统,并对除氚系统及分析系统也做简要介绍。

6.3.1.1　托卡马克排放处理系统

进入托卡马克排放处理系统(TEP)的主要是未经燃烧的氢类同位素(如氘和氚)及非燃料杂质。托卡马克排放处理系统的主要功能如下:

(1) 将氢类同位素从其他杂质成分气体中分离出来,并送至同位素分离系统或直接送至燃料储存及输送系统;

(2) 将分离出来的杂质送至除氚系统,进一步降低杂质中的氚含量,得到的氚和氘可再利用;

(3) 可为具有放射性的杂质元素提供超出其半衰期的停留时间,比如为由于注入的杂质气体氩可能会经中子照射后形成具有放射性的氩-14 提供超出其半衰期 1.83 h 的停留时间;

(4) 也可直接抽取其他设备中(如中性束装置)含氚的气体,并实施上述(1)和(2)的处理过程。

为将氢类同位素(用 Q 表示)从其化合物(如 Q_2O、CQ_4)中分离出来,可采用一种称为钯膜反应釜(palladium membrane reactor)的化学反应技术。该技术是美国洛斯阿拉莫斯国家实验室的一项专利技术,其基本原理是将氢类化合物,如 Q_2O 与 CO 通入装有催化剂的反应釜内,经催化反应生成的氢类(Q_2)气体可透过特制的钯/银薄膜被抽出。图 6-4 是钯膜反应釜原理图。

为将氢类气体从其他类氢杂质,如氦和氖混合成分气体中分离出来,可采用一种称为低温分子筛床的物理化学技术。该技术的原理是采用对不同元素具有不同亲和力的特制分子筛,分子筛材料对氢类气体的吸附作用很强,对氦

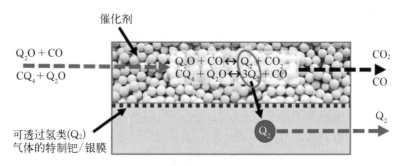

图 6 - 4　钯膜反应釜原理图

几乎没有吸附作用,对氖的吸附作用也较低。当将含有氢及类氢的气体注入一个处于低温(如液氮温区,即 $-197\ ℃$)状态的分子筛床时,氦和氖都很容易穿过分子筛,而氢类气体因为受到较强的吸附力,所以在分子筛床内运动得较慢。在氢同位素气体尚未穿过分子筛床时,停止注入,并将分子筛回温,即可将氢类气体回抽出来,而其他氢杂质,如氦和氖则穿过分子筛。图 6 - 5 是低温分子筛床的原理图。

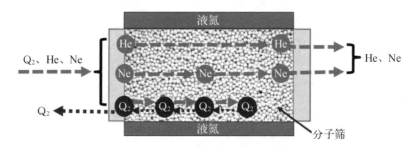

图 6 - 5　低温分子筛床的原理图

6.3.1.2　同位素分离系统

经托卡马克排放处理系统去除了杂质后送至同位素分离系统(ISS)的气体成分有氢、氘化氢、氚化氢、氘化氚、氘和氚等。这六种成分的混合物将在同位素分离系统中进一步分离,特别是要提取昂贵的且具有放射性的氚。同位素分离系统的主要功能如下:

(1) 接收由托卡马克排放处理系统或水除氚系统纯化后的氢类同位素物质;

(2) 分离出氢、氘和氚,最关键的是要获得昂贵且稀少的氚或氚化氚,并送至燃料储存及输送系统。

目前国际上正在研发的聚变堆燃料同位素分离系统采用的是一种称为低温精馏的技术。该技术是利用氢同位素沸点的差异，将氢、氚和氚从氘化氢、氚化氢、氚化氚中分离出来。因为氚与氚化氚的沸点较低，所以可以把它们从精馏塔的底部分离出来。为获得氘化氢中的氚，利用氢同位素的均势效应，通过催化剂对氚化氢和氘实施洗涤，结果可生成氘化氢和氚化氘：$HT+D_2 \rightarrow HD+DT$。图 6-6 是同位素分离系统精馏塔的原理图。

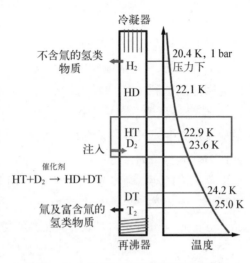

图 6-6　同位素分离系统精馏塔原理图

6.3.1.3　燃料储存及输送系统

不论是从对氚的防护还是再利用要求来说，聚变堆系统中所有含氚介质都必须送至氚处理系统，将其中的氚提取纯化后再利用，并将其余达到安全排放标准的介质排出或封装。由于从聚变堆系统中排出的含氚介质流量并不稳定，比如说，从聚变堆内低温泵排出的气体是间歇式的，而且其中所含未燃烧的氚成分受运行状态的影响也不是恒定值；氚增殖包层的产氚率也受到聚变反应率及包层运行状况的影响而非恒定。所以造成氚处理系统分离纯化的氚量也有可能是不稳定的。另外，聚变堆在运行中的加料率也需要根据运行状况加以调整，为了保证稳定的氚燃料供应，要求燃料循环系统具备可以随时调用的氚储存量。同时最终经同位素分离系统处理纯化后的氚以及由外部供应的氚都必须满足安全储存的要求。燃料储存及输送系统的功能就是确保氚的安全储存及氚燃料的随时调用。

燃料储存及输送系统的主要功能如下：

（1）聚变堆氘及氚燃料的加料循环；

（2）氚和氘的中期储存；

（3）氚的长期储存；

（4）为燃料循环提供除氚以外的其他气体；

（5）氚的吸入和解吸；

（6）氢类元素的测量；

（7）氢的搜集。

对燃料储存及输送系统来说需要满足如下要求：氚的储存密度高、室温下氚的分压低、合理的氚解吸温度及氚的吸入与解吸完全可逆。目前，国际上的通用做法是利用特殊材料所具有的可逆氢化特性作为储氢材料，如铀及ZrCo合金。虽然铀存在自燃的问题，但由于ZrCo合金存在易发生氢致歧化效应以及在杂质气氛中易毒化造成储氚性能的大幅衰减问题，ITER目前采用铀作为储氚材料的首选。

美国洛斯阿拉莫斯国家实验室专门为ITER储氢系统研发了一种称为ITER氚计量自测定和储存单元（self-assaying tritium accountancy and containment unit for ITER，STACI）的技术[4]。图6-7是洛斯阿拉莫斯国家实验室（LANL）制造的STACI原型装置。

图 6-7　氚计量自测定和储存单元(STACI)原型装置

STACI的设计采用多铀床分布式结构，每个铀床装在一个内层密闭容器里，多个内层容器组合后封装在一个外壳容器内成为一个单元组件。每个单元组件使用约5 kg的贫化铀作为储氚材料，氚的储存量最高可达200 g，正常运行时的氚容量为150 g。为获得氚储量的精确测量，STACI容器内壁表面经高精度抛光并镀金处理，内层容器包裹镀有铝膜的聚酰亚胺作为热绝缘，加之整个外容器内处于真空状态，保证了良好的热绝缘，因此可通过对氚衰变热的精确测量获得氚的储量及其变化量，测量的精度可达1%。抛光并镀金的内表面还有利于减少氚的渗透。STACI的外壳由316不锈钢制造，为保证容器内表面镀金的性能，在内壁经抛光后先镀了一层镍。STACI在满载150 g氚的情况下,即使内部的氚衰变热达到约 300 ℃,容器外壳也可保持在 40 ℃。铀的脱氢温度在 450~500 ℃ 范围内。目前,美国洛斯阿拉莫斯国家实验室已完成了 STACI 组件原型件制造并正在开展测试实验。

6.3.1.4 除氚系统

除氚系统(DS)也是氚安全防护的重要环节之一。除氚系统的功能如下:

(1) 为涉氚设备间提供低气压环境;

(2) 对室内受氚污染的空气实施除氚;

(3) 对燃料循环系统中的气体实施除氚;

(4) 对密闭空间(如手套箱)实施除氚;

(5) 对装置主机实施除氚。

除氚系统的基本工作原理是将来自聚变堆托卡马克排放处理系统及密闭防护体系内被氚污染的气体(如氢类同位素 Q_2 及 CQ_4)经催化氧化法实施氧化处理后使其成为氢类氧化物(如 Q_2O)。利用同位素交换效应,如 HTO(蒸汽)+H_2O(液体)↔HTO(液体)+H_2O(蒸汽),经分子筛或洗涤塔可将蒸汽态氢类氧化物转换成液态的含氚水。含氚水被送至水除氚系统以分离出 HT,再将 HT 送至同位素分离系统提取出氚。图 6-8 为除氚系统原理图。

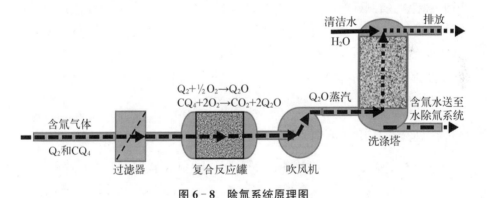

图 6-8 除氚系统原理图

6.3.1.5 氚分析系统

随时掌握聚变堆氚工厂系统中各种气体、液体及固体的化学组分是保障氚工厂安全运行的重要因素之一。在氚安全防护中,氚分析系统(AS)是保障氚的安全防护重要系统中必不可少的环节之一,也是氚工厂的重要子系统。它的作用是为气体接受的检测、氚的计量、氚的追踪、辐射防护、燃料循环处理的控制、定标等提供分析与监测支持。其主要功能可归纳如下:

（1）实施化学分析，以确定氢同位素的储量，提供化学组分的数据，为后续处理提供支持；

（2）为氚工厂提供分析支持及测量定标；

（3）确定来自聚变堆系统中气体、液体、固体中氚的含量，如在将经除氚处理后的废料传送至热室或放射性废物处理设备前，需要对氚的活性加以测量；

（4）开展特殊样品的化学分析，如对托卡马克排放气体经氧化作用而产生的液态样品中所含氚氧化物（D_2O 及 HDO）含量的分析，及对燃料循环系统中其他样品的化学分析等。

氚分析系统不仅为聚变堆燃料循环系统提供氚储量的数据，也可对聚变堆燃烧室内的氚储量开展评估，确保聚变堆系统中总的氚储量不超过安全规定。氚分析系统主要是为托卡马克排放处理系统（TEP）、同位素分离系统（ISS）及燃料储存及输送系统（SDS）提供化学组分的分析，也为氚工厂其他子系统提供分析服务。虽然托卡马克排放处理系统及同位素分离系统也具备分析与监测能力，但氚分析系统可为其提供重要的定标及校验服务。

氚分析系统通常包含由手套箱及相应的分析设备组成的气体分析系统，及由通风柜和分析测试设备组成的液体固体分析系统。氚分析系统通常包含如下技术：液相闪烁计数（liquid scintillation counting）、离子化计量（ionization counting）、量热测定（calorimetry）、气相色谱学（gas chromatography）、激光拉曼光谱学（laser Raman spectroscopy）、红外吸收光谱学（infrared absorption spectroscopy）、质谱分析法（mass spectroscopy）等。

6.3.2　燃料循环处理新技术

在 ITER 氚工厂系统中将有 $3\sim4$ kg 的氚储量峰值，其处理能力为 $200\,Pa \cdot m^3/s$。在 ITER 仅有约 0.3% 燃烧率的情况下，进入 ITER 燃烧室的氘和氚燃料大约有 99.4% 要进入燃料循环处理系统中。燃料循环处理系统要对来自燃烧室大量的未参与核聚变反应的氘和氚燃料及核聚变生成物实施分离、提纯、储存等处理。仅计算 ITER 对氚的处理量就达到了 1.1 kg/h。ITER 的氚工厂建筑物长 80 m、宽 25 m、高 35 m，可见其规模的庞大。作为一个庞大而复杂的系统，无论是它的建造成本还是运行成本都是很高的。

在未来聚变堆燃料循环系统中，约有 60% 的氚分布在同位素分离系统及除氚系统中，约有 20% 的氚分布在燃烧室低温泵系统中。而同位素分离系统、除氚系统及燃烧室低温泵系统都是间歇式运行模式,这种运行模式一方面难以满足聚变堆稳态运行的要求,另一方面直接导致了对燃料循环处理系统单位时间内的处理能力要求更高、处理时间更长及系统中燃料储量的激增,增加了燃料循环处理系统的建造与运行成本,而在系统中存有大量的燃料也带来更高的安全风险。所以,聚变堆氚系统的复杂性、建造成本、安全性都将面临很大的挑战。通过改进技术、优化流程,包括新技术的研发,从而减小氚系统的规模,降低氚系统的复杂性,将可提高聚变堆氚系统的经济性与安全性。

如果可将托卡马克燃烧室内排出的混杂了未参与反应的燃料气体、聚变反应生成物、杂质成分等气体中的燃料成分,特别是氚的成分全部或部分直接分离出来,将会极大地减少送往氚工厂待处理的气体总量,从而减小聚变堆燃料循环系统的规模,降低建造成本与运行成本。

欧洲提出了一种称为直接内循环(direct internal recycling, DIR)的技术[5],有望将一个 1 000 MW 聚变堆燃料处理系统的规模减小至与 500 MW ITER 实验堆的规模相当,甚至更小,并且有望将聚变堆系统内氚的总量减少一半。直接内循环系统中的一项关键技术是超渗透金属箔泵(superpermeable metal foil pump, MFP)。与低温泵最大的不同是,金属箔泵是一种可在高温下稳态运行的真空泵,其可将装置主机的初级抽气系统中未燃烧的氘氚燃料从托卡马克排放系统中直接分离出来。这些未燃烧的聚变燃料不含杂质,可以直接送回到等离子体而不必经过燃料循环处理系统,从而可以大幅减少送入氚工厂系统的氚,可将氚工厂的规模减小 50%~70%。图 6-9 是直接内循环在聚变堆燃料循环系统中的应用示意图。

超渗透金属箔泵基本原理是金属会在表面形成非金属的单原子薄膜层,典型的例子如氧化层。它可降低对特定气体的可溶性及渗透性。这种薄膜可以阻挡该金属材料对低能原子的吸收。而在等离子体中的那些氢类原子具有比杂质原子更高的能量(约 1 eV),因而可以跨越这层薄膜。目前的研究显示,所谓的第五组金属(即含钒、铌及钽)对氢类原子具有最佳的超级渗透性能。

国际上近期也提出了燃料循环处理系统运行独立于等离子体运行的创新技术,可使燃料循环处理系统更加紧凑,降低系统中的氚储量,但仍处在概念设计阶段。

聚变等离子体氚的燃烧率对燃料循环处理系统中的氚储量及对氚循环处理能力的要求有重要影响。提高聚变反应的燃烧率将有助于显著降低氚储量及氚处理能力的要求,从而减小燃料循环处理系统的规模,降低工程难度、造

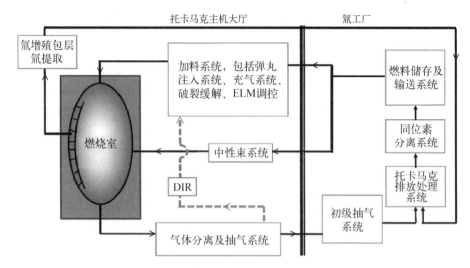

图 6‑9 直接内循环在聚变堆燃料循环处理系统中的应用示意图

价和运行成本,增强系统的安全性。ITER 的燃烧率仅为 0.3% 左右,而未来聚变堆的氚燃烧率有望达到甚至超过 1%。根据欧洲正在设计的聚变示范堆计算,当其运行在 1.94 GW 聚变功率、氚增殖率为 1.1、燃烧率为 1% 的情况下,在氚循环处理系统中的氚储量仍有约 3 kg。

6.3.3 高效燃料注入技术

聚变堆的燃料注入是影响装置主机运行安全、等离子体运行安全、核聚变反应效率、聚变堆运行成本的关键技术。控制燃料注入也是控制聚变堆聚变反应的重要手段。聚变堆燃料注入系统的主要功能为聚变等离子体运行加料、等离子体密度的控制、等离子体辐射能的控制、脱靶偏滤器运行的控制、壁处理、聚变能紧急终止、边界局域模控制、等离子体破裂的缓解、逃逸电子的抑制、改善射频波耦合效率等。

聚变堆的燃料注入包含四个关键系统,即弹丸注入系统(pellet injection system,PIS)、气体注入系统(gas injection system,GIS)、等离子体破裂缓解系统(disruption mitigation system,DMS)及聚变能终止系统(fusion power shutdown system,FPSS)。它们的功能既有重叠又各不相同。

未来聚变堆的等离子体体积将超过 1 000 m³,密度超过 10^{21} m⁻³,所以聚变堆最有效的加料技术是弹丸注入技术。除了为聚变堆添加所需的燃料外,弹丸注入系统还可通过燃料的注入控制等离子体的密度;通过在等离子体边界高频注入小体积弹丸,以控制边界局域模发生的频率及幅度。在现有的托卡马克实验装置上,还用弹丸注入系统来注入杂质,以研究杂质在等离子体内的输运及改善等离子体的边界辐射。

弹丸注入的基本原理是将核聚变燃料(如氘和氚)气体冷却到它们的冰点以下,将冷凝成固态的燃料制成直径为 0.5～1.5 mm,长度为 1～5 mm 的冰冻燃料弹丸,以 500～1 500 m/s 的速度从燃烧室外侧的低磁场侧或燃烧室内侧的高磁场侧注入等离子体中。相比从燃烧室外侧的低磁场侧注入,从燃烧室内侧的高磁场侧注入是最有效的加料途径,也是技术难度最大的。因为燃烧室高磁场侧的空间有限,而且是遭受等离子体热辐射较严重的区域。这就要求注入系统具有极高的稳定性与可靠性,以降低对维护维修的要求。为提高燃料注入效率,美国正在研发双螺杆挤压,且弹丸长度可调的双管注入技术,并正在开展前期实验。

气体注入系统是目前国际上聚变实验装置采用最多的加料技术。其基本原理是将需要注入的气体以高气压脉冲的方式高速注入托卡马克燃烧室内。但对于具有大体积高密度等离子体的未来聚变堆来说,气体注入技术难以实现芯部加料。除了加料功能外,气体注入系统还具有其他功能,例如:通过注入燃料气体来控制等离子体密度;通过对等离子体特定方位实施杂质气体的注入,以实现偏滤器的脱靶运行,从而改善偏滤器靶板的热负荷,或增加等离子体芯部的辐射热能,改善第一壁的热负荷;通过对射频发射天线附近注入特定元素的气体,可以改善射频波与等离子体的耦合效率。气体注入系统还为壁处理提供所需的气体。

图 6-10 为 ITER 燃烧室内侧的高磁场侧的弹丸注入与气体注入方位的示意图[6]。图中显示的是托卡马克燃烧室垂直截面,在燃烧室上窗口区域及底部偏滤器拱顶部位由黑色箭头指示的是气体注入口方位。在燃烧室内侧由灰色箭头指示的是高磁场侧弹丸注入的方位。图 6-11 给出的是高磁场侧弹丸注入(见图中高磁场侧的不同线段,其分别表示 5 mm 与 3 mm 直径的弹丸)、低磁场侧弹

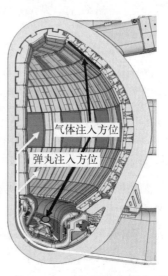

气体注入方位

弹丸注入方位

图 6-10　ITER 燃烧室内侧的高磁场侧的弹丸注入与气体注入方位的示意图

丸注入(见图中低磁场侧的线段,其表示 5 mm 直径的弹丸)及气体注入(见图中的气体注入线段,其表示 130 Pa·m³/s 的气体注入)的注入深度测试结果。图 6 - 11 横坐标(ρ)表示的是等离子体垂直截面的半径(此处表示离开等离子中心的相对位置),是一个无量纲参数,纵坐标表示氘离子密度的变化。从图 6 - 11 中可以看出,燃料以气体注入的方式或从燃烧室外侧的低磁场侧以弹丸注入的方式可达到等离子体的深度较从燃烧室内侧高磁场侧的弹丸注入方式的要小得多。

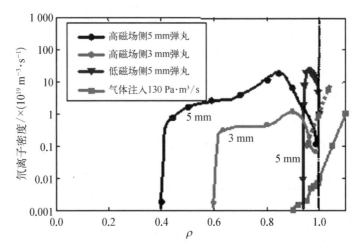

图 6 - 11　弹丸注入与气体注入在等离子体内部的密度分布

通过等离子体控制系统对等离子体破裂的预测及与中央联锁系统的联动,等离子体破裂缓解系统可在等离子体大破裂前注入适量的特定元素粒子,以缓解等离子体的破裂效应,避免或减轻大破裂对聚变堆燃烧室内部部件及装置主机的危害。等离子体破裂缓解系统采用一种称为碎片弹丸注入(shattered pellet injector,SPI)的技术,又称为雨状弹丸注入(shower pellet injector)技术。目前,美国正在为 ITER 项目研发三管式碎片弹丸注入技术。其基本原理是将要注入的物质在一个发射管内经多次分层冻结成一个弹丸,在管的一边施加脉冲高压气体,将弹丸射出至一个锥形结构或一个小曲率半径的弯管,经撞击锥形结构或弯管后破碎成直径小于 1 mm 的碎片及液雾的混合物,再注入等离子体内。

在紧急情况下,如发生地震、燃烧室或内部部件失去冷却剂等严重事故状况时,为保证聚变堆系统的安全,需要采用聚变能终止系统注入适量的杂质元素,如氖(Ne)和氩(Ar),以立即终止聚变反应。

聚变堆的加料物理、同位素控制仍然是聚变界需要进一步研究的课题。ITER 正在研发的加料技术将为聚变堆燃料加料提供宝贵的经验。

6.4　氚技术及安全

由于氚燃料在地球上的自然储量几乎为零,为保证聚变堆氚燃料满足聚变运行,目前只能通过裂变重水反应堆人工制取,且产量有限、价格昂贵。聚变堆的运行需要通过聚变反应产生的中子与锂反应生成氚,实现聚变堆的"氚自持"。可以说,聚变堆产氚技术研发的成功与否决定了未来氘氚聚变能反应堆可否生存。另外,在聚变堆等离子体运行中氚的加料、排出、收集、纯化、分离、储存输送等循环过程,以及氚在聚变堆燃料循环系统中的输运特性,特别是针对氚在不同增殖包层结构及不同性质增殖材料中的输运机制、性质等都是尚需进一步深入研究的课题。

氚安全防护的整体原则是必须将聚变堆系统内及聚变电站场址内氚的储存量及氚的泄漏量尽可能降至最低。这也有益于降低聚变堆整体的技术成本。

6.4.1　氚技术

根据目前的测算,一个典型的 1 000 MW 电功率的聚变堆发电站所需的聚变功率约为 3 000 MW,其满功率年运行将消耗约 150 kg 的氚燃料。如此大量的氚消耗量都必须依赖聚变堆的氚增殖技术提供保障。一个聚变堆自产氚的能力是用氚增殖率(tritium breeding ratio, TBR)来计算的,TBR＝氚的产出量/氚的消耗量。一个聚变堆必须达到可以完全满足氚燃料自持的要求,甚至要求更高的氚增殖率以满足下一个聚变堆初始聚变反应所需要的氚,俗称一个聚变堆的"第一炉氚",通常在数千克的量级。依据最新分析计算结果,一个聚变堆的氚增殖率必须达到 1.05 以上才能实现氚自持。该增殖率中的 5% 余量是考虑了 3% 的核数据不完整因素及 1% 的计算模型误差因素,考虑到在结构中驻留的氚、循环系统泄漏的氚及用于积累下一个新的聚变堆所需的"第一炉氚",额外附加了 1% 的余量。随着核数据的不断完善、计算分析模型的细化、计算能力的提高,上述因"核数据不完整因素"而增加的 3% 余量及因"计算模型误差因素"而增加的 1% 的余量有望在未来的分析计算中逐渐降低,直至完全取消。如能将聚变堆氚增殖率降至 1.01,将会降低对氚增殖包层技术要求的难度。当然这完全是理论分析结果，实际氚增殖率的大小还会受到聚变堆的运行状况、氚处理系统的运行及氚增殖包层的运行状况的影响。

聚变堆氚系统将面对以下关键技术的挑战。

（1）氚增殖包层技术：如何在满足氚增殖率的条件下提高聚变堆的热电效率？双冷锂铅回路包层（dual-coolant lead lithium blanket，DCLL）技术被认为是可能实现聚变堆包层高热电效率的候选方案之一，其热电效率可达45%以上。相比其他结构的包层设计方案，DCLL 在运行中可动态调整氚增殖率，从而可以优化氚在回路中的储量。对于固态增殖材料如陶瓷来说，通过精确控制孔隙率、位置等，多空陶瓷（cellular-ceramics）技术也具有较高氚增殖率及高温运行的潜力，DCLL 技术也有利于解决陶瓷球床包层的烧结问题。但 DCLL 技术尚不成熟，目前 ITER 各参与方正在研发的六种氚增殖包层概念并未采用 DCLL 的技术方案。有关氚增殖包层技术，可参阅 6.5 节。

（2）氚的提取及纯化技术：为获得最佳性能及保证安全性，氚处理系统必须具备在高温运行条件下较高的氚提取效率（>80%）。国际上正在研发的液态金属增殖包层有望建造更加高效的聚变堆，如电解膜提取（electrolytic membrane extraction）技术及渗透膜提取（permeable membrane extraction）技术。

（3）氚燃料的循环处理技术：聚变堆燃料处理系统的氚储量及氚处理量主要受氚的燃烧率影响。ITER 的燃烧率仅为 0.3%，氚处理量约为 1.1 kg/h，这对聚变堆燃料处理系统是一个巨大的挑战。超渗透金属箔泵技术有望使得氚燃料的循环运行不依赖于聚变堆燃料运行状态，可将氚处理系统的规模及氚储量减少 70%，并降低聚变堆对低温泵的要求，使得燃烧室的真空抽气系统可连续运行。

氚循环及处理系统是复杂且庞大的，这些技术的研发是聚变堆的安全、高效运行必不可少的保障。

6.4.2　氚的安全防护

氚的安全问题主要是针对其放射性。但氚发出的是较低能量的 β 射线，这种能量的辐射可以被 7 mm 的空气所阻挡，更不用说穿透人体的皮肤了。所以说暴露在氚气或氚水（又称超重水）的辐射环境下并不构成很大的危险。氚对人类的主要安全影响在于进入人体内可能造成的危害。因为氚的放射性是电离辐射，进入人体后会提高罹患恶性肿瘤的风险。所以要避免氚经吸入、摄入或由伤口进入人体。

从聚变堆氚的安全性问题来说,氚的防护重点不在于辐射屏蔽问题,重要的是保证氚的密闭,严防氚的泄漏。也就是说,如果能保证氚的密闭,氚的安全防护就有了基本保障。聚变堆氚的安全保障策略应该是建立在多重防护屏障基础之上的纵深防御措施,包括多级防护屏障、除氚系统、警示及疏散。图 6-12 是 ITER 建立的多级防护体系示意图[3]。

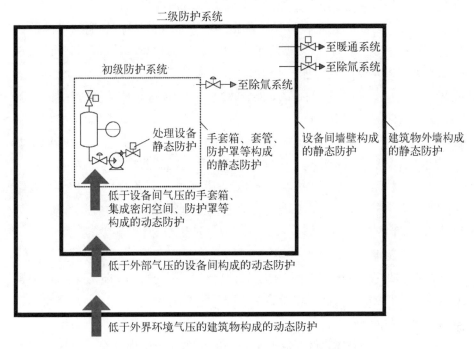

图 6-12　ITER 建立的多级防护体系示意图

该多级防护体系包括初级防护系统与二级防护系统。

(1)初级防护系统由两道防护屏障组成。第一道防护屏障是由运行设施提供的为防止氚泄漏的静态防护边界。第一道防护屏障可确保防护功能在所有设计基准所考虑到的事故发生时及发生后仍保持完好,因而在正常运行及各种事件及事故状态(如地震)下都可以提供可靠的防范。第二道防护屏障是设置在第一道防护屏障外,特别是在第一道防护屏障内具有更高氚储量及有害物质泄漏风险的情况下所提供的防护措施。第二道防护屏障通常是由手套箱、高度集成的密闭空间、防护罩、附加的保护套管等所组成,也具有收集并回收任何可能泄漏的放射性物质的功能,以防这些物质泄漏至环境及人员出入的区域。第二道防护屏障内的气压始终处于负压状态,并可提供静态防护及动态防护双重功能。但第二道防护屏障通常并不要求确保设计基准所考虑到的地震或火灾事故中及事故后的防护功能。

（2）二级防护系统由运行设备间的墙体、设备建筑物外墙及密封门（窗）所组成，主要作用是在初级防护系统失效的情况下，减少事故所引起的不良后果。气压级联差分系统确保每个区域保持较低的气压，并根据各区域的放射性泄漏风险等级，确保空气由最低污染风险区域流向最高污染风险区域。无论是在正常运行状态还是在各种事件或事故状态可能存在氚泄漏风险的区域，该系统都必须能将此区域迅速连通至除氚系统，以确保泄漏的氚都能被有效地收集起来并被送至氚循环处理系统。要确保所有设计基准所考虑到的事故在发生时及发生后，二级防护系统的静态防护及动态防护功能均不失效。

在上述防护系统中，由运行设施的防护结构、建筑物墙体、操作维护的手套箱、防护罩、附加防护套管建立起来的防护系统称为静态防护。由不同功能区域内的压力差分系统建立起来的防护系统称为动态防护。

在氚防护系统的设计中，需要重点考虑的防护是过压保护、过温保护及防止交叉污染。引起过压的因素可以是来自氚处理系统的外部（如供气瓶、供气管路）或内部系统的部件，如分子筛内液体的蒸发或气体的解吸等。

未来聚变堆的氚处理技术及氚安全防护技术尚面临如下挑战。

（1）氚的纯化与循环处理技术：目前已经开展了概念性的实验验证，但需要聚变堆规模的实验验证，以及在像 ITER 这样的聚变实验堆上开展真实场景的全面实验验证。

（2）安全防护技术：目前氚安全防护的概念与技术尚处在小规模的实验验证中，开展聚变堆规模的实验验证几乎不可能，大规模的密闭防护与除氚系统的实验验证更是难以实施。在极端聚变堆环境下可能暴露的问题尚不得而知，需要在 ITER 运行中逐步积累经验数据。

（3）氚增殖与氚的提取技术：先进技术有待进一步研发，尚无完全令人信服的概念性的实验验证，未来还需要开展中子环境的实验验证。在 ITER 计划之外，各参与国虽然有自己的试验包层计划（TBM），也将参与 ITER 实验，但尚不能满足聚变堆所要求的氚自持系统的技术成熟度及规模。

6.5 先进包层技术

以氘氚为燃料的聚变反应所产生的聚变能主要以能量分别为 14.1 MeV

的聚变中子及 3.5 MeV 的 α 粒子的形式放出。3.5 MeV 的 α 粒子将用于等离子体的自加热,而 14.1 MeV 的中子能量将转换为热能,并经热电转换系统发电。由于氚在地球上的自然储量极为稀少,未来氘氚聚变反应堆所需的氚燃料必须通过聚变反应所生成的中子与锂反应生成氚,从而实现聚变堆氚燃料的自持(self-sufficiency)。为此,聚变堆产生的中子除了用于转换为热能,并经热电转换系统发电外,还将用于氚的增殖。而聚变堆的氚增殖是依靠设置在燃烧室内的氚增殖包层实现的。

未来聚变堆包层主要有如下作用。

(1) 收集聚变能:即吸收聚变中子的能量,通过冷却回路将聚变中子的热能输出至热交换器,实现聚变能发电。

(2) 增殖氚燃料:利用聚变中子与锂反应产氚,增殖的氚可经氚回路处理后由燃料回路送至聚变堆,从而实现氚自持。

(3) 屏蔽聚变中子:阻挡聚变中子穿透至燃烧室外,以保护装置主机其他部件(如超导磁体、冷屏、外杜瓦及装置主机外的系统)结构免受中子辐照损伤,减少或避免中子核热。

(4) 阻挡来自聚变等离子体的高能粒子(如刮削层中的等离子体粒子、高能逃逸电子、杂质粒子、ELM 引发的高能粒子流等)及各种高能辐射对燃烧室及其他内部部件(如内部控制线圈、低温泵、诊断元件、各种冷却管路等)的直接轰击或照射所造成的损伤或损坏,并将这些非聚变能传递至冷却回路。

可以说,包层是聚变堆运行环境最为恶劣的部件。为实现氚增殖包层的聚变中子热能转换及氚增殖,在包层内有可将来自聚变或非聚变的热能传递至冷却回路的介质,同时还需要能实现氚增殖的介质,如中子倍增材料及氚增殖材料。国际上正在开展的氚增殖包层设计方案有以下三大类:

(1) 第一类是采用含锂固态介质作为氚增殖剂以实现氚的增殖,但采用不含锂的液态或气态介质将热量移出。

(2) 第二类是采用可同时实现氚增殖及热量移出功能的含锂液态介质。

(3) 第三类是在氚增殖结构中采用可同时实现氚增殖及热量移出功能的含锂液态介质,在第一壁及中子屏蔽结构中采用气态冷却介质移出热能。

目前,氚增殖包层的技术尚在研发中。国际上正在研发的氚增殖包层所遇到的技术挑战如下:

(1) 氚的增殖率是否可以完全满足本聚变堆氚燃料自持的要求,甚至能为下一个或数个聚变堆提供首堆氚燃料,俗称"第一炉氚"。

（2）氚增殖包层的设计能否在大幅度提高氚增殖率的同时，满足增殖氚的在线提取效率要求，并提升氚增殖包层的热电效率。

（3）包层所用材料，包括面向等离子体的第一壁材料、热沉材料、结构材料、氚增殖材料、中子倍增材料、阻氚材料、冷却介质材料等在高温辐射、强中子辐照、强交变及静态磁场、高能粒子轰击等恶劣环境中的性能是否可以满足聚变堆长期稳定可靠运行的要求。

（4）包层结构复杂，功能各异，从阻挡来自等离子体的高能粒子及高能辐射的面向等离子体第一壁结构、提高热传导效率的热沉结构、实现氚增殖的结构、保护聚变堆装置主机其他部件的中子屏蔽结构到冷却结构等不同功能，这些材料不同且结构迥异的集成优化是对包层工程设计的技术挑战。

从氚增殖包层所采用的冷却介质及氚增殖介质来说，可将其简单地分为液态包层及固态包层。以下介绍的是有望解决上述技术挑战的两种正在研发的氚增殖包层，即采用锂基蜂窝陶瓷技术的固态包层及采用锂铅液态金属的双冷质锂铅包层。

6.5.1 采用锂基蜂窝陶瓷技术的先进固态包层技术

国际上正在研发的氚增殖包层技术大部分采用的是固态锂基陶瓷增殖材料，如氧化锂、硅酸锂、钛酸锂、锆酸锂等。通常采用的固态球床结构有利于减少热应力及改善氚的释出。但球床结构的主要问题是整体装填率不高、热导率较差、球材间的赫氏接触应力（Hertzian stress）较大，易造成球材的变形、开裂、破碎、熔结等问题，由此引起球床总体形态的改变，使得传热性能变差、用于清除的气体阻塞、氚增殖率降低，甚至影响运行安全。所以，通常球床结构的氚增殖包层的运行温度不高，可承载的整体能量密度较低，需要装填更多的中子倍增材料。为解决固态氚增殖包层的上述问题，美国正在研发一种先进的锆酸锂（Li_2ZrO_3）蜂窝陶瓷材料[7]。该材料的优势是可达到 90% 的氚增殖材料填充率，比球床结构的 65% 填充率高出约 50%，同时具有更高的热导率，彻底解决了熔结问题，增加了增殖材料的运行寿命。如果采用该锆酸锂蜂窝陶瓷先进材料替代球床材料，有望减小氚增殖包层的整体体积，降低造价，并且可将氚增殖率增加 20%。中子计算结果表明，在给定氚增殖率的条件下，若采用锆酸锂蜂窝陶瓷材料替代球床结构，包层的整体径向厚度可减少 30%～40%。图 6-13(a)是扫描电子显微镜下的锆酸锂蜂窝陶瓷材料结构影像图，图 6-13(b)是断层扫描给出的细微通道的互联结构示意图。

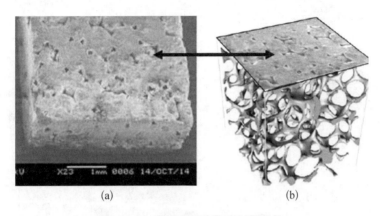

图 6-13　锆酸锂蜂窝陶瓷材料结构

(a) 扫描电子显微镜下的锆酸锂蜂窝陶瓷材料结构影像；(b) 断层扫描给出的
细微通道的互联结构示意图

目前国际上锆酸锂蜂窝陶瓷材料的研发尚处在实验室测试阶段，还需要开展的工作包括系统优化、集成性能测试、辐照测试等。采用锆酸锂蜂窝陶瓷材料的氚增殖包层工程设计还需要中子辐照环境下力学特性数据库的支持，特别是在 1 000 ℃ 温度下运行的中子辐照损伤对抗拉、抗压、抗弯、抗裂强度，断裂韧性及蠕变性能影响的测试数据，以及氚及氦的滞留对材料特性的影响等。这些都是采用锆酸锂蜂窝陶瓷材料的氚增殖包层工程设计不可或缺的重要参数。

6.5.2　采用锂铅液态金属的双冷质锂铅包层技术

采用液态金属锂或锂铅的氚增殖包层将可提高氚增殖率，获得较高的氚提取效率，并可大幅度提升聚变堆系统的性能和安全性。图 6-14 所示为不同固态增殖材料与液态增殖材料氚增殖率的比较[8]。由图可见，若采用液态锂作为氚增殖材料，最高可获得约 1.9 的氚增殖率。

采用液态锂或锂铅作为氚增殖材料的氚增殖包层的另外一个优势是可将氚回收系统设置在聚变堆托卡马克装置主机之外的非中子环境下，避免了中子辐照损伤问题。同时，因为液态锂或锂铅同时也是冷却剂，包层的结构可以更加简化，可在满足氚增殖率的条件下提高聚变堆的热电效率。根据初步估算，采用液态锂或锂铅材料的氚增殖包层，其热电效率可达 45％ 以上。所以，美国提出了一种采用锂铅液态金属的双冷质锂铅包层（dual-coolant lead lithium blanket，DCLL）技术[9]，并认为该技术是可能实现聚变

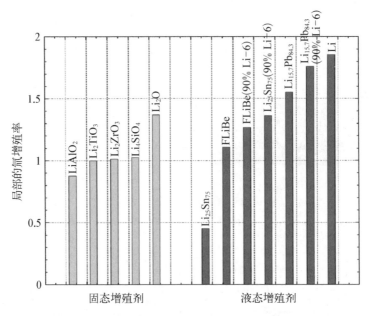

图 6‑14　不同固态增殖剂与液态增殖剂氚增殖率的比较

堆包层高热电效率的最佳候选方案之一。相比其他结构的包层设计，DCLL
在运行中可动态调整氚增殖率，从而可以优化氚回路中的储量。如果采用
固态增殖材料，如多孔陶瓷技术，可通过精确控制孔隙率及位置等，使其具
有较高的氚增殖率及高温运行的潜力。该技术也有利于解决陶瓷球床包层
的烧结问题。目前，美国、欧盟、中国都在开展 DCLL 包层的设计和单元技
术的研发。

　　如图 6‑15 所示，在双冷质锂铅包层的氚增殖结构中采用可同时实现氚

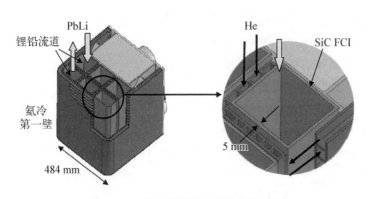

图 6‑15　双冷质锂铅包层结构示意图

增殖及热量移出功能的液态锂铅介质,并采用高压氦冷却第一壁及所有其他结构。采用由碳化硅复合材料或多孔材料设计的液态金属锂铅的流道插件(FCI)可起到电绝缘与热绝缘的作用,可将由磁流体动力学效应引起的压力降限制在可接受的范围内,从而可获得约 700 ℃ 的 PbLi 出口温度,实现 45% 以上的热能转换效率。

双冷质锂铅包层是受到国际聚变界广泛关注的先进氚增殖包层技术,但仍存在尚待解决的如下技术挑战。

(1) 从高温(约 700 ℃)的 PbLi 液态金属及氦中在线提取并分离氚。

(2) 磁流体动力学(MHD)效应对 PbLi 液态金属流速的控制、热能的导出、氚的传输等的影响。

(3) 热力学效应对由不同材料组合集成复杂结构的影响。

(4) 确保包层系统的密闭功能,有效避免冷却剂、空气与增殖及倍增材料之间的化学反应,包括可能产生的自持化学反应。

(5) PbLi 液态金属与铁素体钢材料、SiC 陶瓷流道插件的兼容性。

虽然上述采用锂基蜂窝陶瓷技术的固态包层及采用锂铅液态金属的双冷质锂铅包层是未来聚变示范堆的优选氚增殖包层技术,但都尚处在前期研发阶段。针对上述关键技术,国际上正在开展针对性的技术研发。比如,通过建立集成了各不同功能结构及不同材料的耦合模型,考虑到随时间变化的温度、质量流等开展模拟计算,以期对包层运行状态开展预测。另外,还需要先期开展非核状态下的功能性(单功能、多功能)测试实验,以及由复合材料制成的复合结构单元件或原型件的测试实验。通过这些测试实验可以总结出包层复杂结构的热、结构、电磁、化学等综合效应。需要强调的是,上述预测能力及有效性是建立在测试实验数据库的基础之上的,最终要在聚变中子环境下开展对氚增殖包层原型件的物理及工程的测试,这将是评判任一聚变堆氚增殖包层技术能不能实际应用于聚变堆的唯一标准。所以说,可开展包层集成结构及部件测试实验的聚变中子环境测试平台是氚增殖包层技术研发及技术验证的必不可少的设施。然而,虽然国际聚变界早已提出建造可提供聚变中子环境的测试实验系统,如美国提出的聚变核科学装置(Fusion Nuclear Scientific Facility)、紧凑型聚变中子源(Compact Fusion Neutron Source)、聚变原型中子源(Fusion Prototypic Neutron Source)及聚变部件测试装置(Component Test Facility);但这些建议都是基于托卡马克装置的系统,耗资巨大。而由于 10 多年来国际聚变界的主要精力及财力都集中在 ITER 的建造上,目前世界上尚无建造聚变中子源的计划。这已经成为聚变堆关键涉核材料及部件研发必须解决的问题。

6.5.3　ITER 氚增殖包层技术

ITER 项目并未将氚增殖包层的研发纳入其总体目标,但 ITER 项目的参与方被容许在 ITER 托卡马克装置主机的两个水平窗口通道中设置氚增殖实验包层,以利用 ITER 的聚变中子环境开展必要的氚增殖、氚提取等技术的实验验证。但 ITER 没有计划采用各参与方氚增殖包层生产的氚燃料。

目前在 ITER 装置主机内将要安装的由 ITER 项目参与方提出的六种氚增殖包层的技术方案如下:

(1) 中国提出的氦冷陶瓷(铍)增殖剂包层[He-cooled ceramic breeder(+Be),HCCB]方案;

(2) 欧盟提出的氦冷锂铅包层(helium-cooled lithium lead,HCLL)第一个方案;

(3) 欧盟提出的氦冷球床包层(helium-cooled pebble beds,HCPB)第二个方案;

(4) 日本提出的水冷陶瓷增殖剂包层(water-cooled ceramic breeder,WCCB)方案;

(5) 韩国提出的氦冷陶瓷反射包层(helium-cooled ceramic reflector,HCCR)方案;

(6) 印度提出的锂铅陶瓷增殖剂包层(lithium-lead ceramic breeder,LLCB)方案。

由于 ITER 提供的可容许安装氚增殖包层的空间有限,目前仅有两个水平窗口可供开展氚增殖包层的测试实验,每个水平窗口通道一次将可容纳两个氚增殖包层模块参与实验研究。所以,为使有意愿开展氚增殖包层实验研究的各方都有机会参与 ITER 的实验,也为保证安全维护维修的要求,ITER 氚增殖包层的结构设计为抽屉式,方便更换。图 6-16 所示为 ITER 氚增殖包层的结构[10],每个氚增殖包层由氚增殖模块及中子屏蔽结构组成包层模块组件。两个包层模块组件并排安装在一个水平窗口插入件的结构中。水平窗口插入件可以整体取出,便于包层模块组件的更换、维护维修。

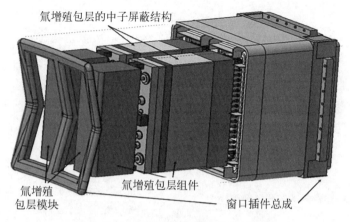

图 6 - 16　ITER 氚增殖包层结构示意图

6.5.4　氚的在线高效提取技术

　　氚的增殖离不开锂基材料,如锂、锂铅及锂锡。但从锂及锂铅合金中提取氚的技术安全问题尚未根本解决。由于锂的化学活性很高,为避免在事故发生时超出环境释放限值可能造成的火灾,锂的含量必须限制在 10 ppm① 以下。由于氚在锂铅及锂锡中的溶解率很低,为降低氚由一回路向外的渗漏,确保运行安全,也需要将氚的含量控制在 10 ppm 以下。然而,在实际聚变堆运行中,无论等离子体中的氚还是氚增殖包层中单一液态回路中的氚,含量都远高于10 ppm。所以,高效、高流量、高温在线氚提取技术的研发对聚变堆的安全运行具有重要的作用。根据初步分析计算,对液态金属介质运行的聚变堆来说,在 700 ℃ 的温度下,氚的提取效率应大于 80%,锂铅的流量需达到约30 000 kg/s,锂的流量需达到约 1 700 kg/s。

　　一个与氚提取相关的困难是,由于液态锂与氚很容易形成具有强分子键的氚化锂,从而造成氚增殖率及提取效率的降低。近年来,美国萨瓦纳河国家实验室与加利福尼亚州立大学研发了一种陶瓷电解膜技术[11],可直接从液态锂金属中将氚化锂中的氚分解并提取出来,同时有望通过调节膜间的电压控制氚提取的速度。其基本原理如图 6 - 17 所示,该技术采用一种在高温(900 ℃)液态锂中仍具有良好离子电导率(大于 1 S/cm)性能的称为锂镧氧化锆($Li_7La_3Zr_2O_{12}$)的材料作为锂离子陶瓷传导膜或固态锂传导体。在膜的阳

---

　　①　ppm 表示百万分之一,业内常用来表示浓度、含量。

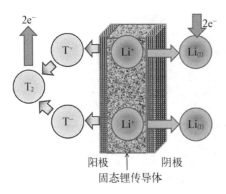

图 6-17　陶瓷锂离子传导膜原理图

极表面,氚化锂分子分解成锂离子及氚离子,锂离子传导至传导膜的阴极形成锂,而在阳极的氚离子形成 T_2。其反应原理如下:

阳极:$2LiT \rightarrow 2Li^+ + T_2 \uparrow + 2e^-$

$$(6-1)$$

阴极:$\quad Li^+ + e^- \rightarrow Li \qquad (6-2)$

美国萨瓦纳河国家实验室已经依据该原理研发出单元组件,并在 500 ℃ 条件下开展了从液态锂中提取氚和氢的模拟测试实验,同时依据单元组件的实验结果开展了建模分析,得到了不同氚化锂含量、不同规模传导膜及不同电压条件下的可分解的氚总量及传导出的锂总量。

　　这种陶瓷电解技术完全摒弃了传统复杂且昂贵的机械结构(如采用离心式原理),可直接在氚增殖包层的液态锂中提取氚,有望大大降低运行及维护成本,并有利于减少氚的泄漏。但该技术仍有如下尚待进一步研发或证实的技术与性能。

　　(1)该技术能否用于聚变堆一回路传热系统与氚循环系统中对氚的在线提取仍未确定。

　　(2)陶瓷锂离子传导膜材料在高温液态金属中的性能稳定性,以及与锂基材料的兼容性尚需通过进一步的测试实验加以证实。

　　(3)尚需开展与聚变堆规模相当的单元件的测试实验,以全面验证整体性能及寿命。

　　欧美也在研发真空渗透(vacuum permeator)技术的氚提取系统,它与陶瓷锂离子传导膜氚提取技术的结合使用可进一步提高氚提取的效率。

6.6　超导技术

　　超导材料在聚变装置的应用使得聚变堆具有稳定的磁场、紧凑的结构、较低的运行成本,特别重要的是使聚变堆的长时间稳态运行成为可能。所以,国际上从 20 世纪 90 年代起,新建的聚变装置大都采用了超导技术。超导托卡马克也成为国际聚变界主流的发展方向。

低温超导材料,如铌钛(NbTi)及铌三锡(Nb_3Sn)已成功应用于大型托卡马克装置主机的磁体系统,如 EAST、KSTAR、JT-60SA 及 W7-X 等大型超导托卡马克或超导仿星器等实验装置。正在法国建造的 ITER 的超导环向场磁体、极向场磁体、中心螺管磁体及校正场磁体也都采用了 NbTi 或 Nb_3Sn 超导材料。

中国在 2006 年成功设计建造的世界上第一个全超导托卡马克装置 EAST,在国际上率先采用了高温超导材料制造超导托卡马克大电流馈线的电流引线,该技术也被 ITER 项目采纳。

高温超导技术的发展及在聚变装置的应用将使得聚变堆能够在更高的场强条件下运行,装置主机的结构也可以设计得更加紧凑。同时,在相同规模尺度下,如采用高温超导材料,将使得聚变堆可以在更高等离子体密度、更高等离子体电流及更高等离子体压强参数下运行。因此,高温超导技术将使得未来聚变堆在较小的托卡马克装置主机规模下获得更高的能量增益及更高的能量密度,而且运行更加稳定。这将极大地提高未来聚变堆的运行效率、运行安全,极大地降低超导托卡马克聚变堆的运行成本,有利于加快聚变堆商业化进程。相比低温超导材料,可运行在较高温度下的高温超导体还可以减小超导磁体与聚变燃烧室的温度差,因而可降低聚变堆的设计难度,增加运行的安全性,也将极大地降低超导磁体的建造、运行及维护成本。

高温超导材料,特别是可运行在高场下的高温超导材料的应用,将给未来聚变堆装置主机的性能带来巨大的提升。从技术成熟度来说,现有的两种高温超导材料已经用于超导托卡马克实验装置,也可用于未来的聚变堆。一种是第一代高温超导材料铋锶钙铜氧化物(bismuth strontium calcium copper oxide,BSCCO),如 Bi-2212 或 Bi-2223 超导材料;另一种是第二代高温超导材料稀土钡铜氧化物(rare-earth barium copper oxide,REBCO),如钇钡铜氧($YBa_2Cu_3O_7$,YBCO)或钆钡铜氧($GdBa_2Cu_3O_7$,GdBCO)超导材料。

图 6-18 所示为 NbTi、Nb_3Sn、BSCCO 及 YBCO 超导材料的磁场与温度的关系[12]。从图 6-18 中可以看出,高温超导材料钇钡铜氧(YBCO)与铋锶钙铜氧化物(BSCCO)可在更高的温度下达到实现与低温超导材料铌钛(NbTi)及铌三锡(Nb_3Sn)相同的不可逆磁场(Irreversibility field,B_{irr})。

6.6.1　高温超导材料

第一代高温超导材料铋锶钙铜氧化物,如 Bi-2212 超导材料的优势是已

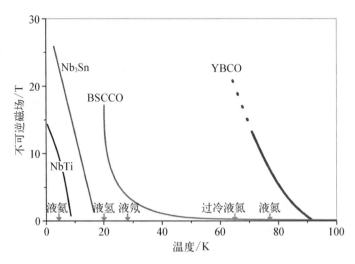

图 6-18 不同超导材料的磁场与温度的关系

经成功研发出了长达 2~3 km 的股线材料,使其可以像传统电缆一样绕制成超导电缆,实现股线的全换位结构,从而极大地降低电缆的涡流损耗,增强磁体的抗干扰能力,提高磁体运行的稳定性。

借鉴现有成熟的低温超导导体的设计与制造技术,超导股线制作的电缆可经穿管制造成管内电缆导体(cable-in-conduit conductor, CICC)。CICC 是具有良好自支撑结构的导体,可承载数千安培至数十万安培的大电流。其采用迫流冷却技术,磁体所需的冷却介质少,运行安全可靠。同时,CICC 导体的绕制可以完全借鉴传统磁体的绕制技术及绝缘技术,现已广泛应用于大型超导磁体的设计中。国际上的大型超导托卡马克,如 EAST、KSTAR 及 ITER 的超导磁体都采用了 CICC 导体技术。

Bi-2212 超导股线的劣势是,在磁体绕制完成后需经复杂的高压热处理,机械性能尚待进一步提高,并且银含量较高(70%)。这些都是将其应用于托卡马克聚变堆的不利因素。

第二代高温超导材料稀土钡铜氧化物(REBCO)超导材料是最有希望应用于未来聚变堆的材料。其带材制成品的主要成分是高强度镍合金或不锈钢,占 REBCO 超导材料体积比的 50%~90%,因此它具有比低温超导材料更好的机械性能。图 6-19 所示是通常 REBCO 超导带材的结构。由图 6-19 可见, REBCO 超导带材由层状结构组成,包括稀土钡铜氧化物超导膜、覆盖其上的银及铜稳定材料、由金属氧化物组成的缓冲层及由不锈钢或镍合金制成的基带。

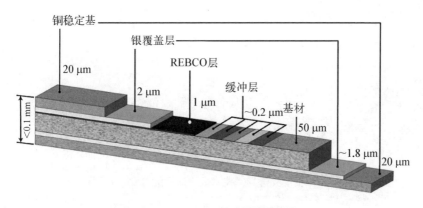

图 6‑19　REBCO 超导带材的结构

瑞士日内瓦大学对美国 Bruker HTS 和 SuperPower、日本 Fujikura 和 SuperOx、韩国 SuNAM 五家主要超导材料生产商的 REBCO 带材进行了测试[13]。测试结果显示，REBCO 超导材料在测试温度为 77 K 的自场或测试温度为 4.2 K 及背景场强为 19 T 下，即使施以 600 MPa 的应力及 0.45% ～ 0.72% 的应变仍能保持超导态。特别要提到的是，研究显示 REBCO 超导材料抗中子辐照损伤的性能与低温超导材料铌钛及铌三锡相当。虽然 REBCO 超导材料可运行在 90 K 以上的温度，但如果将其运行在 20～30 K 温度下可获得更高的稳定性。用 REBCO 超导材料制造的超导磁体的另一个优势是不需要后续的热处理。

然而，依据目前的技术水平，REBCO 超导材料尚不能像 Bi‑2212 那样制成超导股线，这极大地限制了它在聚变堆超导磁体中的应用。在美国能源部 (DOE) 的支持下，美国先进导体技术公司利用 REBCO 超导带材研发了一种所谓"环芯导体"（conductor on round core，CORC™）的技术[14]，并采用该技术制造出直径为 3.6 mm 的超导股线及 7 mm 的缆线，如图 6‑20 所示。

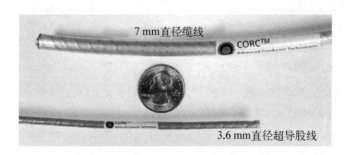

图 6‑20　美国先进导体技术公司研发的超导股线及缆线

美国先进导体技术公司还采用其研发的 REBCO 超导缆线设计了专为未来聚变堆使用的超导导体,如图 6‐21 所示。

图 6‐21   美国先进导体技术公司研发的 REBCO 超导导体

表 6‐1 所示的是采用"环芯导体"(CORC®)技术的缆线及股线制造的两种铠装导体短样测试结果。两种铠装导体的运行电流均可达 100 kA(4.2 K,20 T)。这个性能参数对未来聚变堆大型超导磁体的设计非常有利。然而,此类型的股线、缆线及导体的机电性能尚待开展进一步的测试实验研究。

表 6‐1   美国先进导体技术公司研发的 REBCO 超导导体的性能

	CORC® 缆线铠装导体	CORC® 股线铠装导体
导体结构		
导体直径(不含铠甲)/mm	25	25
测试温度及背景场强/K,T	4.2,20	4.2,20
可达到的最高电流/A	100 000	100 000

奥地利维也纳大学对两种二代高温超导材料钆钡铜氧及钇钡铜氧高温超导材料在中子辐照环境下的性能做了测试[15]。其中,GdBCO/IBAD 是采用离子束辅助沉积(ion beam assisted deposition,IBAD)技术制备的钆钡铜氧高温超导材料,YBCO/RABiTS 是采用了轧制辅助双轴织构基带(rolling-assisted biaxially textured substrates,RABiTS)技术制备的钇钡铜氧高温超导材料。结果显示,经能量密度为 $\Phi_t = 1 \times 10^{22}$ m^{-2}(ITER 中子辐照设计值)

的中子辐照后,YBCO 材料中所有组分的中子吸收截面都很小,YBCO 材料的超导性能至少在短期内变化不大。未来聚变示范堆的中子辐照能量密度将比 ITER 高出 5~10 倍,高温超导材料抗中子辐照的性能,特别是在聚变中子辐照环境下对性能的长期效应尚待进一步测试研究。

高温超导材料应用于聚变堆的另一个挑战是导体接头技术,特别是采用 REBCO 超导材料的导体接头,由于其基于带材的超导线缆结构使得导体接头的设计与制造都非常复杂。

目前,高温超导材料的成本尚需进一步降低,进一步提高性价比。通常,超导材料的性价比是用 1 m 超导线材在给定温度与磁场下可载流 1 kA 的售价来衡量的,也即"售价/kA·m"。尽管优化的 REBCO 超导材料的制造仍采用真空沉积法技术,其每 kA·m 的售价在过去的数年内已有大幅度降低,比如,2000 年 REBCO 超导带材的售价约为 1 000 欧元/kA·m(77 K,自场),至 2005 年起售价已经低于 30 欧元/kA·m。进一步降低售价的途径一是大幅度提高超导性能,如采用业界正在探索的液相外延(liquid phase epitaxy)技术;二是高温超导材料应用的推广,更高的使用量可以大幅降低 REBCO 超导材料的单位成本。依据 REBCO 超导材料供应商及市场研究者的测算,如果每年 REBCO 超导材料的需求能够达到 5 000 km,REBCO 超导材料的售价有望降至 10 欧元/kA·m 以下[16]。

世界范围内 REBCO 超导材料的供应商已具备提供数百米至数千米的 REBCO 超导带材的能力。其年产能力约为 1×10^5 kA·m,而一个聚变堆规模的大型超导磁体约需 5×10^6 kA·m 的超导材料。依据 ITER 的经验,在项目的推动及经费的支持下,国际超导材料界提升产量的能力是很强的。

目前,国际上所开展的 REBCO 超导材料研发都不以聚变堆应用为目的,除了在高能物理有少量应用外,大部分是为核磁共振、限流器、超导电力电缆、超导电机及超导发电机服务的。

为加快高温超导材料在聚变堆的应用,聚变界应与 REBCO 超导应用研发机构合作,研发满足聚变堆运行要求的 REBCO 超导材料、股线、缆线、导体,同时开展聚变堆尺度下的高温超导磁体研发与性能的测试实验研究,特别要开展在聚变堆等离子体运行环境下的高温超导磁体设计及测试实验研究。美国劳伦斯伯克利国家实验室与美国麻省理工学院(MIT)计划在美国能源部聚变能科学办公室与高能物理办公室的支持下开展聚变堆高温超导磁体的研发。

MIT 已经成功研发了一个完全采用 REBCO 超导材料绕制的无绝缘结构

超导磁体,其外径为 172 mm,长度为 327 mm,在 4.5 K 下中心磁感应强度可达 26.4 T。美国国家强磁场实验室(NHMFL)也正在设计建造一个采用 REBCO 材料的 32 T 的稳态混合超导磁体。

6.6.2　超导稳定性及失超保护技术

失超保护系统是在超导磁体系统遭遇非正常运行状态时,及时有效地对磁体系统实施断电、泄能、释放或回收冷却介质、控制超导材料温升等措施,以保护磁体系统的安全。大电流导体有利于降低失超保护快速泄放回路的电压,从而降低回路的设计难度。

高温超导磁体的稳定性及失超保护技术尚需进一步研发。高温超导材料在 4 K 运行温度下的热容很小,在失超情况下磁体的温度会在短时间内升高,很快会造成磁体其他区域出现正常态,由此可以很快探测到失超电压信号。由于高温超导材料在 77 K 温度下的热容较大,磁体正常态扩展的速度较慢,失超保护系统很难探测到小区域的失超电压。另外,相比在 4 K 运行温度下,在 77 K 运行温度下所探测到失超的能量较高。在探测到失超电压信号时,有可能已经造成高温超导体的过热损伤。

超导材料在聚变堆复杂运行环境下存在性能退化问题,如在强磁场、变化磁场、中子辐照等条件下的性能退化。现有如下可能的解决办法:

(1) 在设计中充分考虑可能造成超导材料性能退化的因素,运行时留足性能余量,保证在不利的环境条件下仍然能够满足运行要求,比如采用更高性能的材料、更低的运行温度、更高的运行温度裕度等措施。

(2) 在设计中尽可能避免超导材料处在垂直磁场及变化磁场的运行环境中。

(3) 研发性能稳定可靠的高温超导圆线线材,采用同向退扭多级绞缆制作成超导电缆,可以大幅度降低超导导体的交流损耗,甚至可将高温超导导体用于中心螺管磁体,获得更高的伏秒数,也有利于失超保护。

(4) 高温超导材料的性能对应力、应变较为敏感,在导体及磁体的设计中,既要充分考虑导体结构的稳定性,又要考虑冷却介质对超导材料能充分冷却以及在失超保护过程中冷却介质的快速释放。

(5) 采用适当的屏蔽结构,减少对超导材料运行不利的干扰因素。

(6) 由于巨大电磁力的综合作用,强场托卡马克环向场磁体系统内侧直线段将承受几百兆帕,甚至千兆帕的压应力,给结构设计及材料选择带来更大的挑战。可通过改进超导材料中的结构组分,增加其本体的机械强度,同时优化磁体绕组结构设计,来满足强场托卡马克超导磁体的运行要求。

前面介绍过,将高温超导材料应用于强场托卡马克的环向场磁体是可行的,特别是将高温超导磁体运行在低温下,如低于 20 K,可以获得较好的超导稳定性。

由于高温超导材料所具备的较高温度裕度,设计可拆卸接头磁体结构使得聚变堆环向场磁体的可拆卸结构设计成为可能。这将极大地方便超导磁体环体结构内部件,如真空室及其内部部件的安装、维护及更换。特别是在有重大维护维修需求时,可拆卸的环向场磁体结构会极大地缩短维护时间,降低维护成本,提高聚变堆总体运行效率。美国 MIT 及日本国家聚变科学研究所都在开展高温超导可拆卸接头的研发。

在过去的 20 年内,铁基超导体异军突起,发展很快。铁基超导材料因其所具有的金属性而容易加工成线材和带材,而其可承载的上临界磁场/临界电流与铜基超导体的相当,甚至有可能更优越,所以也有望成为未来聚变堆采用的超导材料。目前,制备铁基超导材料的成熟工艺仍需要砷化物和碱金属或碱土金属,但它们具有较强的毒性同时又对空气异常敏感,这对材料制备工艺和使用安全方面提出了更高的要求。

6.7　高功率加热与电流驱动

托卡马克装置主机的自有磁体可以通过磁感应加热(又称欧姆加热)等离子体与驱动等离子体电流。由于磁体的磁通是有限的,所以托卡马克自有磁体的磁感应加热等离子体及驱动等离子体电流只能是脉冲式或间隙式地运行。而外部附加的高功率非感应加热与电流驱动系统弥补了这一不足。通过可连续稳态运行的外部加热与电流驱动系统对等离子体的持续加热与电流驱动,使得托卡马克等离子体连续稳态运行成为可能。对等离子体实施高功率加热与驱动及维持等离子体电流是保证聚变实验装置高参数等离子体运行不可或缺的。外部辅助加热可以提高或维持等离子体的温度,而驱动及维持等离子体的电流是保障托卡马克等离子体稳定性及约束条件的基础。

理想的氘氚聚变堆应该是运行在点火条件下,也就是实现由氘氚聚变反应生成的 3.5 MeV 高能 α 粒子(又称为氦-4 或 ^{4}He)对等离子体的持续自加热,实现聚变堆等离子体的自持燃烧,从而维持聚变的稳态反应。另外,由于外部施加的等离子体电流驱动系统的效率通常不高,所以未来聚变堆的运行更寄希望于具有高额等离子体自举电流又称为靴带电流(bootstrap currents)的稳态运行。但由于目前受限于等离子体物理研究水平及工程技术水平,很难达到理想的聚变堆点火条件。外部加热与驱动系统在激发等离子体、启动提升等离子体电流、等离子体控制(特别是等离子体压强的控制)方面仍将起重要作用。再比如,目前托卡马克实验显示具有高额自举电流的高性能等离子体经常会显现撕裂模不稳定性,会在等离子体中形成零自举电流或低自举电流区域。这种不稳定性可通过外部的电流驱动系统往这些区域注入局部的电流,以弥补自举电流的不足,从而抑制不稳定性。但现有的等离子体加热与电流驱动技术是否可用于聚变堆,尚有待进一步证实,现将常用于等离子体外部加热与驱动系统的优劣及其应用于未来聚变堆可能面临的挑战介绍如下。

6.7.1 磁感应加热与电流驱动

通过磁感应加热(又称欧姆加热)等离子体并驱动等离子体电流是托卡马克装置主机本身自有的功能,也是最有效的等离子体加热与电流驱动方式。

设置在托卡马克装置主机中的中心螺管磁体及极向场磁体可以产生垂直于装置水平中心平面的磁场,称为垂直场。快速变化的垂直场将感应出沿装置主机大环方向的高电场,从而击穿燃料气体、建立等离子体及等离子体电流,并持续驱动等离子体电流。该等离子体电流与等离子体电阻同时起了对等离子体的欧姆加热作用。等离子体电流产生的磁场与环向场线圈产生的磁场合成了沿托卡马克装置主机大环方向的螺旋场,起了约束及稳定等离子体的作用。

由于随着等离子体中电子温度的升高,等离子体的电阻率随之下降,加热效率也随之降低,因此在等离子体处在较高温度时,欧姆加热的效果会变得很差,单凭欧姆加热难以将等离子体加热到点火温度。

另外,由于中心螺管及极向场磁体的磁通或伏秒数总是有限的,单方向磁场变化的时长是有限的。如果只凭借中心螺管及极向场磁体的磁通,要得到长时间等离子体运行,通常的做法如下:

(1)提高中心螺管磁体的磁场强度。为设计制造强场磁体,最有效的办法是采用超导磁体。而运行在很高的磁场强度并要承受快速磁场变化的苛刻条件,给设计中心螺管磁体带来了巨大的挑战。超导导体的载流能力及超导磁体的运行稳定性是随着磁场强度的增加而下降的,而且超导磁体的稳定性对磁场强度的变化率也很敏感。所以在采用超导导体设计中心螺管磁体时,必须预留更多的性能裕度。对于未来聚变堆来说,等离子体的激发只是一个非常短暂的瞬间,一旦建立起等离子体电流,其长时间的稳态运行是要凭借核聚变反应生成的 α 粒子自加热、高份额自举电流(靴带电流)驱动及外部非感应加热和驱动来实现的。这就严重影响了托卡马克装置主机的经济性。

(2) 将中心螺管磁体的直径做大。大直径中心螺管磁体使得托卡马克装置的径向尺寸增大,从而环径比也增大,而增加托卡马克装置的环径比,无疑将大幅增加托卡马克装置主机的建造成本。

(3) 充分有效利用有限的磁通量。对于大型托卡马克装置来说,由于其等离子体极向截面较大,沿等离子体大环方向的等离子体电阻较小。在建立等离子体电流之后,维持等离子体电流所需的环向电场的环电压不高,因此消耗的伏秒数较少。但为激发等离子体的放电及建立等离子体电流却需要消耗很大份额的伏秒数。通过辅助加热手段,如电子回旋加热与电流驱动,有助于减小激发等离子体及建立等离子体电流所需的环电压,从而减少伏秒数的消耗。

但仅靠欧姆加热是很难实现托卡马克等离子体电流的稳态驱动及加热的。

6.7.2　非感应加热与电流驱动

非感应加热等离子体及驱动等离子体电流通常有离子回旋加热与电流驱动、电子回旋加热与电流驱动、中性束加热与电流驱动以及低混杂波电流驱动。

离子回旋加热与电流驱动(ion cyclotron heating and current drive, ICH&CD)是将离子回旋频率范围内(通常为 $30\sim120$ MHz)射频波的能量传递给符合共振条件下等离子体中的离子,从而实现对离子的加热。离子回旋加热与电流驱动是目前等离子体加热与驱动的主要手段之一。用于发射离子回旋波的天线是直接面向等离子体的部件,如果在未来聚变堆中采用这一方法,为延长天线的运行寿命,需要尽可能增加离子回旋发射天线与等离子体之间的间距,但这会导致等离子体与发射天线耦合效率的降低。为改善射频波的耦合效率,需要增加离子回旋波的带宽。ITER 采用在天线前端注气的技术以改善耦合效率,但该技术会显著增加等离子体的气载,而且要对注气的方位及注气量开展仔细分析及控制,防止引起天线打火。注气的技术可能并不适用于未来聚变堆。

电子回旋加热与电流驱动（electron cyclotron heating and current drive，ECH&CD）是将高频（通常为高于 100 GHz）电子回旋波的能量传递给与低阶自旋频率倍数相匹配的电子，实现电子加热。由于不存在耦合问题，电子回旋波可直接施于所需作用的等离子体区域，或经反射元件投射到所需的区域。如果将电子回旋波沿等离子体大环的切向注入时，可驱动局部区域（通常是几个厘米）的等离子体电流。所以，该技术可用于抑制高性能等离子体运行条件下新经典撕裂模的不稳定性及改善等离子体的电流分布。电子回旋波还可用于对等离子体的局部加热及辅助等离子体的启动。目前，国际上最先进的电子回旋管是为 ITER 研发的，频率为 170 GHz，单管功率为 1~2 MW。单管功率的提高有利于 ECH&CD 系统总成本的降低。由于未来聚变堆的等离子体将在更高场强及更高密度条件下运行，回旋管的频率需要达到 250~300 GHz，这将是巨大的挑战。由于受到托卡马克装置燃烧室对外窗口通道可接近性的限制，为将电子回旋波引至特定区域，通常都需要在等离子体燃烧室内设置反射元件，这些反射元件表面无疑将受到高温等离子体的侵蚀及杂质的附着。ITER 正在研发反射元件的抗侵蚀及可清除附着杂质的技术，将会为后续工作提供宝贵经验。

中性束加热与电流驱动（neutral beam heating and current drive，NBH&CD）将高能中性粒子注入等离子体中，经与等离子体碰撞后会离子化，并被磁场捕获及约束。被捕获的离子与等离子体多次碰撞，将其能量传递给它，从而加热等离子体。如果将中性束沿等离子体大环切向注入，也可起到驱动等离子体电流的作用。中性粒子的能量需要足够高，以期将其大部分的能量传递至等离子体的中心区域，但又必须避免能量过高，因为过高能量的粒子会穿透等离子体区域而轰击到正对发射方向的燃烧室内部部件的器壁上，造成器壁的损伤。ITER 的 NBH&CD 系统具有 1 MeV 的高能中性粒子。未来聚变堆的等离子体密度会比 ITER 的更高，需要 1.5~2 MeV 的 NBH&CD 系统。目前世界上尚没有如此高能的中性束系统技术，待研发的关键技术包括负离子源系统、加速栅总成系统、兆电子伏特绝缘贯穿结构、高可靠性的大功率直流电源系统等。另外，由于与燃烧室相连接的 NBH&CD 系统的注入口是一个巨大的直接面向等离子体的开口结构，这一方面占据了较大的氚增殖包层的空间，另一方面给聚变中子的屏蔽造成巨大困难。

所以，聚变界对未来聚变堆是否沿用中性束作为等离子体加热的手段是有争议的,但不排除采用小规模的中性束系统控制等离子体的旋转效应。通过单一中性束沿等离子体大环的切向注入,可引起等离子体的旋转效应。

还有一种等离子体电流驱动的技术是采用频率为离子回旋频率与电子回旋频率乘积平方根(通常为 3~8 GHz)的低混杂射频波,在托卡马克等离子体大环方向与电子通过朗道阻尼作用,把动量和能量传递给沿磁场平行,且速度与波的相速度近似的电子,使得这些电子在沿着波动量方向的移动速度增加,从而驱动等离子体电流。这称为低混杂波电流驱动(lower hybrid current drive,LHCD)。相比其他等离子体电流驱动技术,LHCD 的效率更高。但应用于聚变堆的 LHCD 系统也面临上述离子回旋加热与驱动同样的技术挑战:为延长 LHCD 发射天线的运行寿命,需要尽可能增加 LHCD 天线与等离子体之间的距离,但这会导致等离子体与天线耦合效率的降低。而目前 ITER 采用的在天线前端注气以改善耦合效率的技术会显著增加等离子体的气载,可能并不适用于未来聚变堆。在未来聚变堆中高等离子体参数运行条件下,LHCD 难以驱动等离子体的芯部电流。

聚变堆辅助加热及电流驱动系统的作用是维持或提高等离子体的性能参数,如大电流、高密度及高温度等参数,及确保在高参数条件下的运行。而高温等离子体的运行依赖于对装置主机燃烧室内部部件与冷却系统的热通量控制。以下介绍聚变堆稳态运行下热功率的控制与管理。

6.8　稳态运行下的热耗散

聚变堆的热通量分布是堆工程设计,特别是装置主机燃烧室内部部件与冷却回路设计的关键参数之一,也是保证聚变堆运行占空比、运行寿命与运行安全的重要因素。这涉及先进材料、基于先进算法的控制技术、先进诊断技术、分析方法、先进制造、高性能计算等领域的综合运用。

为实现聚变堆燃烧等离子体热功率的有效管理,首先要对来自燃烧等离子体的热源开展分析和计算。聚变堆燃烧等离子体的热负荷包括正常稳定运行状态和瞬态事件下的热通量。在正常稳定运行的氘氚聚变反应堆中,热能主要来自核聚变反应、等离子体辐射及外部的辅助加热。瞬态事件包括边界局域模(ELMs)、边界等离子体的极向非对称辐射(multifaceted asymmetric radiation from the edge,MARFE)、大破裂、垂直位移事件(vertical displacement events,VDEs)、高-低约束模式的转换、大量气体注入或失控等。

6.8.1 正常稳定运行状态下的等离子体热能

对于聚变堆托卡马克的工程设计来说,热负载相关的参数及限制条件会给燃烧室内部部件的设计造成重大影响。在聚变堆工程设计中,通常是先对聚变堆运行过程中可能存在的各种运行条件下的热能对各部件系统的热负荷开展模拟计算,或根据已有的托卡马克装置运行数据加以推算给出热能分布预值,并作为这些部件系统及冷却系统的工程设计依据。本节仅讨论正常稳定运行情况下的托卡马克热功率分布。

当托卡马克处在等离子体电流上升及下降过程中,通常是由径向设置的限制器靶板来控制等离子体的边界,以保护真空室内部部件的安全。然而,国际上尚没有开展等离子体电流启动及下降过程中热能分布的系统研究。为此,仅能从国际上大型托卡马克装置的运行经验中获得一些统计数据。

依据欧洲联合环 JET、法国 Tore-Supra 及德国 TEXTOR 托卡马克装置的运行经验,在正常稳定的等离子体电流启动爬升过程中,有 20%～40%的辐射热能沉积在限制器靶板上。对正常等离子体电流下降时的控制较对等离子体电流启动爬升时的控制难度更大。在正常等离子体电流下降过程中,有 40%～70%的辐射热能沉积在限制器靶板上。但在欧洲联合环托卡马克装置上观察到在等离子体电流启动爬升阶段,由边界等离子体极向非对称辐射导致的等离子体破裂时,面向等离子体的部件会承受约 60%的辐射热能。

稳态运行的托卡马克等离子体的热能主要由偏滤器与包层第一壁承载,并传递至冷却系统。

托卡马克偏滤器磁场位形如图 6-22 所示[17]。我们将偏滤器位形等离子体运行的优势总结如下。

(1)可将聚变反应生成的 α 粒子及其他杂质离子通过刮削层引到偏滤器区域,被托卡马克排放系统抽走,有利于减少对主等离子体区域的污染。

(2)还可以将带电的高能粒子引到偏滤器靶板上(内靶板及外靶板),

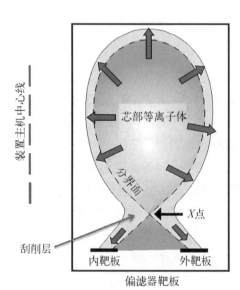

图 6-22 托卡马克偏滤器磁场位形示意图

减少对环绕等离子体包层第一壁的热负荷。

（3）通过对磁场位形的控制及偏滤器靶板的设计，控制高能粒子束打击至靶板的角度，从而可以有效减少靶板单位面积的热负荷。

（4）托卡马克偏滤器位形通常是拉长非圆截面，有利于进入高约束运行模式。

鉴于偏滤器位形的明显优势，未来聚变堆都将运行在偏滤器位形下。在稳态运行的托卡马克等离子体情况下，偏滤器靶板所受到的单位面积热能是最高的，需要特别关注。当聚变堆以偏滤器等离子体位形稳态运行时，有 $20\%\sim25\%$ 的热能进入等离子体刮削层中。而偏滤器结构将承受刮削层中约 80% 的热能。未来聚变堆的偏滤器靶板将承受 $10\sim15\,\mathrm{MW/m^2}$ 的平均稳态热负荷，局部可达或超过 $25\,\mathrm{MW/m^2}$，这对现有材料及结构都是巨大的挑战。图 6-23 是 ITER 偏滤器三维设计图[17]。

图 6-23　ITER 偏滤器三维设计图

在稳态或准稳态运行条件下，除了偏滤器所承受的高能热负载之外，燃烧室内部部件面向等离子体的第一壁承受的热能主要来自由等离子体沿磁力线所携带的热通量。以 ITER 为例，在稳态运行的情况下，ITER 燃烧室内部内侧与外侧的部件将会受到分别为 $(0.2\sim2.5)\times10^{23}\,\mathrm{s^{-1}}$ 及 $(0.8\sim7.5)\times10^{23}\,\mathrm{s^{-1}}$ 沿磁力线等离子体带电粒子的作用，由此给 ITER 燃烧室内部部件的内外侧分别带来 $0.7\sim5\,\mathrm{MW}$ 及 $3\sim15\,\mathrm{MW}$ 的热能。

第一壁还承受着来自由电荷交换产生的高能中性粒子与等离子体辐射的热通量。还是以 ITER 为例，第一壁受到的由电荷交换产生的高能中性粒子这部分热能最大可达 $0.25\,\mathrm{MW/m^2}$，而由等离子体辐射带来的峰值热能约为 $0.23\,\mathrm{MW/m^2}$。综合来说，在正常运行情况下，第一壁所承受的来自由电荷交换产生的高能中性粒子与等离子体辐射的热通量最高约为 $0.5\,\mathrm{MW/m^2}$。

前面提到的边界等离子体极向非对称辐射也是托卡马克在稳态或准稳态

运行条件下的辐射热能来源之一,它可能是在托卡马克装置设计时必须要考虑的面向等离子体部件所遭受的最大热辐射负载。MARFES 是发生在等离子体边界的一种热不稳定性,是由于局部等离子体密度升高,造成等离子体温度下降及杂质辐射增强,从而加剧了等离子体温度的进一步降低。MARFES 在等离子体电流上升及稳态运行时都可能发生,所以也是聚变堆燃烧室内部部件工程设计中必须考虑的重要参数之一。仍以 ITER 为例,在较为保守的估值条件下,ITER 主等离子体 MARFES 对第一壁的热能辐射约为 $0.5\,\mathrm{MW/m^2}$。而在开放磁力线边界的 X 点(见图 3 - 20)处,MARFES 对偏滤器的热能辐射约为 $1\,\mathrm{MW/m^2}$。由于国际上对托卡马克 MARFES 热辐射的研究尚处于探索阶段,特别是对聚变堆规模的大型托卡马克装置运行来说,在世界上不同托卡马克上的实验结果缺乏一致性。考虑到由此带来的不确定性以及从托卡马克装置主机的安全考虑,上述的估算都是依据较为保守的实验数据所给出的。比如说,在估算由主等离子体 MARFES 对第一壁的热能辐射时,考虑所有芯部等离子体的能量都将以 MARFES 形式辐射到面向等离子体部件的第一壁上,而在 X 点处会将进入 SOL 的能量全部以 MARFES 的形式辐射出来。

现今托卡马克运行所采用的外部加热及电流驱动系统主要有离子回旋加热与电流驱动、电子回旋加热与电流驱动、低混杂波电流驱动、中性束加热与电流驱动。随着加热技术的发展,托卡马克的外部辅助加热功率有了很大的增长。特别是对于大型托卡马克系统来说,加热功率通常都为几十兆瓦,甚至上百兆瓦。

在托卡马克波加热运行实验中发现,在波加热与电流驱动发射天线及其附近内部部件上的热负荷较其他内部部件有较大的增长。在未来聚变堆波加热与电流驱动发射天线及其周围内部部件的设计中,这些额外的热能必须作为设计的重要输入参数。在等离子体尚未建立或密度尚未达到合适参数的情况下,中性束加热与电流驱动的高能粒子也会对束线方向的内部部件造成损伤。从聚变堆核安全角度考虑,在未来聚变堆中最有可能采用的是离子回旋加热与电流驱动、电子回旋加热与电流驱动及低混杂波电流驱动。

以离子回旋加热与电流驱动系统为例,在已运行的托卡马克系统实验中可以发现由 IC 加热带来的热通量主要集中在其发射天线周围局部区域,这主要是由发射天线在其附近产生的电场对密度分布所造成的局部效应。也就是说,在发射天线周围面向等离子体部件的工程设计中需要特别考虑由波加热带来的附加热通量。这些附加热通量与加热系统的功率、发射天线附近的电场、刮削层密度分布等参数相关。目前,国际上对发射天线周围的面向等离子体部件的热能负荷分析计算所采用的理论模拟方法尚待进一步完善。ITER工程设计所采用的是较为保守的模拟计算参数,如 ITER 的 IC 系统对其附近内部部件的热通量约为 20 MW/m^2。

　　在托卡马克等离子体运行中还必须考虑到的一种情况是,等离子体的内能发生快速变化时会导致等离子体分界面接近第一壁,从而带来非常高的热负荷。典型的例子是在失去辅助加热或杂质侵入时,会造成等离子体边缘的能流密度突然降低,由此触发高约束模式运行向低约束模式运行的转变,此时会给第一壁上带来热负荷。根据已有托卡马克系统的实验运行结果,并经模拟分析计算,可以得到在第一壁上的热负荷。图 6-24 给出了 ITER 在不同假设条件下发生高约束模式运行向低约束模式运行快速转变时,内部部件内侧第一壁与等离子体分界面不同距离上的能流密度[18]。

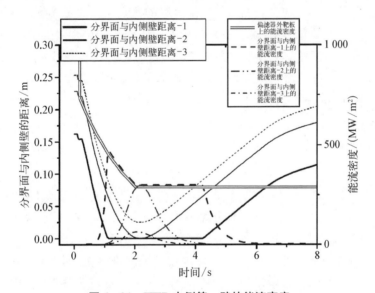

图 6-24　ITER 内侧第一壁的能流密度

　　由图 6-24 可见,在等离子体分界面与内部部件内侧第一壁接触后,带来的能流密度($q_{//}$)可达 250 MW/m^2,时长可达 3 s。由于该热负荷参数极高,对托卡马克等离子体运行模式及控制方案、内部部件的设计,乃至装置主机的设计,都具有重要影响,需要特别关注。

　　等离子体失控事件可造成等离子体与壁的直接接触或者大破裂,这可能会导致面向等离子体部件上的热通量过大,从而造成部件的损伤,甚至内部部件的失效。在大型托卡马克系统中,等离子体控制系统可以预测等离子体运行状态,通过与中央联锁系统的联动,及时启动破裂缓解系统以抑制可能出现的大破裂。为防止燃烧室及其内部部件的损伤及失效,破裂缓解系统是聚变堆安全控制系统必不可少的。等离子体失控事件是瞬态事件,因为瞬态下的热能问题不是本章讨论的内容,在此不再赘述。

6.8.2　正常运行状态下的聚变反应核热

核聚变反应的核热主要来自中子及 α 粒子,其中,约 80% 的能量来自聚变中子,20% 的能量来自 α 粒子。中子不受磁场约束,将穿透至包层中,经中子倍增材料与氚增殖材料生成氚,供聚变堆循环使用,或将多余的氚收集起来备用。同时,中子的能量转换成热能用于发电。中子与包层中不同材料及燃烧室内部其他部件材料的相互作用还会释放结合能,由此可将中子核热增加 40%,另有 2%~3% 的真空室内部部件材料的核衰变热。考虑到约 15% 的误差,在设计中为保守起见,通常将来自聚变中子的热能至少附加 60%。比如,ITER 的聚变中子核热功率为 400 MW,但其设计时的核热应按 660 MW 计算。同样,考虑到误差影响,α 粒子热能的计算也需要按附加 10% 计算。而外部辅助加热的热能计算则通常需要按附加 5% 计算。

从核辐射源来说,聚变堆内有四种核辐射源,它们分别来自等离子体的中子与 γ 射线辐射、运行过程中产生的活化产物辐射、氚增殖包层的辐射及氚燃料的辐射。

聚变堆可能会使用氢或氘开展前期实验运行调试。氢等离子体运行所产生的中子几乎可以忽略不计。而在氘等离子体运行时,会产生 2.45 MeV 的氘氘聚变中子,并可能会生成 1 MeV 能量的氚,从而产生氘氚聚变 14.1 MeV 的中子。在大型托卡马克装置如 ITER 规模的聚变堆氘氘运行条件下,可能产生 20%~100% 的氘氘中子量。但无论是氢等离子体运行还是氘等离子体运行时所产生的中子核热都小于氘氚核聚变反应所产生的中子核热,本节仅讨论氘氚核聚变反应情况下的核热。

在氘氚核聚变反应中,将产生 14.1 MeV 能量的中子,也可能会产生极少量的由氘与氦-3 反应产生的中子及由氚与氦-4 反应产生的中子,但这两种反应产生的中子与氘氚聚变反应相比,都可以忽略不计。氘氚等离子体产生的中子总量 Y 与聚变能 $F(MW)$ 成正比:

$$Y = 3.546 \times 10^{17} F \tag{6-3}$$

如对于 1 000 MW 聚变能的聚变堆来说，每秒约有 3.55×10^{20} 个中子产出。

核热是指中子和 γ 射线与材料作用后而沉积的能量，通常以材料的单位质量或单位体积的瓦数为单位，如 W/kg 或 W/m^3。中子通过与材料中的原子核碰撞将其能量传递给原子核，而 γ 射线是通过与电子的作用而传递能量的。在指定位置某一种材料的核热正比于辐射通量。核热的精确估值取决于材料的种类及中子的能谱。

核热在聚变堆内主要沉积在聚变燃烧室内的部件上，如包层、偏滤器、辅助加热及电流驱动的射频天线、冷却管路、支撑结构等。所以说核热对装置主机等离子体燃烧室内部部件结构的影响是聚变堆工程设计不可回避的问题。

聚变堆的包层结构非常复杂，其通常由面向等离子体的第一壁结构、热沉结构、氚增殖结构、冷却回路、冷却介质及中子屏蔽层等结构组成。依据结构的功能不同，这些结构的材料也各异。如第一壁结构要承受直接面向等离子体的热辐射、中子辐射及高能粒子的轰击，通常选用耐高温的材料。热沉结构通常采用热传导性能更为优异的材料。而氚增殖结构及中子屏蔽层结构通常采用结构强度好，且抗中子辐照损伤及低活化的材料。中子核热在包层结构中的分布计算通常采用三维蒙特卡洛中子输运计算程序，建立包层实体的三维空间结构，并赋予材料特性，开展计算。中子核热首先沉积在包层结构上，但包层所在位置不同，各个包层的中子核热沉积差别也很大。如 ITER 面向等离子体第一壁的中子负载峰值为内侧第一壁约 0.59 MW/m^2，外侧第一壁约 0.77 MW/m^2。图 6-25(a)所示的是 ITER 燃烧室内 18 个包层模块在垂直中心平面极向由内侧向外侧的分布及编号[18]。图 6-25(b)给出了不同编号包层上第一壁中子核热密度（W/cm^3）[19]。由图 6-25 可见，内侧直线段顶部 6 号包层的第一壁中子核热密度最低，约为 2.5 W/cm^3，而在外侧中心面处的 15 号与 16 号包层的第一壁中子核热密度最高，约为 4.5 W/cm^3。而考虑到所有包层不同材料及结构在内的中子核热约为 420 MW。未来 1 000 MW 聚变堆燃烧室内第一壁上受到的中子负荷可达 1.5～2 MW/m^2。

偏滤器主要由第一壁结构、支撑结构、冷却结构、冷却介质所组成。为确定在偏滤器上的中子核热的精确分布，可采用三维蒙特卡洛程序建立偏滤器实体三维空间的不同结构材料的详细几何模型开展计算。与包层结构相比，

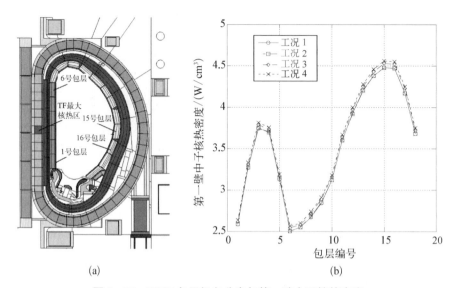

图 6 - 25　ITER 包层极向分布与第一壁中子核热密度

(a) ITER 包层在极向的分布及环向场磁体最大核热区；(b) ITER 第一壁上的中子核热密度

偏滤器的结构组成相对简单，可以对偏滤器结构的不同材料采用混合均质的方法，获得精确度可以接受的中子核热分布结果。但在采用不同材料混合均质的方法估算中子核热在结构空间的分布时，中子通量 $\varphi(E)$ 的值应根据不同材料的单位质量释放的动能（kinetic energy released per unit mass，KERMA）值加以确定。

如果燃烧室的内侧壁不能完全被包层及偏滤器遮挡，如为方便装拆在包层之间留有的间隙及在包层与偏滤器之间的间隙，中子会直接入射至燃烧室的内壁上，造成核热沉积。所以，在内部部件的设计中，必须综合考虑核热与结构的因素。由于等离子体及燃烧室都是非圆截面，所以燃烧室上的核热分布在极向是不同的。为简化计算及从燃烧室冷却回路设计角度来说，可以将燃烧室上的核热近似为均匀分布。根据 ITER 内部部件的结构设计，可以计算出在 ITER 燃烧室内壁各处的核热峰值都小于 0.5 W/cm³。

由于中子穿透性很强，即使在燃烧室内部有包层及偏滤器为主的中子屏蔽结构，但由于存在内部部件的间隙、窗口通道、诊断通道、水冷通道等，仍然会有少量中子会穿透燃烧室形成 $E_n > 0.1$ MeV 的快中子，这些中子仍能对燃烧室外部的部件，如环向场线圈、极向场线圈、真空室冷屏造成核热沉积。

对于穿过燃烧室的中子在环向场（TF）磁体与极向场（PF）磁体上产生的核热效应，也需要采用三维蒙特卡洛程序计算。对环向场磁体来说，中子核热影响最大的区域在环向场磁体直线段的水平中心平面处,如图 6-25(a)所示的"TF 最大核热区"。如对 ITER 环向场磁体来说在此处的中子注量可达 3×10^{21} m^{-2},而在环向场磁体上的中子核热可高达 20 kW。对于极向场磁体来说,受影响比较大的是在靠近燃烧室的对外通道(窗口)附近,因为此处通常是中子屏蔽薄弱的结构。ITER 所有极向场磁体的中子核热约为 480 W。另外,中子计量对磁体的超导材料及绝缘材料的影响也是必须加以评估的,但不在本章的讨论范围内。

由于冷屏的结构为薄壁、轻质结构,中子在燃烧室与环向场磁体之间的冷屏上所造成的核热通常较小,且主要集中在靠近燃烧室直线段及窗口通道区域。在 ITER 燃烧室冷屏上的中子核热约有 1.7 kW,相比冷屏所受到的来自燃烧室或外杜瓦的几十至上百千瓦的热辐射,冷屏上的核热是很小的。

未来聚变堆的托卡马克装置主机结构不会像如今的托卡马克实验装置,也不会像正在建造的 ITER 装置那样有很多的窗口通道。所以说,未来聚变堆的中子核热对极向场磁体及冷屏的影响不会太大。

核热在等离子体燃烧室及其外部部件的沉积是必须尽可能避免的,因为这将会造成超导磁体热负荷的增加,中子辐射也会引起超导磁体结构材料与超导材料性能的退化,还会造成活化材料和剩余辐射剂量的增加,给装置主机的维护带来风险,并增加了退役去活化的难度与工作量。现有的工程技术尚无法根本避免中子对燃烧室外部部件的影响,只能在材料、结构、远程维护等技术上权衡利弊,采取综合优化策略。比如,在中子屏蔽结构中采用中子吸收功能较好的材料及低活化材料,在燃烧室外部部件的结构上采用对中子敏感度较低的材料、提高远程操作的精度以减小内部部件之间的间隙、在中子屏蔽结构上改善遮挡效果等。

中子与材料的相互作用除了会带来核热,还会使材料的原子离开它原来所处的晶格位置,从而造成材料的中子辐照损伤。这种辐照损伤通常以材料内平均每个原子的离位次数(displacements per atom, dpa)作为单位加以衡量。未来聚变电站装置主机运行一年所受到的中子辐照损伤可达 20~50 dpa(取决于聚变电站功率的大小)。聚变堆的材料受到聚变反应产生的中子辐照后会活化,因此具有放射性。这些活化后的材料会放射出 α 射线、β 射线、γ 射线或中子。γ 射线是活化材料更为值得关注的辐射,比如说材料中的 ^{60}Co 所放射出的 γ 射线能谱可达兆电子伏特量级。这些内容不在本章的讨论范围内。关于聚变堆材料的讨论可参见第 7 章。

6.8.3　尚在研发中的技术挑战

目前,对聚变堆燃烧等离子体运行的热耗散机理尚处在理论模拟阶段。比如说,无论从其能流还是杂质输运的重要性来说,刮削层的实验及模拟研究都是国际聚变界重点关注的课题。尽管在物理上似乎可以控制住刮削层的能流及漂移,但不论是采用国际上已有托卡马克的实验数据还是采用模拟计算出的偏滤器靶板上的热沉积,估值仍存在很大的不确定性,尚需要更多地对各托卡马克装置的实验数据开展物理定标分析,以期获得更精确的估值。现有的托卡马克系统实验显示,在等离子体正常运行状态下偏滤器所承受的热通量并不是来自沿着磁力线的带电粒子,大量的粒子都打在了面向等离子体的内部部件第一壁上了,这可能是由于高密度等离子体快速径向移动所造成的扰动所引起的。针对这些问题,人们将在现有托卡马克实验装置开展进一步的实验与理论研究。

聚变堆规模偏滤器、包层、热循环系统、粒子循环系统的工程技术尚在研发阶段。如何满足未来聚变堆偏滤器高热负荷的要求,是聚变堆工程设计的重大挑战之一。目前,解决方案通常集中在偏滤器第一壁材料、冷却介质材料、结构优化及新型偏滤器运行模式等方面。

国际聚变界普遍公认的未来聚变堆偏滤器的第一壁材料是钨,其优点是耐高温,可承受 $10\ \mathrm{MW/m^2}$ 以上的热负荷、材质致密有利于减少氚的滞留、易加工成型、具有较好的强度和韧性等。但在未来聚变堆中的偏滤器要承受 $25\ \mathrm{MW/m^2}$ 以上的热负荷,钨材可能勉为其难。

国际上正在探索一种液态金属第一壁技术,有望成为解决包层及偏滤器面向等离子体第一壁高强热负荷问题的方案之一。该方案是在包层第一壁或偏滤器靶板上,特别是需要承受高强热负荷的局部区域采用流动的液态金属,如锡或锂。由于液态金属直接面向来自高温等离子体的辐射及中子辐照,可以将所吸收的热能随时带走,其移出热能的能力较固体表面有显著的提高,而且可以避免表面的中子辐照损伤。另外,液态金属表面不存在热应力、疲劳损伤及材料的蠕变等问题,还可以连续不断地弥补由于局部高温造成的材料侵蚀,所以不存在固体材料的运行寿命问题。但液态金属表面所能耐受的温度取决于该金属材料的蒸发温度,也取决于蒸发后的材料进入等离子体的输运性能。目前,液态金属技术尚不具备实际应用的成熟度,还有很多关键技术需要进一步研发,如燃烧室内空间与时间变化的磁场在液态金属中的感应电流效应、液态金属的氚滞留、如何保证液态金属膜可靠稳定流动及其表面洁净度、液态金属喷射技术、液态金属的运行温度区间优化、液态金属对氦灰及杂质的排除影响、液态金属蒸发后至等离子体的输运机理等问题,都是需要深入研发的。目前,液态金属第一壁技术尚在实验室的小规模实验中,或在某些低场强的小装置上有过少量的实验,有待更大规模的实验及托卡马克规模的原型实际验证。

国际上一直在探索新型偏滤器运行模式,以期有效减小偏滤器热负荷,延长偏滤器的运行时间。对聚变堆规模大尺度等离子体高约束运行模式下的脱靶偏滤器的研究,以及探索如何提高等离子体的芯部辐射,以减小对偏滤器靶板的热负荷等关键物理及技术的研发,是国际上正在开展的重要研究课题。目前正在研发的先进偏滤器运行模式及热能控制技术如下:

(1) 在偏滤器可接受的热负荷阈值内,尽可能将大部分的热能以辐射形式排出,同时将对聚变能反应的影响降到最小,比如通过加料或在偏滤器附近注入杂质等方法,增加热能的辐射。

(2) 通过增加等离子体的芯部能量辐射降低对偏滤器的热负载,这也是一种理想的运行模式。比较理想的状况是将至少 75% 的热能以辐射的形式排出。

(3) 考虑到在未来聚变堆高约束运行机制下可能难以实现所要求的大量芯部辐射,所以也在积极研究一种通过优化偏滤器磁场位形的"脱靶"偏滤器的运行模式,如 super-X、snowflake 等。

虽然增加等离子体辐射的热能以降低偏滤器所承受的热负荷是聚变界的共识,但尚有众多涉及等离子体物理、运行与工程技术的问题有待解决,比如说,杂质注入种类的选择及注入量的控制问题,如何控制杂质所引起的轫致辐射造成的芯部能量的损失及如何将杂质对等离子体的稀释控制在能够维持等离子体燃烧的水平。欧盟提出建造专门用于偏滤器试验的托卡马克(divertor tokamak test,DTT)的想法,以便开展上述研究,ITER 也将开展此方面的技术研发。

通过优化偏滤器靶板的几何位形可以缓解其所承受的热负荷,例如:

(1) 减小磁力线与靶板的夹角,以增加高热密度接触靶板的有效面积;

(2) 优化提高偏滤器的封闭性,显著增加偏滤器区域中的粒子密度,提高偏滤器区域的中性气压,改善偏滤器排除粒子的能力,降低靶板区域带电粒子的温度,抑制靶板表面杂质的溅射。

另外,等离子体运行失控的瞬态事件可造成等离子体与壁的直接接触或者大破裂,并造成面向等离子体部件上的热通量过载。为防止对燃烧室及其内部部件的损坏,目前最有效的办法是采用预测和监测等离子体破裂及垂直位移的技术,结合等离子体破裂缓解系统,在预测到发生大破裂之前能够及时终止等离子体的运行。

6.9 安全防护技术

核安全是任何核设施必须确保的首要条件。在聚变堆项目设计初期,如概念设计阶段,就必须将其安全防护及对环境影响的要求纳入项目的总体要求中,并贯穿设计、制造、安装、调试、运行、维护、退役等项目的全过程。安全要求必须根据项目的进展及国家的法规及时更新。

聚变堆的安全防护包括正常运行条件下与发生故障及事故情况下的防护。借鉴国际原子能机构发布的"基本安全原则(Fundamental Safety Principles)"及 ITER 的经验,可将聚变堆的安全目标归纳如下:

(1) 保护工作人员、公众及环境免受伤害。

(2) 确保在正常运行条件下,所遭受的来自设施内的危险及由设施内泄漏的有害物质的危险都是受控的,并且保持低于规定的限值及在合理可行尽量低(ALARA)的最小值。

(3) 确保事故发生的可能性是最小的,后果是受限的。

(4) 确保较频繁发生事件的后果是不严重的。

(5) 通过采取安全措施以限制事故的危害,从技术上保证在任何情况下都不必疏散公众。

(6) 将放射性废物的总量及危害降至最低,并确保合理可行尽量低(ALARA)。

ITER 是国际上第一个核聚变实验堆,它的设计、建造与运行将为未来聚变堆安全防护技术规范的制定、实施、监管等提供重要的参照与经验。ITER 将向公众展示聚变能的总体安全性,聚变能对环境的影响是有限且可控的,并可将放射性废物及有毒废物对环境的影响限制在符合国际标准的最低限值内。

6.9.1 聚变堆放射性产物

相对裂变堆来说,聚变堆的放射性产物有如下不同:

（1）聚变堆所使用燃料的放射性寿命（也即"半衰期"）较裂变堆短。聚变堆燃料的放射性来自氚，氚的半衰期约为 12.43 年。而裂变堆的主要燃料是铀-235 或钚-239，它们的半衰期分别约为 7 亿年和 2.4 万年。

（2）聚变堆核反应的生成物没有放射性，无论是较容易实现的氘氚聚变反应，还是未来的氘氘聚变反应，其生成物是氦、中子或质子，都是没有放射性的物质。而裂变反应的生成物有大量的锕系元素，其放射性半衰期长达千年。

（3）核聚变反应产生的中子与材料的作用会使材料活化，活化后的材料具有一定的放射性。聚变堆中大量的活化材料是燃烧室内部的部件，但这些活化了的物质都是以固态形式存在的，不具备自然扩散的能力，而且其放射性寿命也较裂变堆核反应产物的寿命短得多。

意大利都灵理工大学（Politecnico di TORINO）与俄罗斯库尔恰托夫研究所（Kurchatov Institute）对第二代裂变堆［如压水堆（pressure water reactor，PWR）］、第四代裂变堆［如熔盐快堆（molten salt fast reactor，MSFR）］及采用六种不同类型氚增殖包层聚变堆的放射性产物的毒性做了对比分析[20]。六种类型聚变堆是采用了不同氚增殖包层结构材料与氚增殖材料的组合，如表 6-2 所示。它们是采用了诸如钒合金钢（V alloy）、低活化马氏体钢（low activation martensitic steel，LAMS）及碳化硅（SiC/SiC）作为包层结构材料，采用氧化锂（Li_2O）、锂铅（Li-Pb）及硅酸锂（Li_4SiO_4）作为氚增殖材料的六种类型的聚变堆。

表 6-2　用于对比分析的采用不同氚增殖包层结构材料与氚增殖材料的六种类型聚变堆

六种聚变堆编号	包层结构材料	氚增殖材料
FUS1	V alloy	Li_2O
FUS2	LAMS	Li-Pb
FUS3	LAMS	Li_4SiO_4
FUS4	SiC/SiC	Li-Pb
FUS5	LAMS	Li-Pb
FUS6	SiC/SiC	Li_4SiO_4

通过分析,得到了第二代裂变堆压水堆(PWR)及第四代裂变熔盐快堆(MSFR)与六种类型聚变堆(FUS1~FUS6)在停堆后,其单位电功率的放射性产物毒性(Sv/GW)随时间的变化。结果发现,在刚刚停堆后,相比裂变堆,六种类型聚变堆的放射性产物毒性都较高。这主要是由于聚变堆燃烧室及其内部有大量的部件(如氚增殖包层、中子屏蔽包层、偏滤器、内部控制线圈、射频天线、冷却管路、诊断部件等)受到了中子活化。但经 100 年的衰变之后,所有类型聚变堆的放射毒性都下降至原来的 1/100 以下,并且大部分都小于裂变堆放射性产物的毒性,只有采用 LAMS 结构材料及 Li_4SiO_4 氚增殖材料的聚变堆(FUS3)接近熔盐快堆(MSFR)放射性产物的毒性。在约 500 年后,除了聚变堆(FUS3)外,其他五种聚变堆产物的放射毒性基本降至低于燃煤电站,或与之相当。而第二代裂变堆(PWR)即使在 1 万年后,其放射毒性下降仍不明显。但第四代裂变堆(MSFR)的放射毒性在 1 万年后可降至接近燃煤电站。

6.9.2　聚变堆安全分析及防范

核安全分析及人员防护是聚变堆系统取证报告的主要内容。在设计阶段就必须对可能出现的故障事故及其继发事件开展预测及评估,制订应急措施。特别是针对涉及核安全的事件,如由于聚变堆燃烧室意外暴露于大气或氚循环系统发生意外事故而造成氚外泄等事件的预测及评估。

首先,必须全面详尽地甄选各种工况下可能发生的失误、故障、事故等事件。通过对事件开展的分析研究,制订防范措施,以确保在任何事件及其继发事件中,对人员、公众及环境的影响都在规范要求的限值内;为与安全相关的系统及部件提出防范措施要求,确保具有足够的最终安全裕度。聚变堆的运行可分为以下五种工况。

(1) 正常运行工况:即聚变堆正常运行、测试和维护。符合正常运行计划和要求的状况,包括一些由自然产生的失误、事件或状况,比如聚变堆正常运行情况下的等离子体破裂。

(2) 偶发工况:在聚变堆系统运行寿命期间由于一次或多次故障而可能引发的偏离正常运行的事件、继发事件或出现的计划外的状况。

(3) 故障工况:在聚变堆系统运行寿命期间超出预测的,被认为可能不会发生的事件或继发事件。

(4) 假设事件:这是超出设计基准的状况,也就是那些被认为是不合情理或极低频率的假设事件或继发事件。

（5）排除事件：客观上极度不可能发生的或设计确保不会发生的事件，也包括那些安全分析给出的事故后果是完全无法接受的、必须完全避免的事件。

为完成详细可信的安全分析，需要采用基于有效数据库的安全分析程序。目前，为开展聚变堆的安全分析，国际聚变界通常采用的是源自裂变堆事故分析程序。通过对裂变堆事故安全分析程序的修改，在程序中加入与聚变相关的物理模型或模块，使之适合聚变堆的事故安全分析。比如说，美国桑迪亚国家实验室开发的 MELCOR 程序及美国爱达荷国家实验室开发的 RELAP 程序都已广泛地用于聚变堆安全分析，或在原来程序的基础上开展聚变堆适用程序的再开发。

上述裂变堆安全分析程序的开发与验证都大量采用了国际上独立或综合实验数据库，特别是与裂变堆事故相关的数据。但为聚变堆再开发的程序只能建立在有限的聚变实验装置或系统数据基础之上。一个完善的核安全数据库是依据以往托卡马克实验装置运行的数据而建立的，特别是那些非正常运行状态的数据，包括借鉴子系统或部件测试实验的数据。目前，聚变堆子系统及部件故障率数据尚不完善或缺失，比如说氚增殖包层运行及故障数据、聚变堆材料的中子辐照损伤数据等都不充分，这是聚变堆安全分析面临的巨大挑战。由于以往的托卡马克实验装置都不是核设施，因此现有与聚变堆相关的核安全数据尚待进一步完善。在缺少聚变堆运行及实验数据的条件下，潜在故障发生概率只能基于工程判断，而不是由实验得到的硬数据，但缺乏硬数据将会给安全分析带来不确定性。

聚变堆安全分析的另一个挑战是国际上正在开展的聚变堆设计都尚处在概念设计阶段，缺少详细的工程设计参数，故仍有不确定性。比如，将在 ITER 上开展测试实验的氚增殖包层的设计方案就有六种之多。在缺少详细设计数据的情况下，可通过采用一种称为功能失效模式与效应分析的方法，去甄选假设的起始事件作为安全分析的参照事件。依据这些假设的起始事件，对聚变堆系统直至部件开展事故触发原因及继发事件的安全分析，并给出较为完整的事故触发原因列表，提出防范建议，从而改进聚变堆整体安全性。

从防范措施来说，防止和减轻事故后果的主要措施是纵深防御，特别是对于安全相关的系统或部件，要采取连续和独立的综合防护措施，比如说多重密闭屏障或保护系统，以确保万一在某个防护或屏障失效的情况下，附加的防护层或屏障仍可以确保事故的影响被限制在设计限值内,或防止继发事故的发生。

从具体的防范措施来说,一方面要尽最大可能减少聚变堆整个运行寿命期间放射性物质的总量,另一方面要尽最大可能将放射性物质对系统运行、维护及环境的影响降至最低。所以,在聚变堆设计阶段就必须考虑所要采取的必要措施,将运行期间产生的放射性物质(如活化物质)降至最低,放射性物质对系统运行、维护和周围环境(如放射性物质的泄漏)的影响,包括整个运行系统内存有的放射性物质(如氚、活化物质)都要限制至最低。必须采用可靠的密封技术确保在运行系统内及现场的放射性物质的泄漏量降至最低及符合核安全防护要求。密封技术包括静态密封技术(也就是可将放射性物质长期可靠"封死"的设施或结构)与动态密封技术(包括在故障态时所要采用的紧急隔离装置或系统)。聚变堆内大量的活化部件恰恰是故障率最高的,也是运行寿命相对较短的部件,因此是需要维修或更换的。所以,这些活化部件的移出、转运、维修、检测或更换都必须限定在特定的区域内采用远程操作技术,并在严密的防护措施条件下实施,该区域称为"热室"。

必须依据国家法定要求,在不同工况(如正常运行工况、偶发事件工况、故障工况及假设事件)的失误、故障、事故、事件等情况下人员对所受到的放射性剂量值加以严格限定。必须对聚变堆系统运行、维护和维修中的工作性质、工作量、工作时长开展评估,以确保工作人员暴露于放射性的风险或放射性物质泄漏的风险都遵循合理可行尽量低的原则,或者套用一句俗话就是"没有最低,只有更低",并且在任何情况下都符合安全防护的要求,确保每个工作人员所受到的年度最高辐射量不超过规定的限定值。以下是核设施对人员辐射防护的通用管理措施,ITER也采用了类似的防范措施:

(1) 对于受监控的房屋,需采用固定或可移动的检测设备,对屋内的剂量及空气和物体表面的污染水平加以监测。

(2) 在受监控房屋的入口处安装显示读数的固定辐射监测设备,以便人员在进入之前可以评估房间内的辐射状态。

(3) 对于需要穿戴个人防护装备的规定区域,必须要有明确的标示。

(4) 需要进入已有空气污染或剂量率高于阈值区域的人员,必须采用物理措施(如联锁门禁和穿戴防护服)和管理措施(如警示标志和语音信息)加以严格管理。

(5) 如果有人员必须进入已被放射性或有害物质污染的区域,必须按照要求穿戴适当的个人防护装备,确保防护措施到位,并且防止污染的扩散。

（6）必须通过位于室内的探测网络,结合佩戴主动和被动剂量计以及个人医疗监视器对人员暴露于电离辐射的情况开展适时监测。

毕竟国际上还没有任何建造及运行的聚变发电站,对聚变堆可能涉及的安全问题仍有待研究、分析和验证。虽然 ITER 项目制订了详尽的安全分析方法及防范措施,并获得了法国核安全部门的建造许可证,但 ITER 的调试、运行、退役仍有待进一步安全审核。

参考文献

［1］ Kemp R, Ward D J, Federici G, et al. EU DEMO design point studies［R］. St Petersberg, Russia: the 25th IAEA Fusion Energy Conference, 2014.

［2］ Snipes J A, Albanese R, Ambrosino G, et al. Overview of the preliminary design of the ITER plasma control system［J］. Nuclear Fusion, 2017,57(12): 125001.

［3］ Bonnett Ian. Tritium handling (at ITER)［R］. ITER Seminars: ITER Organization, 2018.

［4］ Hollis W K, Dogruel D. Self-assaying Tritium Accountability and Containment Unit for ITER（STACI）, review and experimental results from initial hydriding and dehydriding［R］. Los Alamos, New Mexico, United States: Tritium Focus Group Meeting, 2015.

［5］ Day C, Giegerich T. The direct internal recycling concept to simplify the fuel cycle of a fusion power plant［J］. Fusion Engineering and Design, 2013, 88 (68): 616 – 620.

［6］ Maruyama So. ITER fueling system［R］. ITER Seminars: ITER Organization, 2018.

［7］ Williams B E, Sharafat S, Ghoniem N, et al. Robust cellular solid breeder offering potential for new blanket designs with high tritium breeding ratio［R］. Los Angeles: FESAC TEC White Paper, University of California, 2017.

［8］ El-Guebaly L. Neutronics and tritium breeding capability for liquid metal-based blanket（DCLL）［R］. Rockville: FESAC TEC 2017 Panel Community Input Workshop, 2017.

［9］ Smolentsev S, Morley N B, Abdou M A, et al. Dual-coolant lead-lithium（DCLL）blanket status and R&D needs［J］. Fusion Engineering and Design, 2015, 100: 44 – 54.

［10］ Giancarli L. ITER TBM program［R］. ITER Seminars: ITER Organization, 2018.

［11］ Olson L, García-Díaz B, Hector Colon-Mercado, et al. Electrolytic tritium extraction in molten Li-LiT ［R］. New Mexico: Tritium Focus Group Meeting, 2015.

［12］ Fietz W H, Barth C, Drotziger S, et al. Prospects of high temperature superconductors for fusion magnets and power applications[J]. Fusion Engineering and Design, 2013, 88(6 - 8): 440 - 445.

[13] Barth C, Mondonico G, Senatore C. Electro-mechanical properties of REBCO coated conductors from various industrial manufacturers at 77K, self-field and 4.2K, 19T [J]. Superconductor Science and Technology, 2015, 28: 045011.

[14] Weiss J D, Mulder T, Kate H T, et al. Introduction of CORC® wires: highly flexible, round high-temperature superconducting wires for magnet and power transmission applications [J]. Superconductor Science and Technology, 2017, 30: 014002.

[15] Emhofer J, Eisterer M, Weber H W. Stress dependence of the critical currents in neutron irradiated (RE) BCO coated conductors[J]. Superconductor Science and Technology, 2013, 26: 035009.

[16] Matias V, Hammond R H. YBCO superconductor wire based on IBAD-textured templates and RCE of YBCO: process economics[J]. Physics Procedia, 2012, 36: 1440 - 1444.

[17] Escourbiac F. The ITER divertor[R]. ITER Seminars: ITER Organization, 2018.

[18] Shimada M, Loughlin M, Shute M. Heat and nuclear load specifications [R]. Memorandum: ITER Organization, 2009.

[19] Polunovskiy E. The radial and poloidal variations of the blanket nuclear heating[R]. Memorandum: ITER Organization, 2009.

[20] Zucchetti M, Candido L, Khripunov V, et al. Fusion power plants, fission and conventional power plants. Radioactivity, radiotoxicity, radioactive waste [J]. Fusion Engineering and Design, 2018, 136: 1529 - 1533.

第 7 章
聚变反应堆材料的挑战

材料是磁约束聚变走向应用的最关键技术之一,它不仅制约着聚变堆的服役寿命、运行模式及安全性,同时也对氘氚等离子体的稳定燃烧及氚自持产生重要影响。本章将首先简述聚变堆材料的服役环境,然后分别介绍几种重要的聚变堆材料,包括面向等离子体材料、包层结构材料、包层产氚相关的中子倍增材料及氚增殖材料等。

7.1 概述

磁约束聚变堆是利用强磁场将等离子体限制为圆环形状的一种装置。图 7-1 为从燃烧等离子体向包层外各个部分的侧面示意图。

在磁约束聚变堆中等离子体芯部的温度超过 1 亿摄氏度,以满足氘(D)-氚(T)聚变反应的要求,而 D-T 反应产生的 14 MeV 中子则用于氚的生产(增殖)和发电。D-T 聚变反应产生的热量和高能中子被周围的第一壁、包层和偏滤器等组件吸收。如图 7-1(b)所示,聚变堆堆内材料要经受上百 dpa 的聚变中子辐照(dpa 表示材料内每个晶格原子被中子弹性散射后离开晶格位置的平均次数)。而对于偏滤器和第一壁的面向等离子体材料,不仅受到高通量聚变中子的辐照,还需要耐受高达 $10 \sim 20 \, \text{MW/m}^2$ 的热负荷及约 $1 \times 10^{24} \, \text{m}^{-2} \cdot \text{s}^{-1}$ 的高通量低能粒子的轰击。第一壁后包层区域的主要功能除了像裂变堆一样有效地捕获聚变反应产生的能量,并将热量传递给冷却剂以发电外,还通过聚变中子与包层内含锂的液态或固态材料发生核反应产生和提取新鲜的燃料——氚,从而使聚变能源系统能够连续运行[1]。

国际热核聚变实验堆(ITER)的主要任务是验证反应堆规模的净热能生产和聚变等离子体的燃烧,因此它将不会在足够高的组件温度或占空比下运

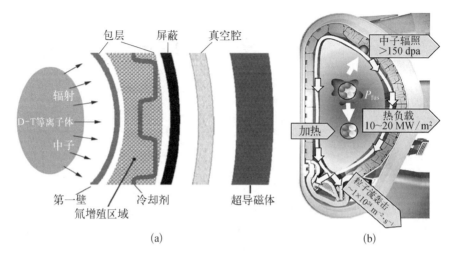

图 7-1　磁约束聚变堆内部结构及材料的环境

(a) 托卡马克装置横截面示意图；(b) 欧洲聚变能示范堆内部材料的环境

行,也就无法为聚变堆的材料提供恰当的试验环境以作为建造第一壁或处理来自等离子体热通量的支撑。长时间或稳态燃烧的等离子体在高占空比下运行,是堆内结构材料进行高通量聚变中子辐照损伤评测的前提条件,也是测试高热流(HHF)材料耐受高功率热负荷及侵蚀能力的重要支撑。此外,尽管ITER旨在演示自加热式的 D-T 等离子体稳定燃烧过程,但它不具有自给自足的燃料循环。虽然 ITER 项目中计划利用少量的试验包层模块来测试其中的某些技术,这必然会涉及对材料性能的一些测试,但由于 ITER 的占空比低而无法考察聚变功率堆条件下 D-T 聚变中子对所选材料造成的损害。尽管ITER 将完成许多技术验证任务,但它无法作为聚变发电堆材料测试和验证的装置。正因此,在大多数国家发展聚变能的路线图中,可以预见至少有一个装置是介于 ITER 和商用聚变堆之间的,这类装置称为聚变示范堆(DEMO)。目前,大多数国家或地区的聚变堆材料发展计划的主要目标是研发面向DEMO 设备的材料。我国提出的"中国聚变工程试验堆(CFETR)"也是起着这样一种衔接的作用,它包含 D-T 等离子体的稳定燃烧、氚增殖与氚自持及相关材料的测评。因此,目前国内的聚变堆材料研发工作主要也是针对CFETR 展开的。

　　为了使聚变堆包层既能够收获核聚变反应放出的能量又能够产氚并实现氚自持,学术界提出了多种包层的概念设计,主要分为固态增殖包层和液态增殖包层。水、氦气、液态金属和熔盐等许多材料都是冷却剂的备选,而包含锂的固态陶瓷或者液态金属也是氚增殖剂的候选材料。在大多数磁约束聚变堆的设计中,都会使用铁素体/马氏体钢(包括氧化物弥散强化钢,即 ODS 钢)作为包层结构材料,也有人研究在液态金属包层中使用碳化硅纤维强化的碳化硅陶瓷复合材料或者钒合金作为结构材料。

对于聚变堆内部的结构材料和面向等离子体的材料,其耐中子辐照、高热流和等离子体轰击的性能对于设计和建造聚变堆至关重要,也面临着关键的挑战。这些材料既要承受极为严重的辐射、等离子体负载和粒子能量,同时需要提供关键的安全特性以控制放射性事故。由材料构成的聚变堆的堆内组件,如增殖包层和偏滤器,在运行时会承受很大的机械、电磁与热等负荷。

当材料遭受中子辐照时会发生几种关键的损伤效应,包括辐照硬化、辐照脆化、辐照肿胀及辐照引起的热蠕变等。由理论、模拟和实验结果可知,这些损伤效应源于中子与材料原子的相互作用、所产生的缺陷与材料之间的相互作用,以及温度引起的缺陷在晶格中的迁移等。像裂变堆中那样,能量高于几个电子伏特的中子就会产生这些辐照损伤效应,并导致反应堆中材料的性能退化问题,但是作用于聚变堆第一壁的中子在能量为 14 MeV 的附近有一个峰并在兆电子伏特能谱区域有较大的中子通量,因此,D-T 聚变中子对聚变堆材料的辐照损伤预计要比裂变反应堆大得多。造成这一结果的原因包括以下三个方面[1]:

(1) 在兆电子伏特中子能量下,非弹性晶格损伤截面比裂变堆的至少高出 1 个数量级。

(2) D-T 聚变中子产生的初级离位原子(PKAs)比裂变中子产生的 PKAs 能量更高,将导致更多的晶格原子离位,对于第一壁的结构钢,每满功率运行年(fpy)的每个原子离位次数(dpa/fpy)约为 18。

(3) 在高于几个兆电子伏特的能量处,嬗变反应(n, α)和(n, p)的截面迅速增大,从而产生大量的氦和氢原子,特别是前者会聚集成微小的气泡,导致材料进一步脆化和肿胀。模拟结果表明,铁中氦的产生率为 $10\sim12$ appm①/dpa,而氢的产生率为 $40\sim50$ appm/dpa。

对于结构材料而言,上述聚变中子的辐照损伤是最需要重视的,特别是辐

① appm 表示百万分之原子数。

照导致的低温脆化等。而对于面向等离子体部件，尤其偏滤器遭受的热负荷与粒子负荷则非常严重。在偏滤器区域，等离子体离子的侵蚀比包层第一壁更为严重，在该区域粒子通量增加 2 个数量级以上，大于 10^{23} m^{-2} · s^{-1}。此外，对于有杂质注入的等离子体，腐蚀主要是由引入的杂质引起的。欧盟的聚变路线图将偏滤器打击区的功率负荷限制在不大于 20 MW/m^2。如此就需要一定厚度的铠甲，以避免对材料表面的"穿通"腐蚀。因此，偏滤器中面向等离子体的铠甲也必须具有高热导，即它必须基本上用作 HHF 材料。而由中子辐照引起的材料导热系数下降的问题是偏滤器的另一个关键问题。

依照聚变堆中各个部件及材料所处的严酷环境与服役要求，学术界研发并初步筛选出一系列的候选材料。表 7-1 列出了面向等离子体部件(第一壁和偏滤器)/材料、包层结构材料、氚增殖剂、中子倍增剂及冷却剂的功能与要求。

表 7-1　磁约束聚变堆堆内关键材料的功能与要求[2]

部　件	第　一　壁	偏　滤　器	增　殖　包　层
功能/目标	屏蔽其他部件免受热负荷与粒子等离子体轰击	去除粒子或氦灰，耐受高热负荷	利用 14 MeV 中子进行氚增殖，屏蔽其他部件免受中子辐照，提取热能用于发电
面向等离子体材料	钨、钨基合金、钨镀层-碳化硅、铍、钨镀层-ODS/低活化钢、液态锂流	钨基合金，钨镀层-碳化硅，钨镀层-ODS/RAFM 钢，液态金属流：锂、镓、锡、锡-锂	同第一壁
结构材料	低活化钢、ODS 钢、钒合金、碳化硅	ODS 钢、钨基合金	低活化钢、ODS 钢、钒合金、碳化硅
氚增殖材料	—	—	液态锂、液态锂铅、锂陶瓷小球
中子倍增材料	—	—	铍、铍钛合金、铍钒合金、液态锂铅
冷却剂	—	水、氦气	水、氦气、液态锂铅、液态锂

7.2　面向等离子体材料/部件

磁约束聚变堆如 CFETR 中面向等离子体材料及部件（plasma facing materials/components，PFM/C）主要指包层第一壁和偏滤器，其中第一壁包括直接与等离子体作用的铠甲、包层结构主体及冷却剂流道，而偏滤器则包含铠甲、热沉单元及冷却剂流道。

面向等离子体材料将面对严苛的工作环境，如高达 20 MW/m^2 的准稳态高热负荷，以及边缘局域模（ELMs）期间 GW/m^2 量级的瞬态极端热负荷；此外，高通量的低能粒子（氘、氚和氦）和能量高达 14 MeV 的中子对 PFM/C 也会造成损伤。因此，对高负载 PFC 材料的主要要求是，即使在中子辐照下也具有高导热性，低溅射产率和能满足要求的机械性能。由于所处的聚变堆内部位置不同，包层第一壁受到的聚变中子辐照剂量更大，而偏滤器经受的热负荷更高、低能（100～500 eV）粒子流的轰击溅射/刻蚀更强。鉴于此，这里将以服役环境更恶劣的偏滤器为代表，介绍面向等离子体材料和热沉材料。

偏滤器是聚变堆的核心部件之一，它的主要作用如下：① 排出来自聚变等离子体的能量流和粒子流；② 有效地屏蔽来自器壁的杂质，减少对芯部等离子体的污染；③ 排出核聚变反应过程中产生的氦灰等产物。其中，等离子体损耗功率热量的迅速排出是聚变反应堆成功运行的关键，而面向等离子体部分是偏滤器中直接与等离子体作用的部件，承受着来自等离子体的强粒子流和来自电子、中子和光子共同产生的高热流的冲击，服役环境十分苛刻。当然，它还要耐受聚变中子的辐照并满足长时运行的需求[3]。因此，偏滤器还需要具有冷却的能力和结构的可靠性。图 7－2 显示了面向等离子体材料所遭受的聚变中子辐照、高热负荷及高通量低能粒子流等共同作用造成的损伤。相关损伤过程包括热致缺陷（如面向等离子体材料的开裂和熔化），PFM/热沉/支撑/真空室壁等连接之间的热疲劳和/或电磁力损伤，氢致起泡，氦致纳米团簇/绒毛，以及由中子辐照导致的材料热导率降低、再结晶、脆化、嬗变和活化等性能改变或退化。

目前聚变实验装置中已有的面向等离子体材料包括碳、钢、钼、铍、钨等，热沉材料一般选用铜合金。其中，钨具有高熔点（3 422 ℃）、高热导率［180 W/(m·K)］、低溅射率（抗刻蚀）以及低肿胀率和低氚滞留率等特性，已

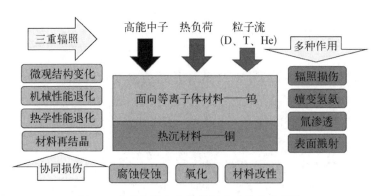

图 7‑2　面向等离子体材料遭受的多种损伤

被 ITER 选为工况最严酷的偏滤器的 PFM。对于 ITER 的稳态运行,偏滤器承受着来自边缘等离子体的高热通量(约为 $10\ MW/m^2$)。在这种高热负载条件下,从面对等离子体的表面到冷却剂的高热负载组件中的温度梯度可能会变得非常大,例如在热导率为 $100\ W/(m\cdot K)$ 的材料中($1\,000\ ℃$ 左右温度下的钨),温度梯度数量级为 $10^6\ K/m$。因此,对于偏滤器中面向等离子体的组件,必须使用具有高导热率的材料。此外,面向等离子体的材料应该具有较高的熔化(升华)点,以避免在高温下(如热蠕变或再结晶脆化)或熔化而导致机械性能下降,因此也需要有足够的机械强度来保持结构在等离子燃烧过程中的坚固。此外,经过几年的运行后,可接受的材料放射性也很重要。从这些观点出发,钨是 PFM 的主要候选材料。类似地,对于偏滤器的冷却剂管,尽管由于铜和铜合金熔点低而难以应用于 PFM,但它们是具有极高导热率的主要候选材料。因此,计划从第一天起就将具有铜合金冷却管的全钨(作为 PFM)偏滤器用于 ITER,并且也是第一阶段 DEMO 的候选者。

当聚变堆的主机聚变功率为 $1\ GW$ 时,一个满功率年下钨材料的最大中子辐照损伤小于 $2\ dpa$。在刻蚀方面,欧洲 DEMO 预计等离子体刻蚀会导致钨偏滤器铠甲的服役寿命受限 2 个满功率年,但通过充气可显著降低峰值粒子流和电子温度,进而延长偏滤器寿命。对于我国提出建设的 CFETR,其第一阶段偏滤器 PFMC 的要求为稳态工作 2~5 年内耐受 4~10 dpa 的辐照。当 CFETR 包层和偏滤器全部被钨覆盖时,包层预计需要约 37.4 t 纯钨,而偏滤器需要约 115 t 纯钨。

7.2.1　面向等离子体材料——钨及钨基合金

钨和钨基合金由于具有优异的高温性能,因此被认为是各种聚变应用的最佳候选材料。它们具有高熔点、高抗蠕变性、高温强度、良好的导热性、低蒸气压和良好的抗腐蚀性能。然而,与这些优异的高温特性相反,钨和钨基合金的主要缺点是其在低温下的脆性。与大多数体心立方(BCC)金属一样,钨在一定温度及中子辐照下具有从韧性到脆性的特征转变。尽管钨还存在一些不尽如人意的地方,相比于其他可能的候选材料,它的优势更为突出。因此,随着各国聚变研究的深入开展,纯钨已成为国际上主要托卡马克聚变实验装置面向等离子体材料的主要选择,也被各国示范堆(DEMO)设计选为偏滤器的PFM,如表7-2所示。

表 7-2　国际主要聚变实验装置面向等离子体材料情况

名　称	国　家	面向等离子体材料	面向等离子体材料应用情况
ITER	法国	铍、钨	第一壁为金属铍,偏滤器部位为金属钨
JET	英国	铍、钨	2011 年以前面向等离子体材料主要为碳材料;2011 年夏季开始更换,偏滤器打击点使用纯钨块,其他部位在碳材料上制备钨涂层;第一壁处使用铍块
DⅢ-D	美国	石墨	第一壁、偏滤器均为石墨材料
ASDEX Upgrade	德国	钨涂层、钨	2007 年面向等离子体材料由石墨材料更换为在石墨材料上制备钨涂层,2013 年下外偏滤器材料更换为钨块
JT-60U	日本	石墨	第一壁、偏滤器均为石墨材料
JT-60SA	日本、欧盟	石墨、钨涂层	在 2020—2025 年的初始研究阶段,面向等离子体材料均为石墨材料;在 2026—2028 年的集成研究 1 期阶段,将下偏滤器改造为 mono-block 石墨块结构;在 2030 年后的集成研究 2 期阶段,将偏滤器以及第一壁均改造为石墨瓦块上制备钨涂层结构

（续表）

名　称	国　家	面向等离子体材料	面向等离子体材料应用情况
KSTAR	韩国	石墨	第一壁、偏滤器均为石墨材料,在偏滤器部位进行过钨材料暴露实验
WEST	法国	钨	偏滤器均为钨块材料,挡板处使用厚度小于 30 μm 的钨涂层,涂层基体为 CuCrZr
DEMO - FNS	俄罗斯	铍、钨	第一壁使用铍材料,偏滤器使用穿管钨结构
EU - DEMO	欧盟	钨	第一壁使用平板钨结构,偏滤器使用穿管钨结构
K - DEMO	韩国	钨	第一壁使用 4 mm 厚钨板,偏滤器使用穿管钨结构

目前,国际上满足 ITER 规范的商业纯钨主要由奥地利、俄罗斯、日本和德国的几家企业提供。ITER 组织已经完成的高热负荷试验发现,各国生产的纯钨制成的全钨穿管部件,在经受 5 000 次 10 MW/m² 的热疲劳后均不会出现宏观裂纹,满足 ITER 要求。

2009 年,我国量产的钨材料成功通过了 ITER 认证,达到 ITER 规范要求。目前,我国的钨铜偏滤器穿管小模块成功通过了 ITER 组织的考核,平板部件通过法国原子能和替代能源委员会(CEA)的考核。图 7 - 3 展示了我国为 ITER 制备的穿管型的钨铜测试模块。

尽管 ITER 及很多托卡马克装置选择了钨和铜合金作为偏滤器的主要材

图 7 - 3　我国为 ITER 制备的 6 件钨铜穿管模块

料,但学术界也认识到使用钨和铜合金的一些关键问题:① 钨在服役期间,氚在钨中的滞留制约了堆内氚的提取;② 缓变的热负荷(0.1~1 s 量级)和瞬态的 ELM($<$0.1 ms)对钨的表面损伤(如开裂和熔化),以及对钨部件的寿命和杂质释放的显著影响;③ 氦离子注入的表面形态变化及其对钨杂质释放的影响;④ 中子辐照对钨的微观结构和力学性能的影响,将限制聚变堆中 PFC 的寿命[4]。

为了应对未来更高服役要求的聚变堆,研发具有更高的机械性能、高温稳定性,以及抗辐照的先进钨基材料是必要的。目前的研发思路主要是从制备工艺、成分与结构设计等方面入手,以期改变钨基材料组织结构,提高其综合性能。国际上成分与结构设计路线中已广泛采用的强化手段包括合金化、第二相弥散强化、纤维增韧强化等方式。

其中合金化包括了二元固溶合金(如 W-Re 合金及 W-Ta、W-V、W-Mo、W-Ti、W-Nb 等),多组元合金(如包括了 W-Re-HfC、自钝化合金及高熵合金等);第二相弥散强化包括了掺钾钨、氧化物弥散强化(如 Y_2O_3、Zr_2O_3、CeO_2、La_2O_3),碳化物弥散强化(如 TiC、ZrC、TaC、HfC 等);纤维增韧强化主要有钨纤维增韧钨和钨箔叠层板等。

上述这些先进钨基材料都在不同程度上改善了纯钨的机械性能、高温及抗辐照损伤性能,受到了国内外学术界的高度关注。近年来,国内多家研究机构及团队在 W-K 合金、W-Re 合金、Y_2O_3 或 ZrC 弥散强化、自钝化钨及钨纤维增韧钨等方面都取得了很大进展,部分性能指标已经达到了国际先进水平。

7.2.2　热沉材料——铜合金

面向等离子体的部件,一面是温度高达数亿摄氏度的等离子体,另一面是普通的固体材料。极端的热流环境(表面热负荷和中子热负载)对偏滤器的传热性能提出非常高的要求。在部件的工程设计中,等离子体产生的大量热量需要通过热沉部分迅速被带走,否则温度会超过材料的许可应力,对偏滤器结构的稳定性产生破坏。偏滤器的冷却结构一般是在热沉上开孔通冷却管道以及时排出热负荷。在这种结构下,管道既能作为传递热量的过渡材料,又能作为承载电磁力的结构材料,所以要求冷却管道的材料必须具有高热导性和高机械强度。此外,还要考虑材料在高辐射条件下引起的肿胀、活化等因素,苛刻的工作环境使得偏滤器的热沉材料充满了困难与挑战。因此,偏滤器热沉材料的性能对聚变堆能否成功运行起着关键作用,热沉材料承受高热负荷的能力也直接决定了聚变堆运行的最大功率。根据热沉材料中冷却剂的类型，偏滤器可分为水冷偏滤器和氦冷偏滤器。目前已确定 ITER 偏滤器采用水冷设计理念。欧洲 DEMO 和中国 CFETR 准备采用类似 ITER 偏滤器的设计方案，即采用水冷作为基准设计理念，氦冷作为备选设计理念。

作为偏滤器部件的热沉材料不仅要承受周期性高热负荷造成的损伤，同时还要承受高剂量的中子辐照损伤。在高热负荷疲劳与中子辐照的协同作用下，热沉材料的热导率、强度和断裂韧性等性能会显著下降，从而缩短热沉材料在聚变堆中的服役寿命。为满足聚变堆偏滤器的服役环境，对热沉材料提出了以下要求：① 具有高的热导率；② 高温下具有较高的强度和断裂韧性等力学性能；③ 具有良好的抗中子辐照性能；④ 具有长期服役的热稳定性；⑤ 具有较强的耐腐蚀性能，拥有低的均匀腐蚀，无局部腐蚀（如晶间腐蚀或气蚀）；⑥ 材料中氚的溶解度较低。

聚变领域多年的设计和工程经验表明，铜合金以其高热导率、较高的强度、较好的热稳定性和抗中子辐照性能成为聚变堆偏滤器用热沉材料的首要候选材料，其重要性也已为多年的研究所证实。用于热沉的铜合金主要有沉淀强化（precipitation hardened，PH）铜合金和弥散强化（dispersion strength，DS）铜合金两种。沉淀强化铜合金一般采用固溶时效处理，在过饱和固溶的基体中析出沉淀相颗粒达到析出强化效果，时效前后的塑性加工可进一步增加强化效果。CuCrZr 合金具有机械强度高、热导率高、热稳定性好、延展性和韧性良好、辐照后断裂韧性好、容易焊接，以及成本低、可加工、防水等优点，因而成为 ITER 热沉材料的首选以及 DEMO 的备选材料。

目前国内也已经实现工业吨级 ITER 包层部件用的 CuCrZr 板的生产（见图 7-4）。利用该板材制备的平板型部件通过了 WEST 100 次 10 MW/m² + 100 次 15 MW/m² + 300 次 20 MW/m² HHF 测试。

与 ITER 相比，热沉材料在未来 DEMO 中的服役温度更高，同时也会受到更高剂量的中子辐照。目前国内外针对未来聚变堆的运行环境，研发出若干具有优良高性能的铜合金或铜基复合材料。如通过添加合适的低活化、高熔点元素在铜基体中形成高温稳定的第二相来阻止晶界和位错的移动，可以有效地提高铜合金的使用温度及抗辐照性能。采用 Y_2O_3 作为铜基复合材料的弥散相，使其具有更高的热力学稳定性与高温机械强度，并减弱中子辐照损伤。此外，在铜合金中加入耐高温的 W 纤维、W 颗粒、SiC 纤维等制备铜基复

图 7 - 4　国产 ITER 用 CuCrZr 板

合材料来提高铜合金的高温强度。

7.3　包层结构材料

聚变堆的包层围绕芯部等离子体排布,目前主要有固态和液态包层两种概念。固态包层的技术相对比较成熟,因此得到了更多的关注。中国的 CFETR 目前的设计也是固态包层,包括氦冷固态包层和固态水冷包层。包层内除了中子倍增和氚增殖小球外,其余绝大部分都是结构材料。

包层是聚变堆的核心部件,具有传热(热电转换)和氚增殖(氚自持)的功能,同时还需要起屏蔽中子的作用,以保护后面的真空室和超导磁体及环境安全,因此包层结构材料的需求非常大(4 000~5 000 t)。包层结构材料需满足以下要求:良好的可加工性,可制成不同规格的块体、薄板、管等;可焊接性;良好的导热性和作为结构材料必须具有的优良热力学性能;尽可能低的磁导率和电阻率,以减少对磁场位形的影响,当然也减少由于等离子体不稳定导致的电磁力对包层结构的破坏和影响;满足核废料处理标准的低中子活化的放射性;优良的抗冷却剂腐蚀和聚变中子辐照能力,即包层部件在堆服役环境和服役周期的可靠性和安全性要求。按照上述要求,候选的聚变堆结构材料包括低活化马氏体/铁素体钢(RAFM)、ODS 钢、钒合金和碳化硅纤维复合材料(主要针对液态包层)(见表 7 - 3)。鉴于中国的 CFETR 采用固态包层,因此下面将主要介绍 RAFM 钢和 ODS 钢。

表 7 - 3　不同冷却剂与氚增殖材料体系下的候选包层结构材料

结构材料	冷却剂/氚增殖材料体系					
	Li/Li	He/PbLi	H₂O/PbLi	He/Li陶瓷	H₂O/Li陶瓷	FLiBe/FLiBe
RAFM/ODS 钢		■	■	■	■	■
钒合金	■			■		
碳化硅纤维复合材料		■		■		■

注：黑色格表示可作为相应冷却剂/氚增殖材料系统的候选结构材料。

7.3.1　RAFM 钢

1982 年基于高铬耐热钢（如 grade 91）提出了低活化铁素体/马氏体钢（RAFM 钢）的概念以满足聚变堆包层结构材料的需要，基本的想法是用钨取代钼，钽取代铌。与奥氏体钢相比，RAFM 钢的优势在于没有高放射性元素，可满足核废料的沙土浅埋条件，同时具有更高的热导（降低了铬的含量）、低热膨胀系数和低辐照肿胀等。目前优化的 RAFM 钢组织成分是 F82H（Fe - 8Cr - 2W - 0.2V - 0.04Ta）和 Eurofer 97（Fe - 9Cr - 1W - 0.2V - 0.12Ta）。

力学性能是作为结构材料的基础。RAFM 的力学性能源于其特定的微观结构，如高位错密度、细小的板条马氏体组织和高密度析出相（M₂₃C₆ 和 MX）。在不同的边界和组织内，这些析出有望是细小和稳定的，因此可以保证 RAFM 钢的强韧性和高温性能，同时也是抗辐照的主要因素。由 IEA 牵头组织国际联合测试，从 20 世纪 80 年代后期和 90 年代以 F82H 作为参考材料，随后欧洲开发了 Eurofer 97 RAFM 钢，两者的力学性能相当[5]。

按照标准 V 形口的冲击测试标准得到 RAFM 钢的延脆性转变温度（DBTT）在 -70～-53 ℃范围内，德国小样品测试标准获得的 DBTT 数值为 -90～-70 ℃。目前 F82H 进行了 550 ℃、$1×10^5$ h 的时效实验，发现了轻微的材料软化，但 DBTT 向室温方向移动；600 ℃时效 DBTT 移动更大，所以 550 ℃被认为是 RAFM 钢的使用温度上限。同样，Eurofer 97 也进行了 $1.2×10^4$ h 的时效实验，结果比 F82H 好，如 600 ℃时效 $1×10^4$ h DBTT 的移动是 23 ℃。在热蠕变性能上 F82H 和 Eurofer 97 钢的蠕变断裂性能与 91 号耐热钢相当,从这个意义上讲,其有望作为结构材料使用,但目前数据尚不充分。

从聚变堆使用考虑,由于包层承担着燃料氚自持的重要使命,因此结构材料在包层中的使用量(体积)必须尽可能少,即管壁的厚度要尽可能薄,但同时需要兼顾冷却剂对管壁的腐蚀,尤其是水冷包层情况,通常 9Cr 铁素体/马氏体钢的抗水腐蚀性能更好,可与奥氏体钢相比拟。但在 Li - Pb 液态包层中,RAFM 钢的腐蚀则可能是一个严重的问题。

大量的裂变中子辐照数据显示,相比于奥氏体钢,RAFM 钢具有出色的抗肿胀性能。除此之外,RAFM 钢在裂变环境中,在高于约 400 ℃ 的温度下经受高剂量的辐照后,几乎没有硬化,并保持了较高的断裂韧性。此外,已经发现 RAFM 钢的辐照蠕变性能与奥氏体不锈钢相当或更好。在工作温度低于 400 ℃ 时,中子辐照会造成 RAFM 钢的脆化及韧性的下降。这一问题对于在聚变堆中使用 RAFM 钢尤为关键,因为尽管在裂变中子辐照下观察到硬化和脆化会饱和,但在聚变条件下却并非如此,因为离位损伤和氢氦产生的协同效应尚未被充分理解[6]。

聚变中子辐照是一个关键问题,因为 14 MeV 中子相比于 1~2 MeV 裂变中子,会与 RAFM 钢中的铁和铬反应产生更多的嬗变元素氦和氢,另外由于大的嬗变产额也会显著改变原合金的成分。然而,如何评价 14 MeV 中子辐照导致的嬗变产物氢、氦对 RAFM 性能的影响是一个有争议的重要课题。目前有关氦效应特别是辐照肿胀的评估是通过 RAFM 钢掺硼的裂变中子辐照或者双/三束离子辐照来进行的。离子辐照实验表明,RAFM 钢通常在 470 ℃ 的辐照温度下出现空腔肿胀,且肿胀在三束辐照条件下变得更加明显,显示可能存在肿胀的氢、氦协同增强作用。另外也有大量的实验通过硼或者镍掺杂研究氦与中子辐照的协同,一般而言,都观察到空腔肿胀的增强现象,但由于离子辐照的技术限制,定量评估力学性能的影响还有相当的困难和存在实验的不确定性。

从上面的介绍可以看出,RAFM 钢的使用温度上限为 550 ℃,为了提高未来聚变堆或者 DEMO 的热电转换效率和改进 RAFM 的抗辐照性能,通过使用适当的热机械处理(TMT)来开发具有更高的高温强度和蠕变性能的 RAFM 钢,并通过系统地利用计算热力学来设计优化的化学成分,已显示出令人鼓舞的结果,有希望将工作温度提高至 600~650 ℃,如美国橡树岭国家实验室研发的 CNA 系列和欧洲的 Eurofer 97 - 2 等。

在 RAFM 钢研究方面,国内典型的材料有核工业西南物理研究院的

CLF-1钢,中国科学院合肥物质科学研究院核安全所的 CLAM 钢,还有中国科学院兰州近代物理研究所为 ADS 项目开发的 SIMP 钢,成分和组织上都与 F82H 和 Eurofer 97 类似,热物理及力学性能也类似,目前规模都达到了 5 t 以上的水平。

7.3.2 ODS 钢

对于在高温和高辐照剂量等极端服役环境下的聚变堆结构材料应用,含有高密度($1\times10^{22}\sim1\times10^{24}$ m^{-3})且均匀分布的纳米级(几纳米到几十纳米)颗粒的 ODS 钢(氧化物弥散强化),因其极高的机械强度和纳米颗粒稳定性而具有很好的应用前景。

除了优异的强度和高温工作能力,ODS-RAFM 钢引起广泛兴趣是由于与纳米颗粒和其他微纳结构特征相关的极高的点缺陷势阱强度(sink strength),具有潜在的优异的抗中子辐照性能。多年来人们已经认识到,材料中 D-T 聚变中子嬗变引起的氦和氢浓度升高将增强辐照损伤效应,例如空腔肿胀等。因此,预计在裂变中子辐照后,常规 RAFM 钢表现出的良好的抗肿胀性能在聚变中子辐照条件下将受到严重影响。实验数据显示,在同时引入与 D-T 聚变相关的条件下,RAFM 钢的空腔肿胀率随辐照剂量及氦和氦+氢气体浓度逐渐增大。这可能会导致第一壁和包层组件的使用寿命受到很大限制。而与传统 RAFM 钢相比,ODS-RAFM 钢具有更强的抗辐照性能[7]。此外,ODS 钢中的纳米级颗粒在 300~750 ℃的温度和 50~100 dpa 的剂量下裂变中子或离子辐照后表现出良好的稳定性。

目前最佳 ODS 钢的蠕变断裂强度几乎是常规钢的 3 倍,性能最好的 ODS 钢比 TMT 铁素体/马氏体钢还具有更高的热蠕变强度。与传统的 RAFM 相比,ODS 钢的缺点之一是断裂韧性较差(较高的 DBTT 和较低的上平台冲击功)。另外,由于在挤压方向上拉长的晶粒结构,通常在 ODS 钢中观察到相当大的各向异性。

然而,ODS 钢的制备方法仍基于相对耗时且昂贵的粉末冶金方法,这是限制 ODS 钢商业应用的最大障碍。此外,ODS 钢不能通过传统的焊接方法进行连接,因为熔化区域中纳米级颗粒的凝结会明显降低强度。因此,未来 ODS 钢的研发一方面要探索熔炼工艺的制备方法,另一方面还需要开发适用于大型复杂工程结构的可行连接/焊接技术。与传统 RAFM 钢相比,ODS 钢的中子辐照数据还比较少,需要尽快积累。当然,聚变中子辐照 ODS 钢的氢氦协同效应还需要进一步实验验证[8]。

7.4　产氚相关材料

"氚自持"是未来聚变能商业应用的前提，也是中国聚变工程试验堆（CFETR）及未来 DEMO 堆设计与验证的关键问题。"氚自持"主要通过对聚变堆等离子体排灰气中大量未燃烧的 D-T 气体的快速回收与净化、氚增殖包层中产生氚的及时提取以补充等离子燃烧消耗的氚来实现。由于氚增殖过程的氚是通过中子与氚增殖剂中的锂等元素发生核反应而产生的，中子越多，产生的氚就越多，也就越有利于实现"氚自持"。因此，为了更有效地产氚，通常在包层内还有用于倍增中子的中子倍增剂。

7.4.1　氚增殖材料

目前，已确定锂为增殖氚的唯一可行元素。^{6}Li 具有非常高的中子反应截面，并且通过同位素富集，可将 ^{6}Li 丰度从自然的 7.42% 提高到 80% 以上。由于大多数聚变堆中需要部分使用面向等离子体的区域来进行等离子体加热、诊断、控制和燃料排放，因此为了尽量多地获得中子，在包层中还需要使用中子倍增剂。为实现氚自持，预计聚变堆的氚增殖比（TBR）应为 1.05～1.1。

由于聚变堆氚增殖包层具有氚增殖和能量提取两大基本功能，目前包括 CFETR 在内的 DEMO 类聚变堆的固态氚增殖包层设计中，氦冷/水冷氚增殖包层选择 Li_4SiO_4/Li_2TiO_3 陶瓷小球作为氚增殖剂，而液态金属包层则选用纯液态锂或者 Pb-Li 作为氚增殖剂。

作为固态氚增殖包层的关键功能材料，增殖剂（锂陶瓷）必须承受聚变堆运行中的压力、温度、温度梯度、热冲击以及高剂量辐照等极端环境，其高温稳定性、产氚性能、辐照性能（辐照稳定性、辐照损伤等）、球床热力学性能及其与结构材料的相容性等是氚增殖包层及氚工厂 D-T 燃料循环设计重点关注的科学与技术问题。

对于类似 CFETR 这样规模的聚变堆，建设期需要 40～100 t 锂陶瓷，运行期的备份量也达到百吨，同步须准备换料后的锂资源回收与循环利用。因此，提高材料品质、扩大生产规模、多场服役性考核、锂资源循环利用是发展氚增殖剂的必由之路。为了保证高效产氚，固态氚增殖剂须具备锂密度高、直径小、晶粒小、杂质少、球形度好、强度高、开孔结构丰富以及氚释放性能优异等特点。

从 20 世纪 70 年代开始,国际上对各种氚增殖剂材料已经开展了大量的研究,包括具有高锂密度的 Li_2O 到较好稳定性的 Li_2ZrO_3、γ-$LiAlO_2$ 以及目前 ITER 计划候选的 Li_4SiO_4 和 Li_2TiO_3 等。已建立成熟的增殖剂陶瓷小球制备工艺,年产量可达 200 kg。

目前,以日本、欧盟和中国为代表的 ITER 参与国,提出了发展先进氚增殖剂材料的思路。日本针对其试验产氚包层首选的 Li_2TiO_3 氚增殖剂材料特点,设计研制了锂过量的 $Li_{2+x}TiO_3$ 陶瓷微球,以适应其水冷包层设计和较低的氚增殖比。德国针对 Li_4SiO_4 存在的机械强度差和不稳定特点,设计研制了 TiO_2 掺杂和 SiO_2 过量的 Li_4SiO_4 陶瓷以及 Li_4SiO_4-Li_2TiO_3 复相陶瓷小球,致力于改善陶瓷稳定性和力学性能。

中国在已有的湿法制备 Li_2TiO_3、湿法和熔融法双工艺制备 Li_4SiO_4 的基础上,提出铝、钛掺杂的固溶相 Li_4SiO_4、复相 Li_4SiO_4-Li_2TiO_3 及壳层陶瓷小球制备工艺,旨在优化材料在多场服役条件下的力学、传热、产氚、耐辐照、高温稳定性等综合性能,同时提出发展锂资源循环利用的规模化制备技术路线。

7.4.2 中子倍增材料

为了提高产氚包层的产氚率,维持氚的自持,几乎所有的包层概念都需要布置中子倍增剂材料。铍和铅都可以作为中子倍增剂材料,因为它们都能与中子发生(n, 2n)反应。相较于金属铅,铍(n, 2n)反应阈值和吸收截面较低,熔点较高,铍的熔点为 1 283 ℃,铅为 328 ℃,它们不仅是有效的中子倍增剂,而且也是极好的中子慢化剂和反射剂材料。

因此,一般在固态产氚包层中选择金属铍小球,原因是球形材料装卸容易,具有更大的表面积,小球间具有更多的孔道,透气性能好,有利于氦、氚的扩散和释放。在液态包层设计中,一般采用液态金属锂铅作为中子倍增材料,其优点是既作为中子增殖剂同时也作为冷却剂材料,缺点是其腐蚀问题和 MHD 问题。

目前国际上铍小球的制备主要有三种可选工艺方案:镁还原法、熔融气体雾化法和旋转电极工艺(REP)。国际上在铍小球性能和铍球床热机械性能等方面做了比较系统的研究,完成了铍小球与结构材料和氚增殖剂材料的相容性试验,建立了不同的热机械性能测试装置,开展了球床热机械性能的测试,获得了较为翔实的数据库。在 20 世纪 80—90 年代,人们开展了一系列中子辐照实验。这些辐照实验考核了在中子辐照条件下,铍与氚增殖剂材料、铍与 316L 钢、铍与马氏体钢的相容性,氚和氦的释放特性,铍小球辐照后的稳定性等问题。

在 ITER 固态试验包层模块计划(TBM)中,各国均选用金属铍小球作为中子倍增剂[7]。然而对于未来的 DEMO 聚变堆产氚包层,中子倍增材料需要承受最高 900 ℃的温度和高中子通量的轰击,在寿期内将产生大约 20 000 appm 的氦和 50 dpa 的离位损伤。随着研究的深入,金属铍抗氧化性较差、易辐照肿胀,易与水蒸气发生反应以及更容易造成氚的滞留等问题逐渐受到关注。为此,日本 JAEA 和德国 KIT 分别开发了铍合金 $Be_{12}Ti$ 和 $Be_{12}V$ 等材料来克服金属铍的缺点。铍合金具有更高的熔点并且在高温下具有较高的化学稳定性与较低的辐照肿胀,而且可以大幅减少氚滞留,因此铍合金小球将可能成为最有希望的中子倍增材料。在我国的 CFETR 水冷包层设计中,也将采用铍钛合金作为中子倍增剂材料。然而,以铍合金代替金属铍是以牺牲铍原子的个数为代价的,从而造成一定程度上中子倍增能力的减弱。此外,目前的铍合金制备工艺还难以满足 DEMO 等聚变堆对于中子倍增剂的产量需求。

在 ITER 国内配套项目支持下,核工业西南物理研究院与宝鸡市海宝特种金属材料有限公司合作,成功研制出不同粒径的铍小球,质量符合聚变堆固态包层设计的要求,也使中国成为除日本外掌握 REP 法制备铍小球工艺的国家。

随着 ITER 到 DEMO 再到聚变电站,堆内服役环境越来越严酷,材料所面临的挑战也越来越大。面对聚变堆材料的巨大挑战,既需要加紧研发各种满足需求的新型材料,也急需建立用于材料测试、考验的实验平台,如高通量等离子体装置、高热负荷装置及高通量聚变中子源等,同时需要利用计算模拟的手段,阐明聚变堆材料在多种极端环境下的结构损伤与性能退化的机理。当然,面向聚变能的聚变堆材料研发也不是独立的,它需要与聚变等离子体物理及工程设计密切结合,通过不断迭代,才能真正满足实现聚变能的应用需求。

参考文献

[1] Stork D, Zinkle S J. Introduction to the special issue on the technical status of materials for a fusion reactor[J]. Nuclear Fusion, 2017, 57(9): 092001.

[2] Tong C. Introduction to materials for advanced energy systems [M]. Cham:

Springer Nature Switzerland AG，2019.

［3］ Ueda Y，Schmid K，Balden M，et al. Baseline high heat flux and plasma facing materials for fusion［J］. Nuclear Fusion，2017，57(9)：092006.

［4］ Linsmeier Ch，Rieth M，Aktaa J，et al. Development of advanced high heat flux and plasma-facing materials［J］. Nuclear Fusion，2017，57(9)：092007.

［5］ Tanigawa H，Gaganidze E，Hirose T，et al. Development of benchmark reduced activation ferritic/martensitic steels for fusion energy applications［J］. Nuclear Fusion，2017，57(9)：092004.

［6］ Cabet C，Dalle F，Gaganidze E，et al. Ferritic-martensitic steels for fission and fusion applications［J］. Journal of Nuclear Materials，2019(523)：510－537.

［7］ Konishi S，Enoeda M，Nakamichi M，et al. Functional materials for breeding blankets：status and developments［J］. Nuclear Fusion，2017，57(9)：0920014.

［8］ Zinkle S J，Boutard J L，Hoelzer D T，et al. Development of next generation tempered and ODS reduced activation ferritic/martensitic steels for fusion energy applications［J］. Nuclear Fusion，2017，57(9)：092005.

第 8 章
托卡马克聚变堆未来发展的展望

能源是中国可持续发展最重要的基础。核聚变能源由于其原料丰富和无污染，是最有希望彻底解决能源和环境问题的根本出路之一。开发核聚变能源，对于我国综合国力的可持续发展有着重要的战略意义和现实的经济意义。

经过半个多世纪的不懈努力，国际上受控磁约束核聚变能研究取得了一系列重大成果，世界上超过一半人口的主要发达与新兴市场国家共同实施了国际热核聚变实验堆（ITER）计划，通过合作建设和运行 ITER，验证和平利用核聚变能的科学技术和工程可行性，并以参与 ITER 计划为契机，筹划本国各自核聚变能发展路线图，以实现核聚变能发展研究的重要跨越，力争在未来核聚变能的商业开发和应用中占据主导地位。

我国是世界上对能源长期需求最大、环境污染威胁最为严重的国家，对核聚变能的需求比任何国家都迫切，加快聚变能的发展对提升综合国力至关重要。正是基于大力发展核聚变以解决我国未来能源需求的能源发展国策，全国人大常委会和国务院于 2007 年正式批准我国参加 ITER 计划，希望通过参加 ITER 计划，掌握大规模核聚变能发展的知识和技术，尽快独立自主地在我国开展聚变堆的研发。党和国家领导人对核聚变能的发展十分重视，习近平主席、李克强总理等领导都亲临中国科学院合肥等离子体物理研究所视察，指出要尽快部署和加快我国参加 ITER 计划之后核聚变能的发展进程，为人类的科学发展做出中国人应有的贡献。

通过参加 ITER 计划，我国在磁约束核聚变能研究方面实现了跨越式发展，在超导托卡马克工程建设和相关物理实验方面步入世界先进水平，具备了开展磁约束核聚变能前沿科学技术问题研究的能力，核聚变实验堆部分重要部件的工程技术和制造工艺取得了突破，ITER 部件制造的进度已处于七方的前列。参与实施 ITER 计划的一批科研机构、企业在超导托卡马克工程建设、核聚变实验堆部件制造及大科学工程管理等方面已经达到国际先进水平。国家发展和改革委员会于 2018 年开始部署"聚变堆主机关键系统"重大科学基础设施,通过 3 年多的项目实施,我国已经完成工程概念设计,开始了一系列关键技术预研,得到国际同行广泛参与和高度评价。开始筹划建设中国聚变工程堆的时机已经成熟,在"十四五"后期开始独立建设 100 万千瓦的中国聚变工程试验堆,在 2035 年前后完成工程建设,同时与 ITER 相互补充;在科学问题上注重研究燃烧等离子体稳定性控制、氚自持、连续发电以及反应堆能源自持等 ITER 所不能从事的聚变示范堆的科学问题;在技术上注重研究聚变能工业发电、聚变堆材料、聚变堆包层等 ITER 不能从事的示范堆技术,率先在中国实现聚变能发电,实现跨越式发展,引领未来聚变能科学和大规模聚变工业技术,为独立自主地开辟一条适合我国国情的聚变能源发展道路奠定坚实的科学技术基础。

8.1 中国聚变工程堆

国家科技部在国家"十二五"和国家中长期规划中明确提出发展和设计我国自己的聚变反应堆,要求在全面吸收掌握 ITER 以及世界各国的聚变堆设计的知识和经验基础上,评估和确定我国聚变工程试验堆的使命、目标、任务和技术方案,在 2014 年完成聚变工程试验堆总体工程概念设计,在 2020 年完成工程设计,为向国家申请建造中国试验聚变堆提供设计依据,同时建立完备的设计条件和人才基础。

中国聚变工程试验堆(CFETR)的目标就是针对聚变能科学前沿,面向当前国民经济、社会发展和能源安全的重大需求,通过将在参加 ITER 计划过程中全面吸收、消化聚变实验堆的技术与自主创新建设聚变试验堆相结合,在对现有国内外发展的聚变堆概念的特点及 ITER 等离子体物理和工程设计进行深入研究的基础上,在 2020 年代,联合国际聚变同行,主导建设 100 万千瓦的中国聚变工程堆,率先在中国实现聚变能发电,实现跨越式发展。

CFETR 是我国自主设计、研制,以我为主、有广泛国际参与的重大科学工程项目。通过 CFETR 计划的实施,独立自主地发展聚变能源开发和应用的关键技术,构建以国家重大需求为目标的世界一流的国家研究机构和研究平台,建立我国独立自主的聚变工业发展体系,培养并形成一支稳定的高水平聚变研发队伍和聚变堆工程队伍,探索高效创新的组织形式、管理体制和运行机制,建立健全我国聚变堆的核与辐射安全法规、导则和技术标准,培育和带动一批生产制造企业走向国际,全方位开展各种形式的双边和多边国际合作,形成以我为主的国际合作,实现我国聚变发展全面步入国际领先水平,实现人类"人造太阳"和中华民族科技腾飞的梦想。

8.1.1　中国聚变工程堆设计

相较于目前在建的 ITER,CFETR 在科学问题上主要解决未来商用聚变示范堆必需的稳态燃烧等离子体的控制、氚的循环与自持、聚变能输出等ITER 未涵盖内容。在工程技术与工艺上重点研究聚变堆材料、聚变堆包层及聚变能发电等 ITER 不能开展的工作,发展和集成聚变能源开发和应用的关键技术,CFETR 将催生和建立未来聚变堆的核与辐射安全法规、导则和技术标准。通过 ITER 和 CFETR 的有机结合,我国有可能掌握并完善建设商用聚变示范堆所需的工程技术和安全标准。

CFETR 的设计参数如下:大半径 $R=7.2$ m;小半径 $a=2.2$ m;拉长比$k=2$;环向磁感应强度 $B_t=6.5$ T;等离子体电流 $I_p=8\sim14$ MA;中心电子密度 $n_e=1\times10^{20}$ m^{-3};离子温度 $T_i=20$ keV;聚变功率为 1 000 MW,实现在线产氚和氚自持,演示聚变大规模发电。

拟解决的关键技术分装置建设和装置运行两部分。

聚变工程堆建设:聚变工程堆装置建设不仅要集成国际磁约束聚变能研究的最新成果,而且还要综合届时世界相关领域的一些顶尖技术,如大型超导磁体技术,中能高流强加速器技术,连续、大功率微波技术,复杂的智能远程遥操控技术,反应堆材料、实验包层、大型低温技术,氚工艺,大规模氚实时提取及防护技术,先进诊断技术,大型电源技术及核聚变安全等。这些技术不但是未来聚变电站所必需的,而且能对我国工业、社会经济发展起到重大作用。

聚变实验堆运行:本阶段主要是针对未来聚变示范堆燃烧等离子体的高效、高约束的科学问题进行实验研究,实现产生稳定长时间 1 000 MW 的聚变功率,为聚变示范堆的设计建设打下坚实基础。最重要的关键技术为 D-T 燃烧等离子体先进运行模式稳定运行和可靠控制、堆芯等离子体条件下的等离子体与材料的相互作用、燃烧等离子体条件下聚变堆包层的基本性能研究、智能远程遥操控技术研究、聚变发电技术、聚变中子在裂变能方面的应用、聚变商用堆等离子体性能的科学预测等,为聚变商用堆的工程设计和建设奠定坚实基础。

经过将近 10 年的努力,在国家磁约束聚变总体组的指导下,国家科技部部署了 CFETR 物理概念设计和 CFETR 工程设计研究两期项目，前后有 30 多个单位和近 800 人参加。总体组设在中国科学技术大学，项目经过数十次国内外评审、讨论和论证，针对 CFETR 物理运行、核安全、主机详细工程、辅助系统、氚工厂、材料以及项目管理和数据库等多方面进行了大规模计算、模拟、设计和小规模的技术预研，基本完成了 CFETR 主机的详细工程设计和辅助系统的参数设计。图 8-1 所示为主机剖视图。

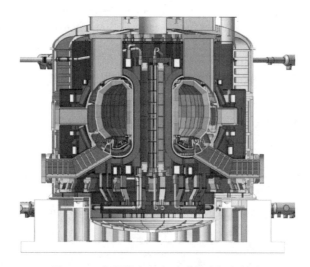

图 8-1　中国聚变工程试验堆主机剖视图

项目组不但对主机和辅助系统进行了详细的设计分析，也针对国家核安全法规研究提出了聚变堆应该遵循的法规、事故分析及应对举措、厂址选择、建设周期等。另外，项目组针对沿海和内陆两种厂址进行了典型厂址设计和需求分析。CFETR 厂区总体设计如图 8-2 所示。

8.1.2　中国聚变工程堆工程预研

CFETR 工程设计的完成标志着我国率先掌握并完成了聚变工程堆的设计，为下一步大规模工程预研和进一步固化工程设计奠定了坚实基础。2017 年 1 月 10 日，国家发展改革委和科技部联合批复了合肥综合性国家科学中心的建设方案，明确指出：合肥综合性国家科学中心建设应重点开展以下工作：建设世界一流重大科技基础设施群，服务国家战略和前沿科技发展需要，集中布局和规划建设重大科技基础设施，充分发挥重大科技基础设施集群的优势，为前沿科学技术和经济社会发展重大需求问题提供长期、关键的科学技术支

图 8‐2　CFETR 厂区总体设计

撑。目前,安徽省和合肥市政府已正式启动中心的建设。聚变堆主机关键系统综合研究设施已成为中心的核心建设内容,为中心的建设和发展提供强有力的支撑。

聚变堆主机关键系统综合研究设施(Comprehensive Research Facility for Fusion Technology)是我国《国家重大科技基础设施建设"十三五"规划》中优先部署的大科学装置,建设地点为安徽省合肥市,建设周期为 5 年 8 个月。该设施就是为完成 CFETR 工程预研而设立的。本设施的科学目标是开展磁约束聚变堆边界参数下的等离子体行为研究,探究主机关键系统和部件复杂动态负荷对主机系统可靠性、稳定性、安全性的影响,评估偏滤器与超导磁体材料/部件在聚变堆工况下的服役性能,为我国开展聚变堆设计及核心部件研发、热与粒子排除关键问题研究、大规模低温和超导技术研究、强流离子束与基础等离子体研究、深空探索等提供技术支撑。工程目标是建成参数高、功能完备的综合性研究设施。

设施主要建设内容为超导磁体研究系统和偏滤器研究系统。总体技术方案分成偏滤器和超导磁体两大系统。超导磁体研究系统主要建设材料综合性能研究平台、导体性能研究平台、磁体性能研究平台、环向场磁体、中心螺管模型线圈、高温超导磁体、低温系统及电源系统。偏滤器研究系统主要建设偏滤器等离子体与材料相互作用研究平台、偏滤器部件工程测试平台、偏滤器原型部件、全超导托卡马克核聚变实验装置下偏滤器、1/8 真空室及总体安装系统、负离子源中性束注入系统、电子共振加热系统、高场低杂波电流驱动系统、离子回旋加热系统、遥操作系统、总控系统等。图 8-3 是项目的园区示意图,该园区于 2021 年 9 月交付使用,项目将于 2025 年 10 月建成。该项目与当初 ITER 建设一样,随着工程预研的完成,CFETR 的建设就具备了坚实的技术基础,可以开始 CFETR 的立项和建设运行。

图 8-3　聚变堆主机关键系统综合研究设施园区示意图

CFETR 的成功实施将会使我国聚变能研究和发展全面步入国际领先水平,将是我国首次牵头研究大规模聚变燃烧等离子体稳态运行及氚自持这一长达半个多世纪尚未解决的世界科学难题,为人类科学技术发展做出不可替代的贡献,为 21 世纪中叶在我国开始大规模聚变商业堆的建设创造条件。从长远来看,它的成功实施不但会为我国全面建设小康社会和实现中华民族伟大复兴的"中国梦"奠定坚实的能源基础,而且也将造福人类,使得全世界和平开发利用核聚变能源成为现实。

8.2　混合堆应用

磁约束聚变-裂变混合堆能源系统(以下简称混合堆)的基本原理是利用

托卡马克装置内 D-T 聚变释放的高能中子驱动以天然铀、^{232}Th 或经后处理的乏燃料为燃料的次临界裂变反应堆,实现能量倍增,并生产氚以维持托卡马克装置的氚自持。混合堆对聚变堆芯的要求比纯聚变堆低得多,即使按照 ITER 现有堆芯参数,也能够满足混合堆驱动中子源的物理要求,实现聚变能技术提前造福人类。次临界堆的技术特点是利用聚变中子良好的中子增殖特性与可裂变核素作用产生更多的次级中子,利用轻水的强慢化作用,将中能中子迅速慢化转变为热能,同时利用热中子将可裂变核素转换为易裂变核素并就地燃耗,使用的燃料无论是天然铀/钍还是乏燃料,都无须进行同位素分离。混合堆的实现可以大幅度提高裂变资源的利用效率,是未来可能的突破性技术。

混合堆作为裂变和聚变能源利用的中间阶段,它既保证裂变堆的大力发展,也能积极推动纯聚变堆商业化技术的研发。利用混合堆技术可满足聚变堆长期运行对氚的需求,而一座可长期运行的聚变堆又将对聚变堆用材料的研究、考验等工作起极大的促进作用,从而推动聚变堆技术的发展。

8.2.1　混合堆原理

托卡马克混合堆的基本原理是利用装置内 D-T 聚变释放的高能中子驱动包层内以天然铀、^{232}Th 或经后处理的乏燃料为燃料的次临界系统,实现能量倍增,并生产氚以维持装置氚自持。次临界堆部分将参考现有压水堆设计,并探索采用超临界水堆设计的可行性,预计裂变功率约为 3 000 MW,依现有技术的热电转换效率,可实现约 1 000 MW 的电功率。混合堆概念如图 8-4 所示。

混合堆采用快谱和热谱相结合的物理设计思想。快谱有利于中子增殖,即利用聚变中子引发^{238}U 的直接裂变和(n,2n)反应,产生较多的次级中子,构成保证钚和氚自持的有利条件;热谱起能量放大的作用,并可减少易裂变材料的初装量。利用天然铀、贫化铀、^{232}Th 以及一定量的压水堆乏燃料(只需去除裂变产物,而不需要做铀钍分离)作为核燃料,采用金属型燃料如 U-Zr、U-Mo、钍合金。次临界堆燃耗^{238}U 和^{232}Th 的方法主要是采取间接途径,即通过近热中子的辐射俘获反应产生^{239}Pu 或^{233}U 后,就地再与热中子作用发生裂变。

托卡马克混合堆有以下优点:

(1) 混合堆所用燃料以天然铀、^{232}Th 或经后处理的乏燃料为主,可直接利用不易裂变的材料,且易裂变材料的初始装量较少,避免了快堆初装大量

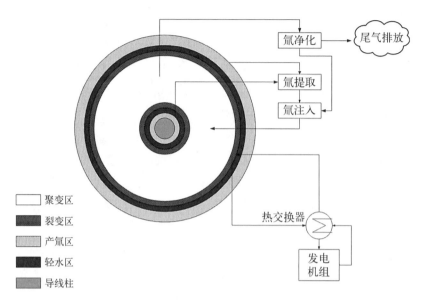

聚变区
裂变区
产氚区
轻水区
导线柱

图 8-4　混合堆概念示意图

(5～7 t)易裂变材料的实际困难。

(2) 混合堆采用合金燃料,可实现较长的换料周期,即具有较好的经济性。

(3) 混合堆以现有的托卡马克和压水堆技术为基础,技术基础较好。

(4) 混合堆设计主要以裂变放能发电为目标,聚变起驱动作用,聚变经过裂变系统产生大约 10 倍的能量放大,从而大大降低了托卡马克作为纯聚变能源对聚变指标的要求,也避免了纯聚变堆对第一壁材料性能要求过高的困难。

(5) 混合堆以向场外提供电力为主要目的,生产的氚以满足托卡马克聚变使用为目标。在混合堆的运行过程中,由于中子俘获产生的易裂变核素大部分就地燃耗,这样减少了其他堆提取核燃料必需的复杂的 U－Pu 分离后处理过程,更符合防止核扩散国际公约原则。

(6) 混合堆是次临界的,具有很高的固有安全性。

当然混合堆也有它明显的缺点:

(1) 燃料系统需要同时兼容纯聚变的氚系统和裂变的燃料包层系统,因此燃料循环系统要比纯聚变、纯裂变都复杂很多,工程上实现的困难比任何一个单一系统的都要大。

(2) 由于具有类似裂变的燃料系统,放射性废料几乎与裂变堆相同,长寿命废料还要进一步处理。

这些特点归结起来,可以说混合堆是一种有竞争力的、安全可靠的并且没有核扩散风险的核能系统,这与第四代核能系统国际论坛为第四代核能系统所下的定义基本一致。

混合堆能源系统作为一个核能应用新探索,需要解决诸多科学技术问题,其中主要的技术难点包括托卡马克给次临界堆设计带来的困难,复杂中子能谱给燃料元件和结构材料选择提出的要求,以及核燃料循环的新问题等。特别是还要经过详细的工程设计,相当规模的工程预研,必须通过理论与实验相结合,经过长期不懈的努力去逐一解决。最重要的是,聚变在聚变增益 $Q=$ $1\sim5$ 的托卡马克装置要能够稳定、可靠、长时间地安全运行,这是实现混合堆的前提。

8.2.2　混合堆发展

在混合堆设计方面,早在 1953 年,美国劳伦斯·利弗莫尔实验室的鲍威尔就提出了建立聚变-裂变混合堆的建议。到了 20 世纪 70 年代,人们提出了混合堆——裂变堆共生系统、快裂变包层等概念。在 80 年代以前,苏联、美国和部分西欧国家,就针对高纯度钚生产、核废物处理和氚补给等问题,开展了大量混合堆相关的研究,但主要立足于军事目的。后来由于世界经济顺利渡过第一次石油危机,国际能源供应压力降低,且迫于防止核扩散和反核压力以及混合堆技术复杂性,美国和西欧国家在 80 年代就纷纷放弃混合堆研究计划。但美国于 1998 年重新重视聚变-裂变混合堆研究,并把聚变中子源作为聚变能早期应用的主要方式。经过半个多世纪的发展,人们提出了各种混合堆的概念设计。这些混合堆按照驱动器不同可分为磁约束混合堆和惯性约束混合堆,按燃料体系不同可分为 U/Pu 体系混合堆和 Th/U 体系混合堆。

2000 年以后美国佐治亚技术学院聚变研究中心开展了嬗变堆的深入研究。他们认为嬗变任务包括以下内容:处理乏燃料中长寿命放射性同位素,处理多余武器级钚、增殖核燃料。从美国国情出发,基于 ITER 技术指标和参数、根据第四代核反应堆的发展方向,W. M. Stacey 小组主要研究了三种类型的快中子谱次临界嬗变堆,热功率指标为 3 000 MW,易裂变材料初装量为 $30\sim40$ t。最早研究的堆型采用 PbLi 冷却剂,时间是 2000—2003 年。2003—2005 年研究氦气冷型,2006 年完成气冷改进型嬗变堆,2007 完成钠冷堆型嬗变堆。他们的研究内容包括比较详细的聚变等离子体设计、裂变堆芯(燃料棒及燃料组件)设计、乏燃料的后处理及燃料循环方案。与其他嬗变反应堆(临界堆、加速器驱动的次临界堆)进行了比较,得到的结论是聚变驱动的次临界嬗变堆用于处理乏燃料中的长寿命放射性同位素具有特别的优势。

2005—2007 年日本大阪大学、东京电力公司和日本原子力研究所，基于 ITER 技术指标和参数，主要研究了水冷却剂、气冷却剂和 Li_2ZrO_3 作为氚增殖剂，采用 U‑Pu 循环和 Th‑U 循环的次临界嬗变堆方案。采用气冷方案有利于超铀元素的嬗变。在采用水冷却剂条件下，中子能谱较软，处理乏燃料中的裂变产物较好，对镎和超铀元素的嬗变不理想。日本设计的混合堆在采用水冷却剂时，中子增殖系数（K_{eff} 为 0.7 左右）能量放大倍数较低（5～10 倍），在采用气冷却剂时能量放大倍数更低。数值结果表明，当采用 U‑Pu 循环时镎和超铀元素的总量有所增加。

中国由于受外部因素影响较小，在国家高技术"863"计划的支持下，一直积极开展研发混合堆的工作，使中国的混合堆研究走在世界的前列。中国的混合堆研究起始于 20 世纪 80 年代初，由中国科学院合肥等离子体物理研究所和核工业西南物理研究院进行了初步概念设计研究。随后国家实施"863"计划，混合堆作为能源领域重点项目得以全面实施，完成了磁镜聚变增殖堆（CHD）、托卡马克位形 TETB 系列（Ⅰ、Ⅱ、Ⅲ）型、商业增殖堆（TCB）、球形托卡马克废物嬗变堆、聚变实验增殖堆（FEB）的概念设计，并完成了 FEB 的详细概念设计和工程概要设计（FEB‑E），为我国混合堆的发展积累了大量经验，培养了一批相关科研人员和技术人才。

中国加入 ITER 计划（2007 年）以后，国家磁约束聚变专家组组长彭先觉院士提出聚变‑裂变"能源堆"新概念，其核心就是利用深度燃烧、次临界、综合利用，以聚变增益 $Q=1～5$ 的聚变等离子体和裂变能量适度增殖，与以前混合堆裂变放大 K_{eff} 接近 1 不同，取优化 $K_{eff}=0.75～0.85$，确保混合堆的固有安全性，能量放大 10 倍左右，同时实现 1.2～1.3 倍的氚增殖。采用的燃料可以是乏燃料，也可以使用较大成分的贫铀，利用高温处理的方法（简称"干法"）对使用过的包层燃料进行处理，循环利用。换料时间为 15～20 年。这一设计方案与以往国内外混合堆概念比，有非常明显的优势，在科技部磁约束专项的支持下，也对相关的关键技术进行了研究，为未来混合堆的发展奠定了较好的基础。

8.3 聚变堆应用

由于聚变能在其清洁性和资源储量的丰富性方面具有很大的优势，从长远来说,核聚变能可以成为人类主要的永久能源。特别是在目前应对国际气候变化,实现降碳和碳中和,聚变能可以做出重要贡献。

随着 ITER 计划和各国聚变研发的发展,未来聚变电站不但将发电作为主要目标,同时会利用聚变包层高温的特点,实现大规模制氢、大规模供暖和余热利用,实现大规模海水淡化。

8.3.1　聚变堆多功能综合利用

聚变堆的应用首先是大规模发电。考虑到经济性,未来聚变电站的标准规模是每台机组 $(1 \sim 1.5) \times 10^6$ kW。每台机组每年消耗的原材料是 150 kg 重水和锂。150 kg 金属锂很便宜,可以忽略不计。现在国际重水的价格为每千克 5 000 元左右,海水中的重水含量可以为人类使用 100 亿年,资源丰富。每年每个机组消耗的重水为百万元人民币,非常便宜。也就是说,聚变电站一旦商用后具有非常好的经济性。

未来聚变电站包层的主要功能是实时产生可用于持续发电的氚,同时将聚变中子的热能取出。包层采用高效热点转换的超超临界技术,包层出口温度超过 750 ℃,可以直接用于高效水裂解产氢和高效(大于 46%)热电转换。燃气轮机出口的余热可以用作供暖的热源,或者用于海水淡化。

聚变的一个特点就是在分钟量级就可以实现从 0 到 1.5×10^6 kW 的满负荷运行,即快速动态调峰。这一点对未来智能电网十分重要。未来 10～30 年,为了应对碳减排需求,可再生能源将会大力发展,成为未来电力发电的主力军。但大规模、可持续、经济储能技术目前还没有重大突破。聚变可作为可再生能源入网后稳定运行大规模调峰的重要手段。未来电力运行的模式,可从目前以煤与天然气为主力发电、可再生为辅助的模式,改变成以可再生为主、煤电与聚变作为调峰和辅助的模式,从而实现大规模二氧化碳的持续减排。

2050 年后,当聚变技术成熟后,可以加快聚变大规模应用的进程,每年以 20 个聚变电站的建设速度,到 2100 年总量达到 1 000 个机组。每个 1.5×10^6 kW 的聚变电站,相当于减少 850 万吨的煤电站产生的二氧化碳排放,1 000 个聚变电站每年可以减少 85 亿吨二氧化碳的排放,加上来自可再生能源的 15 亿吨二氧化碳减排,就可以实现 100 亿吨二氧化碳的减排,即实现零碳排放的远大目标。

8.3.2　聚变技术在国民经济中的应用

聚变发电由于条件苛刻,科学技术难度特别大,需要众多极端条件下的高技术集成。在过去 60 年中,在围绕聚变能的研究中,发展和推动了一系列重大的技术,这些技术已经或者正在国民经济、国防、人民健康、科学研究等领域发挥了重要作用。

首先是超导强磁场技术。由于强磁场对物质有力(磁化力、洛伦兹力、热电磁力等)的作用,因此强磁场广泛应用于物理、化学、生物、医学等领域,形成很多交叉学科。超高场磁共振成像技术瞄准大于 7 T 超高场磁共振成像系统进行研发,将成为探索神经成像边界、获得高空间分辨率结构和功能信息的重要装备。超导涡流制动器面向高速列车的制动市场,一旦取得突破将解决国内目前高速列车涡流制动技术这一"卡脖子"技术难题,并超越国外现有的常规电磁涡流制动器的性能。超导质子回旋加速器将可能为质子治疗癌症领域提供高端医疗装备。高性能超导线材、高温超导电缆等工程化应用,将推动我国超导材料技术不断革新和升级,满足电力传输的巨大需求,应用前景广阔。超导磁体研究设施的低温关键技术研究平台与高功率电源关键技术研究平台可作为公共服务平台,为低温、电工相关的学科提供相应的研究与测试服务。

超导电磁推进系统能产生很大的推力而又比常规动力系统节省能源,可应用在潜艇上。常规潜艇有其不可克服的缺点,由于推进器中螺旋桨等转动部分发出噪声,容易被敌方发现目标。采用超导电磁推进系统是减小潜艇低频杂声的有效措施。超导电磁推进系统的核心是超导磁体。该系统具有速度快、推进效率高、结构简单、易于维修和噪声小等优点,且消耗能量是常规船舶推进器的一半,从而使我们可以获得高航速、低消耗的舰艇。

大功率微波加热技术可以推广到高功率磁等离子体深空推进,可为木星及更远的无人深空探测提供动力解决方案。超导滤波器在移动基站、气象雷达、射电天文、卫星通信等领域均具有广阔的应用前景。

聚变材料的发展也同样会为未来众多行业提供极端条件下的高性能材料,也一定会给半导体、航天、低温、船舶和运输等领域带来重大的技术变革。相信一旦可控热核聚变获得商用,不但可在能源应用上实现革命性的变化,也一定会像蒸汽机、信息技术一样,带来新的革命性技术变化。

索　引